La chimie et la nature

Cet ouvrage est issu du colloque « Chimie et nature »,
qui s'est déroulé le 25 janvier 2012 à la Maison de la Chimie.

l'actualité chimique livres

Collection dirigée par Paul Rigny

La chimie et la nature

Jacques Amouroux, Éric Blin, Marina Coquery, Marc Fontecave, Bruno Goffé, Françoise Guéritte, Samuel Martin Ruel, Pierre Monsan, Jean-Louis Morel, Michel Rohmer, Christophe Rupp-Dahlem, Clément Sanchez, Jean-François Soussana, Éric Villenave

Coordonné par Minh-Thu Dinh-Audouin, Danièle Olivier et Paul Rigny

Fondation Internationale de la Maison de la Chimie

edp sciences

Conception de la maquette intérieure et de la couverture :
Pascal Ferrari

Images de la couverture :
Feuille avec goutte : Suez Environnement.
Infographie : Minh-Thu Dinh-Audouin
Mise en pages : Patrick Leleux PAO (Fleury-sur-Orne)

Imprimé en France

ISBN : 978-2-7598-0754-3

EDP Sciences
17, avenue du Hoggar, P.A. de Courtabœuf, BP 112
91944 Les Ulis Cedex A, France

Ont contribué à la rédaction de cet ouvrage :

Jacques Amouroux
Professeur Émérite de Génie Chimique – Docteur Honoris Causa
Chimie ParisTech
Laboratoire de Génie des Procédés Plasmas et de Traitements de Surface, EA 3492

Éric Blin
Lyonnaise des eaux
Direction de la Protection de l'Environnement

Marina Coquery
Institut national de Recherche en Sciences et Technologies pour l'Environnement et l'Agriculture (Irstea)
Laboratoire d'Analyses Physico-chimiques des Milieux Aquatiques
U. R. Milieux aquatiques, Écologie et Pollution

Marc Fontecave
Professeur au Collège de France
« Chaire de Chimie des Processus Biologiques »
Académie des Sciences
Laboratoire de Chimie et Biologie des Métaux, UMR5249
Laboratoire de Chimie des Processus Biologiques, FRE3488

Bruno Goffé
Directeur de recherche CNRS au Centre Européen de Recherche et d'Enseignement en Géosciences de l'Environnement (CEREGE)
Institut National des Sciences de l'Univers (INSU)
Centre National de la Recherche Scientifique (CNRS)
Université Aix-Marseille

Françoise Guéritte
Directrice de Recherche INSERM
Institut de Chimie des Substances Naturelles (ICSN), CNRS

Armand Lattes
Professeur Émérite
Université Paul Sabatier

Samuel Martin Ruel
Suez Environnement, Cirsee
Département Recherche et Développement, Assainissement et Environnement

Pierre Monsan
Professeur Institut National des Sciences Appliquées (INSA) Toulouse et Mines ParisTech
Senior IUF
Académie des Technologies
Directeur de Toulouse White Biotechnology, UMS INRA 1337

Jean-Louis Morel
École Nationale Supérieure d'Agronomie et des Industries Alimentaires (ENSAIA)
Laboratoire Sols et Environnement, UMR 1120
Université de Lorraine - INRA

Michel Rohmer
Académie des Sciences
CNRS/Université de Strasbourg

Christophe Rupp-Dahlem
Roquette Frères

Clément Sanchez
Collège de France
Académie des sciences

Jean-François Soussana
Institut National de la Recherche Agronomique (INRA) Paris

Éric Villenave
Institut National des Sciences de l'Univers
Université Bordeaux I
Directeur de l'Observatoire Aquitain des Sciences de l'Univers (OASU)

Équipe éditoriale

Minh-Thu Dinh-Audouin, Danièle Olivier et Paul Rigny

Sommaire

Partie 3
La chimie pour protéger la nature et ses ressources

Partie 4
La chimie pour mieux utiliser les ressources naturelles

Avant-propos

Paul Rigny *Rédacteur en chef* L'Actualité Chimique

Ouvrage après ouvrage, la collection *L'Actualité Chimique – Livres* veut informer les lecteurs sur la place de la chimie dans les préoccupations, voire les problèmes, de notre société. Après avoir publié *La chimie et la mer*, *La chimie et la santé*, *La chimie et l'art*, *La chimie et l'alimentation*, *La chimie et le sport* et *La chimie et l'habitat*, elle est heureuse de présenter aujourd'hui *La chimie et la nature*. Ces volumes sont issus, sans en être des comptes-rendus *stricto sensu*, de journées scientifiques, qui sont les colloques « La chimie et... », organisés chaque fois par la Fondation de la Maison de la Chimie avec l'aide de la Fédération Française pour les sciences de la Chimie (FFC), et qui réunissent un public abondant et varié, comprenant de nombreux étudiants. Ni réservés aux spécialistes, ni conçus pour un public dénué de toute formation scientifique, ces ouvrages s'adressent aux lecteurs « médiateurs », passeurs entre les questions de sociétés dont tous sont conscients et les travaux des chercheurs et ingénieurs actifs dans le domaine.

La thématique abordée dans « Chimie et nature » n'est pas sans renvoyer à des polémiques multiples pas toutes démodées. Qu'on se rappelle la surprise créée par la synthèse de l'urée par Wöhler en 1828 : une molécule « du vivant » fabriquée en laboratoire ! Qu'on se rappelle les débats sur le « principe vital » à la base des réactions microbiennes et qui s'est réduit en « enzymes », molécules certes spécifiques mais molécules bel et bien. Aujourd'hui, qu'on observe ces oppositions – psychologiques ? publicitaires ? confuses en tout cas – entre molécules « de synthèse » et molécules « naturelles », les mêmes pour le chimiste !

Premier champ de préoccupations : conserver la nature dans un bon état de santé. Nécessité fait loi ! L'écologie, jeune science d'observation, en grandissant a identifié l'importance des mécanismes moléculaires et fait aujourd'hui le plus grand usage des concepts et des méthodes de la chimie. Les inconciliables se réconcilient : la chimie permet de comprendre les milieux naturels, l'activité des chimistes (industrie, agriculture) peut, c'est bien sûr vrai, leur causer des dommages, et de graves dommages ; elle sait aujourd'hui les reconnaître et les analyser. Mais pour le traitement des milieux dégradés, par quelque cause que ce soit, les sciences chimiques possèdent ou savent développer des solutions.

Deuxième champ de préoccupation : l'épuisement des ressources. Le phénomène que nous vivons, dans la longue durée (les XXe et XXIe siècles) est celui de l'incroyable accroissement démographique de la planète. L'homme, comme tout être vivant, a toujours vécu des ressources naturelles ; mais aujourd'hui, on atteint un stade où celles-ci ne peuvent plus être considérées comme sans limites. Les surfaces agricoles vont-elles suffire pour nourrir l'humanité ? Les éléments métalliques dont nous avons de plus en plus besoin, du fait des progrès de notre civilisation technologique, vont-ils rester disponibles ? Et surtout, que faire, alors que le pétrole dont nous tirons une telle partie de l'énergie dont nous avons besoin est en train de disparaître à tout jamais, faisant par là même disparaître la matière première royale pour les matériaux polymères que nous utilisons de plus en plus ?

Il n'est guère surprenant que la chimie, science de la transformation de la matière, soit appelée au rôle de premier plan pour proposer des solutions à ces difficultés vitales. Plusieurs chapitres de *La chimie et la nature* montrent son rôle, déjà actuel mais aussi futur, sur ces questions : le recyclage des métaux qui peut nous fournir parfois autant que l'extraction minière, le traitement des sols pour éviter leur dépérissement, et l'utilisation de la matière végétale dont on apprend à exploiter la richesse chimique afin d'en faire une matière première pour la chimie des polymères si sollicitée par le développement technique.

Le monde vivant est source inépuisable d'émerveillement pour le scientifique comme pour le citoyen curieux. C'est particulièrement vrai pour le chimiste qui sait en décrypter les secrets au niveau des mécanismes moléculaires et qui, comme de bien entendu, cherche à les capter, à les reproduire en laboratoire pour conquérir une partie de leur puissance. Cette démarche, pas nouvelle mais toujours en progrès, fournit de nouveaux médicaments si attendus par la médecine. Les médicaments, c'est encore le vivant, mais on voit les laboratoires s'inspirer du monde vivant pour d'autres objectifs et chercher à ouvrir des voies nouvelles pour répondre aux besoins fondamentaux de l'humanité. C'est la conception et la fabrication « bio-inspirée » de nouveaux matériaux aux propriétés subtiles, ou encore c'est la conquête – on pourrait dire le domptage – des mécanismes moléculaires de l'utilisation de l'énergie par les organismes vivants. L'ouvrage donne ainsi une ouverture vers ces perspectives d'avenir, rêves réalistes qui ne manqueront pas de signifier – enfin – une totale réconciliation entre chimie et nature.

Équipe éditoriale :

Minh-Thu Dinh-Audouin,
L'Actualité Chimique – Livres

Danièle Olivier,
Fondation de la Maison de la Chimie

Paul Rigny,
L'Actualité Chimique – Livres

Préface

Bernard Bigot *Président de la Fondation Internationale de la Maison de la Chimie*

L'association des deux mots, chimie et nature, est une source d'interrogation sur leur relation et souvent de préoccupation sur leur compatibilité, non seulement pour le grand public, les médias, les relais d'opinions, les responsables politiques, mais aussi pour certains scientifiques non spécialistes de ces domaines !

De manière générale, ce sujet intéresse tous nos concitoyens, quel que soit leur âge, sachant combien il est important pour le présent et l'avenir de l'environnement, de l'économie et de l'emploi.

La Fondation de la Maison de la Chimie s'investit depuis de nombreuses années pour mieux faire connaître à tous les publics, et notamment aux jeunes, les apports actuels et espérés dans le futur des applications de la chimie dans tous les domaines d'activité de la vie quotidienne, avec l'objectif de répondre, avec honnêteté et avec toute la rigueur scientifique qui s'impose, à la soif de comprendre du public, en demeurant attentif à ses interrogations et à ses inquiétudes.

La série des colloques « Chimie et... » et la collection des livres accessibles à un large public qui en découlent sont depuis 2007 des outils importants de cette action.

C'est dans ce cadre que nous avons organisé sur le thème « Chimie et nature » le 7e colloque de la série qui s'est tenu le 25 janvier 2012 à la Maison de la Chimie en collaboration avec la Fédération Française pour les sciences de la Chimie (FFC) et d'où sont issus les chapitres de cet ouvrage réalisé en collaboration avec l'équipe éditoriale de *L'Actualité Chimique-Livres*.

Ce colloque a rassemblé plus de 950 participants d'origines très variées, dont un tiers de lycéens et leurs enseignants.

L'enregistrement vidéo de ce colloque est accessible librement sur le site http://actions.maisondelachimie.com/prochains_colloques.html

Nous souhaitons mettre ainsi à la disposition d'un large public, sous une forme accessible et attrayante, les mises au point et les échanges entre les scientifiques universitaires et industriels sur des questions d'ordre scientifique, industriel ou sociétal du plus haut intérêt.

Dans ce colloque et dans cet ouvrage, quelques-uns des meilleurs experts scientifiques, universitaires et industriels des sciences de l'atmosphère, des sols, de l'eau et des substances naturelles, sont réunis avec des chimistes pour montrer ce que cette collaboration apporte à la compréhension des réactions chimiques impliquées, des molécules et des éléments qui régissent l'évolution du milieu naturel, non seulement pour en préserver la beauté et la diversité, mais également pour savoir en exploiter intelligemment les richesses dans le présent et dans l'avenir, et mieux identifier ce que la nature inspire à la chimie qui se veut au service de l'homme.

Les océans occupent 70 % de la surface de notre planète. Comprendre la nature, c'est pour partie, comme nous l'avons vu dans l'ouvrage de cette collection intitulé *La chimie et la mer, ensemble au service de l'homme*, comprendre la mer, ses courants profonds planétaires et séculaires qui jouent un rôle clé dans nos prévisions sur le changement climatique. C'est aussi expliquer l'ensemble des facteurs déterminant la formation et le devenir des polluants atmosphériques, et les conséquences de cette dissémination dans notre atmosphère et sur le climat.

Les sols sont une ressource non renouvelable à l'infini qui fournit des services essentiels pour la production de la biomasse et des aliments, ainsi que pour la filtration et l'épuration des eaux. Le sol apparaît comme un réacteur chimique complexe dont les propriétés sont exceptionnelles dans le fonctionnement de la biosphère et pour lequel la compréhension des interactions entre les plantes, les micro-organismes et la matière organique débouchera sans doute sur une ingénierie agro-écologique. Mais les sols sont aussi soumis à des contaminations ponctuelles ou diffuses, à des dégradations physico-chimiques dont il faut comprendre les mécanismes et prévoir les conséquences pour pouvoir les limiter ou les éviter.

La chimie est donc un outil pour comprendre la nature, et cela commence par la compréhension des réactions chimiques qui au sein d'une cellule vivante transforment les nutriments extérieurs en molécules utilisables par une plante ou un organisme doué de mobilité.

En retour, la nature offre au chimiste des modèles performants pour créer de nouvelles molécules actives ou des matériaux mieux adaptés aux besoins de l'homme. Le milieu naturel est riche d'une large palette de processus physico-chimiques de remobilisation de la matière, et il peut être une source d'inspiration féconde dans le cadre de la nécessaire économie des ressources comme nous le verrons dans cet ouvrage avec le développement de procédés de recyclage de métaux avec des produits peu agressifs, à basse température et peu consommateurs d'énergie.

Une nouvelle chimie se développe qui utilise la nature comme un réservoir unique de molécules aux structures diverses, aux propriétés biologiques variées, aux applications potentielles multiples. Plus de 50 % des médicaments proviennent directement du milieu naturel : plantes, micro-organismes, organismes marins, insectes. D'autres sont obtenus par modification de substances naturelles.

Nous verrons qu'une métallurgie verte, encore limitée au cadmium, nickel, arsenic et zinc, se développe et peut constituer un complément intéressant pour les agriculteurs des terrains pauvres, et que l'absorption des métaux par les plantes (la phytoextraction) fournit un nouveau rôle à l'agriculture, celui de dépolluer les sols et de récupérer les ressources métalliques qu'ils contiennent.

D'un autre coté, le CO_2 tellement craint pour son effet sur le réchauffement climatique pourrait devenir la matière première d'une véritable révolution industrielle grâce à son recyclage.

Enfin la chimie du végétal, avec le développement de la biotechnologie industrielle basée sur les procédés de fermentation et de catalyse, ainsi que les progrès en ingénierie métabolique, transforme les produits de l'agro-industrie (notamment glucose et acides gras) en monomères et polymères de base pour la chimie.

Si par méconnaissance des effets néfastes des doses trop fortes relâchées dans la nature, et avec le développement parfois mal maîtrisé du monde industriel, la chimie a effectivement contribué à polluer dans les années passées, il n'y a pas aujourd'hui d'écologie sans chimie. Non seulement, les règlements européens (REACH, 2007) imposent aux industriels des normes nouvelles pour produire des produits recyclables, utiliser des procédés propres et des matériaux plus respectueux de l'environnement et des cycles de vie, mais à l'échelle du globe, il faut « nettoyer » les sols et les eaux contaminés par les polluants organiques et inorganiques issus des activités agricoles, industrielles et urbaines mal maîtrisées. Et il est beaucoup plus difficile de nettoyer des sols que de l'eau et de l'air ! La chimie est indispensable pour dépolluer et réhabiliter après les dégâts de l'activité humaine. Elle intervient à tous les niveaux, non seulement dans la réduction des rejets industriels, mais aussi dans l'amélioration des performances des stations d'épuration et dans la surveillance du milieu. 100 000 molécules fabriquées par l'homme sont homologuées en Europe comme susceptibles de contribuer à la pollution, et 200 à 300 nouvelles molécules sont découvertes chaque année. Il faut donc développer les techniques analytiques pour étudier l'impact de ces nombreuses molécules résiduelles qui diffusent dans l'environnement et dont les effets synergiques sur le vivant sont souvent méconnus dans le long terme. La nature, elle-même, est source d'inspiration à cet égard à partir de la connaissance du fonctionnement biochimique des écosystèmes.

Sur mer comme sur terre, nos comportements sont bien souvent irresponsables en matière d'environnement, la plupart du temps par ignorance de l'interaction chimie/nature. Dans bien des cas, la chimie est et sera le meilleur moyen pour aider la nature à une auto-réparation au moins partielle par l'utilisation de techniques chimiques ou biochimiques avancées pour réduire la pollution. C'est ce que nous avons voulu essayer de vous montrer à travers cet ouvrage dont les chapitres sont regroupés autour des trois thèmes que je viens d'évoquer :

- la chimie pour comprendre la nature et savoir s'en inspirer ;
- la chimie pour mieux utiliser la nature et ses ressources ;
- la chimie pour protéger durablement la nature et ses ressources.

Je vous en souhaite une agréable lecture.

Bernard Bigot

Président de la Fondation internationale de La Maison de la Chimie

Introduction

Entrons dans le cœur du sujet « chimie et nature ». On parle de « chimie et nature », « chimie artificielle », « nature », « naturel »... Mais comment ose-t-on faire cette représentation et comparer ainsi la chimie à la nature, surtout si l'on se souvient des relations que l'homme a pu entretenir avec celle-ci, relations qui ont pu être teintées de domination ? On lit dans la Genèse : « *Dominez la terre, soumettez la nature* » ; Descartes déclarait de son côté qu'il faut « *connaître la nature pour la dominer...* » Mais, fort heureusement, après l'ère industrielle du XIXe siècle, est arrivée une « ère écologique » dans laquelle cette domination a laissé la place au respect.

Nature ou environnement ?

Il nous faut, en premier lieu, réfléchir aux termes couramment employés dans ce contexte. Quand on évoque la nature, pensons-nous bien nature ou environnement ? Et quand on évoque environnement, de nouveau, pensons-nous nature ou environnement ? (***Figure 1***). La différence est cependant sensible : on dit par exemple « *il faut respecter la nature* », alors que l'on dit seulement « *il faut préserver l'environnement* » (***Figure 2***).

Examinons les significations de ces deux termes. Le terme nature provient du latin *naturia*, signifiant l'origine, c'est-à-dire tout ce qui est de l'univers, tout ce qui existe indépendamment de l'homme et de ses interventions. L'environnement indique tout ce qui entoure l'homme, y compris ses activités. Ce sont donc les activités de l'homme vis-à-vis de la nature qui vont différencier la nature et l'environnement. On pourrait donc parler de l'un et de l'autre indépendamment, comme ce sera le cas dans les chapitres qui vont suivre.

Quelles peuvent être nos visions de la nature et de l'environnement ? Si la nature a pu être idéalisée, voire représentée comme un « miroir de Dieu », petit à petit l'environnement a pris sa place dans la pratique alors que la nature est restée principalement un terme de contemplation.

Mais rappelons que selon Edgar Morin, si l'écologie est certes une science,

Figure 1

Nature ou environnement, deux termes pouvant être utilisés indépendamment ou dans un sens commun.

Figure 2

« Protéger la nature » ou « préserver l'environnement »...

Figure 3

La nature, vue comme une combinaison des quatre éléments feu, air, eau et terre.

c'est surtout une éthique bio-humaniste et peut être une esthétique rassemblant par cela même les langages communs ou non à la nature et à l'environnement. C'est aussi ce qui est réalisé dans cet ouvrage, qui aborde à la fois la nature et l'environnement.

Les quatre éléments de la nature

Les thématiques qui seront abordées dans les premiers chapitres concerneront les éléments qui, selon le philosophe grec Empédocle au Ve siècle av. J.-C., constitueraient tout l'univers : l'air, la terre, l'eau et le feu (ce dernier thème ne sera pas abordé) (*Figure 3*).

Au sujet de l'**air** (*Chapitres d'É. Villenave* et de *J.-L. Morel*), nous sommes préoccupés par l'évolution des gaz à effet de serre, en particulier du CO_2, associés au développement industriel, aux transports et à l'habitat. Mais les pollutions d'origine volcanique, caractérisées par des émissions considérables de gaz et particules, sont également responsables d'une part non négligeable de ces nuisances : rappelons l'éruption du volcan Pinatubo aux Philippines qui s'est étendue jusqu'à vingt kilomètres d'altitude détruisant environ 80 % de la couche d'ozone (*Figure 4*). Citons aussi les pluies acides, dont les dégâts sont maintenant très limités car les chimistes sont capables d'enlever le soufre dans les combustibles du type charbon ou pétrole, évitant

Figure 4

Les pollutions atmosphériques, d'origine naturelle ou anthropique, sont une préoccupation majeure sur laquelle se penchent notamment les chimistes.

Figure 5

Quand la pollution touche les océans et côtoie les animaux. Il est de la responsabilité du citoyen, en particulier du chimiste, d'empêcher cette situation et d'y remédier.

ainsi que des gaz, comme le dioxyde de soufre, viennent perturber l'environnement et attaquer les arbres et les pierres fragiles.

L'**eau** est un autre élément majeur de l'univers dont nous connaissons malheureusement de fortes pollutions, comme le montrent des images aujourd'hui bien connues d'animaux côtoyant des déchets plastiques (***Figure 5***). On peut y voir certes une responsabilité du chimiste, qui travaille sur des plastiques à l'usage du consommateur afin de les rendre résistants, ce qui conduit à leur accumulation, mais il y a aussi la responsabilité des citoyens, qui doivent veiller à ne jeter ces déchets qu'aux endroits appropriés. On sait que l'Océan Pacifique et l'Océan Atlantique sont sensibles à des vortex qui provoquent l'accumulation de kilomètres carré de plastiques. Face à ces problèmes, les chimistes essayent de trouver des polymères qui soient biocompatibles et facilement décomposables. Une autre contribution majeure des chimistes concerne la dépollution de l'eau qui nous permet de rendre potables des ressources aqueuses souillées (***Figure 6***), comme cela sera abordé dans les

Chapitres de M. Coquery/S. Martin Ruel et *É. Blin*.

Le thème de la **terre** (*Figure 7*) est également abordé, autant sous des aspects positifs que négatifs : si l'homme apporte des richesses au sol pour le développement de cultures, il y apporte aussi régulièrement des déchets. Les *Chapitres de J.-F. Soussana* et *J.-L. Morel* abordent ce problème majeur de la pollution des sols et la manière dont les chimistes peuvent y remédier.

Les richesses de la nature : biodiversité et processus naturels

La richesse de la nature se caractérise aussi par sa **biodiversité** (*Figure 8*), qui nous donne l'accès à une multitude de molécules pouvant être exploitées pour des propriétés utiles à l'homme, dont on peut citer principalement les vertus thérapeutiques, comme cela est décrit dans le *Chapitre de F. Guéritte*, vertus que l'homme a exploitées pendant des millénaires (*Figure 9*).

La biodiversité est aussi fragile et doit être protégée. En témoigne l'histoire très emblématique d'une étude réalisée en 1974 par le docteur John Daly, chercheur du National Institute of Health aux États-Unis, sur une grenouille minuscule, vivant en Amérique latine, dont il a pu extraire un produit présentant une activité semblable à celle de la morphine mais sans les inconvénients de celle-ci. Lorsque le Dr. Daly est retourné sur les lieux où avaient été trouvées ces grenouilles dans l'espoir d'en ramener davantage afin

Figure 6

Les progrès de la chimie nous permettent d'obtenir de l'eau potable.

Figure 7

Comment enrichir les sols et les protéger ? Quelles sont les pistes des chimistes ?

Figure 8

La biodiversité, outre sa beauté, apporte une multitude de richesses utiles à l'homme.

Figure 9

La riche biodiversité de la nature a permis à l'homme de constituer pendant des millénaires une impressionnante pharmacopée.

d'élucider la structure de la substance intéressante, il n'a plus retrouvé leur trace. Fort heureusement il avait eu l'idée de garder un milligramme de son extrait dans un réfrigérateur ! En effet, à l'époque de ses recherches, il était impossible de trouver une structure de molécule à partir d'un milligramme de matière seulement. Vingt ans après, avec les progrès de la Résonance Magnétique Nucléaire (abordée dans le **Chapitre de M. Rohmer**), cela était devenu possible et c'est ainsi que l'épibatidine a pu être décryptée et est actuellement en cours de développement pour ses vertus analgésiques.

On peut par ailleurs citer de nombreuses biomolécules qui peuvent être exploitées en tant que ressources renouvelables de carbone pour les activités de la chimie de synthèse, comme cela est décrit dans les **Chapitres de P. Monsan** et **C. Rupp-Dahlem**. Ou encore évoquer le CO_2 lui-même, ce gaz à effet de serre dont le recyclage et l'exploitation s'avèrent également possibles et

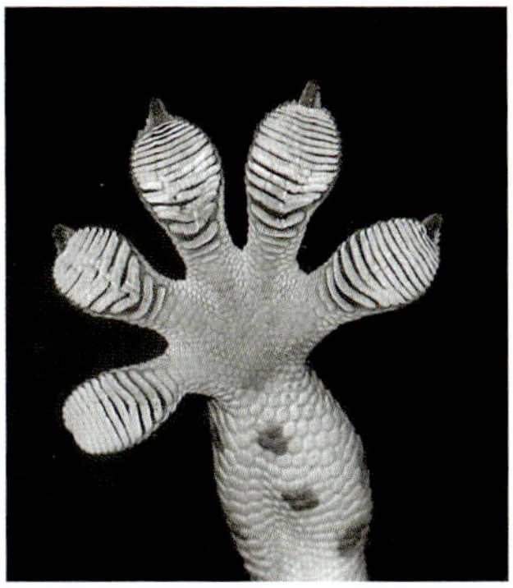

prometteurs (**Chapitre de J. Amouroux**), d'autant plus que de nombreuses pénuries de matière (carbone, minéraux…) sont annoncées dans un avenir proche (**Chapitre de B. Goffé**).

La nature est aussi une grande source s'inspiration pour les chimistes, qui cherchent à comprendre ses processus élaborés et à les reproduire (**Chapitre de C. Sanchez** et de **M. Fontecave**), comme en témoigne l'exemple du super-adhésif inspiré du lézard Gecko (**Figure 10**). Ce lézard est capable de monter sur des murs verticaux grâce à des pattes comportant des systèmes de tubes microscopiques en grandes quantités, que les chimistes ont réussi à imiter, et même à améliorer en utilisant des protéines similaires à celles qui permettent aux moules de rester collées sur des rochers humides, ce que ne peut pas faire le lézard. Ils sont maintenant capables de réaliser des colles utilisables sous l'eau, comme d'autres assez résistantes pour remplacer les rivets dans le montage des avions.

Place à la nature, place à la chimie, et place à leurs richesses dans leur symbiose…

Figure 10

Un super-adhésif a été inspiré par les pattes du lézard Gecko.

Partie 1

La chimie pour comprendre la nature

La chimie, un outil pour comprendre la nature

Michel Rohmer est professeur à l'Institut de Chimie de Strasbourg (Université de Strasbourg/CNRS), membre de l'Académie des sciences et spécialiste de la chimie des micro-organismes ; il a en particulier étudié les molécules de la famille des isoprénoïdes, comme le présente ce chapitre.

Le concept de molécule est fondamental pour le chimiste, qui s'intéresse à leur devenir lors des réactions chimiques qui ont lieu dans la cellule vivante. Dans ce cadre, la chimie est un outil pour comprendre la nature et son fonctionnement.

Dans le domaine de la chimie organique, le chimiste qui veut décrypter le fonctionnement d'une cellule vivante doit être capable de s'intéresser à la biologie végétale, à la microbiologie et à l'enzymologie afin de se poser les bonnes questions pour comprendre la nature et mieux savoir en utiliser les ressources potentielles.

Parmi les nombreuses molécules synthétisées dans la nature, les isoprénoïdes sont une famille riche et abondante, sur laquelle se sont penchés les chimistes pour en comprendre la biosynthèse dans une cellule vivante et pour s'en inspirer dans la chimie qu'ils développent, notamment dans le domaine de la recherche de médicaments.

Entrons dans le milieu naturel, comprenons la chimie des isoprénoïdes, ainsi que son utilité dans la recherche de médicaments.

1 La chimie et la biosynthèse des isoprénoïdes

1.1. La famille des isoprénoïdes

Les isoprénoïdes sont des molécules naturelles qui nous sont familières ; elles conduisent en effet à des

DANS LA FAMILLE DES ISOPRÉNOÏDES...

Les isoprénoïdes, encore appelés terpénoïdes – et parfois inclus plus largement dans la famille des terpènes –, constituent la plus vaste famille connue de produits rencontrés dans la nature. Ils comportent dans leurs structures un motif commun dérivant d'unités à cinq atomes de carbone appelées *isoprène* (ou méthyl-2-buta-1,3-diène), unités qui sont assemblées de multiples façons pour former les squelettes de molécules aussi connues que le cholestérol, le menthol,... dont beaucoup sont essentielles à la vie végétale et animale (***Figure 1***).

Par exemple, les terpénoïdes des plantes sont largement utilisés depuis l'Antiquité en herboristerie traditionnelle pour leurs qualités aromatiques (terpénoïdes issus de l'eucalyptus, du gingembre, du cannabis, etc.). On peut citer par ailleurs les stéroïdes et stérols dans le monde animal.

Les isoprénoïdes sont classés selon leur nombre d'unités isopréniques : les monoterpénoïdes (2 unités isoprène : C_{10}), les sesquiterpénoïdes (3 unités isoprène : C_{15}), les diterpénoïdes (4 unités isoprène : C_{20}), les sesterterpénoïdes (5 unités isoprène : C_{25}), les triterpénoïdes (6 unités isoprène : C_{30}), etc.

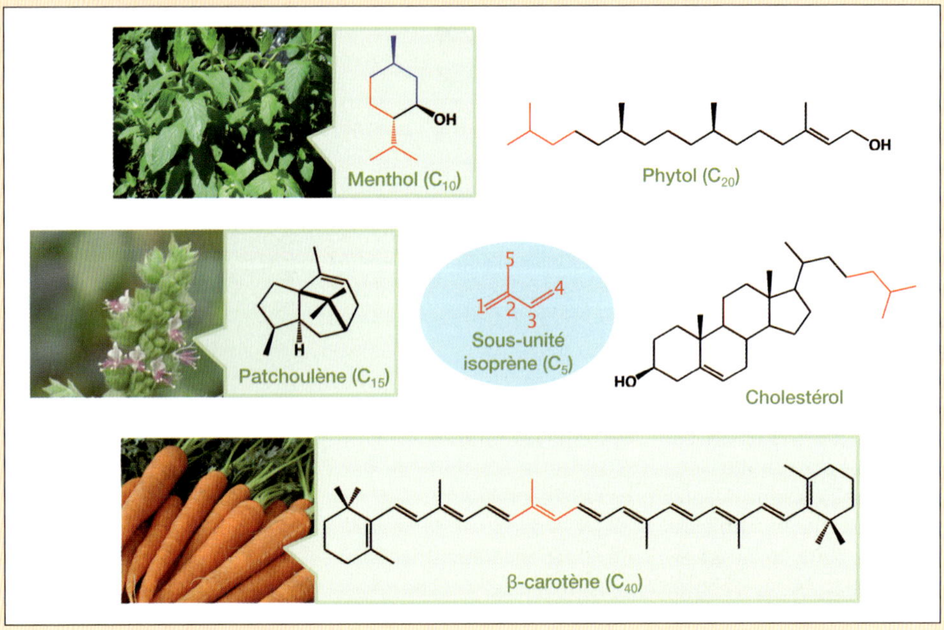

Figure 1

Structures de métabolites, dont certains sont essentiels à la vie, synthétisés dans la nature (végétaux, animaux, micro-organismes), de la famille des isoprénoïdes. Ils comportent un motif commun dérivé de l'isoprène (sous-unité en C_5).

métabolites[1] essentiels tels que le *cholestérol*, que l'on retrouve chez tous les mammifères, chez tous les vertébrés et bien sûr chez l'homme, le β-*carotène* qui est le pigment orange des carottes, le *phytol*, sous-élément du pigment vert de la chlorophylle associée à la photosynthèse, ou encore le *menthol*, composé aromatique que l'on trouve dans la menthe comme dans d'autres plantes (***Encart***

1. Les métabolites sont des molécules qui dans les organismes vivants assurent leur fonctionnement par des réactions biochimiques, où elles sont soit synthétisées (dans des réactions d'anabolisme), soit dégradées (réactions de catabolisme). C'est au cours de ces processus du métabolisme que les organismes assimilent, stockent et utilisent de l'énergie pour vivre.

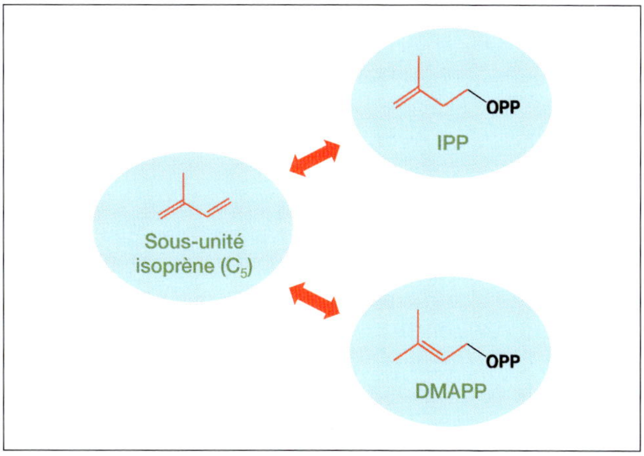

Figure 2

Équivalents biologiques de l'unité isoprène (C_5) : diphosphate d'isopenténylе (IPP) et diphosphate de diméthylallyle (DMAPP), formellement dérivés de l'isoprène. Dans la nature, les isoprénoïdes sont synthétisés à partir de ces deux précurseurs.

« Dans la famille des isoprénoïdes... »).

Quel est le point commun à toutes ces molécules ? Elles sont toutes issues d'un assemblage de sous-unités à cinq atomes de carbone (une sous-unité par molécule est représentée en rouge sur la *Figure 1*), et leur squelette carboné est un multiple de cette sous-unité en C_5, appelée **isoprène**. Ainsi, le menthol comporte deux sous-unités de ce type (une en rouge et une en bleu), le phytol en comporte quatre, le cholestérol en comporte six (avec quelques modifications), et le β-carotène en comporte huit.

1.2. Étude de la biosynthèse de l'unité isoprénique (C_5)

Dans la nature, l'unité isoprénique se trouve en fait sous une des deux formes, diphosphate d'isopenténylе (IPP) ou diphosphate de diméthylallyle (DMAPP), qui sont considérées comme des « équivalents biologiques » de l'isoprène, car c'est à partir de ces deux formes que sont synthétisés les isoprénoïdes dans la nature (*Figure 2*).

Comment les organismes synthétisent-ils donc ces unités isopréniques ?

1.2.1. Un peu d'histoire sur l'étude de la biosynthèse des unités isopréniques : la voie du mévalonate

La biosynthèse des unités isopréniques a été étudiée et est connue depuis longtemps (1945-1955). Une voie de biosynthèse avait été en particulier mise en évidence dans des tissus de foie de porc et de rat, dans la formation du cholestérol dans le foie, et de l'ergostérol chez la levure. Dans la synthèse du cholestérol, une molécule avait été identifiée comme étant un intermédiaire-clé de la synthèse de la sous-unité en C_5, il s'agit du **mévalonate** (**MVA**, *Figure 3*) qui, dans cette voie de biosynthèse, conduit aux deux équivalents biologiques que nous venons de voir précédemment, diphosphate d'isopentényle (IPP) et diphosphate de diméthylallyle (DMAPP).

Cette voie de biosynthèse ayant été également observée dans le foie d'animaux, dans la levure et dans le cytoplasme des cellules de plantes, il avait été conclu trop rapidement qu'elle devait être la voie unique de biosynthèse des isoprénoïdes dans tous les organismes vivants, non seulement chez les animaux et les champignons mais aussi chez les végétaux et bactéries. Cette généralisation acceptée pendant une quarantaine d'années s'est avérée fausse, comme nous allons le voir dans les travaux de recherche qui vont être décrits à présent.

Les hopanoïdes sont des lipides bactériens. Ils sont constitués d'un squelette isoprénoïde en C_{30} relié par une liaison carbone-carbone à une chaîne polyhydroxylée et sont particulièrement abondants dans la bactérie *Zymomonas mobilis* (**Figure 4**).

Une étude commencée à l'École Nationale Supérieure de Chimie de Mulhouse avait pour objet de déterminer

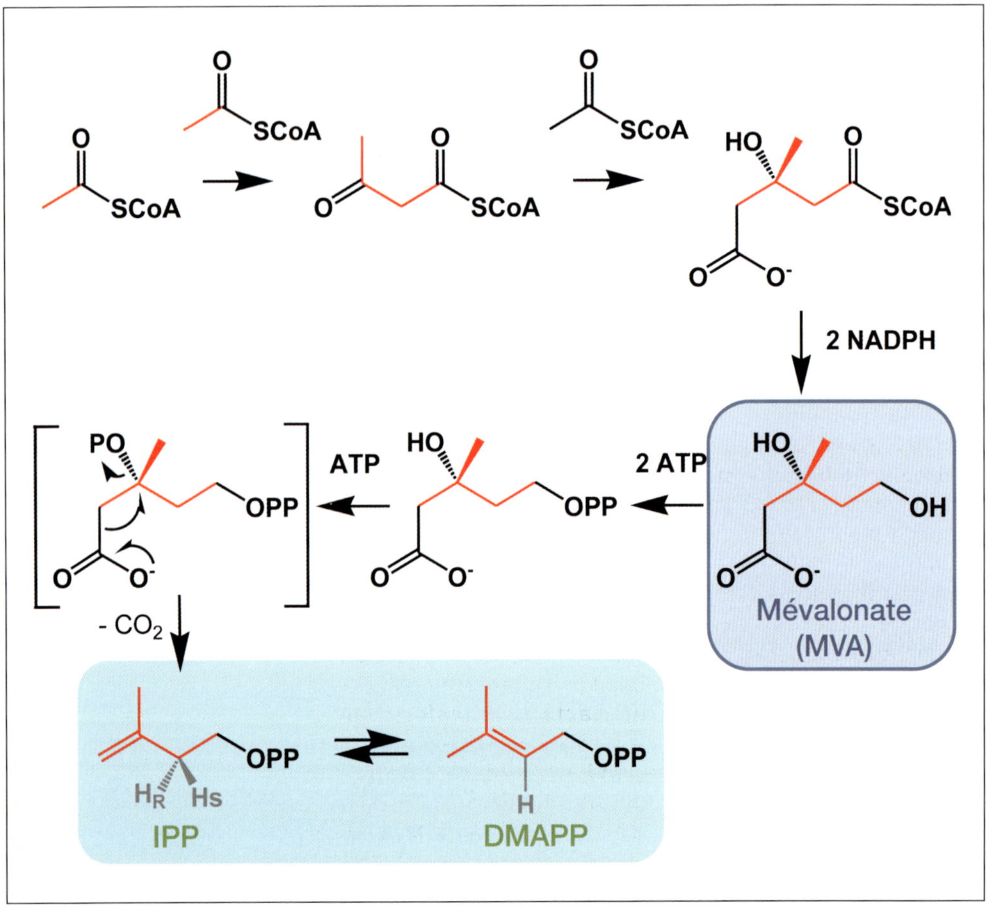

Figure 3

Biosynthèse de l'unité isoprène (C_5) par la voie du mévalonate (MVA).

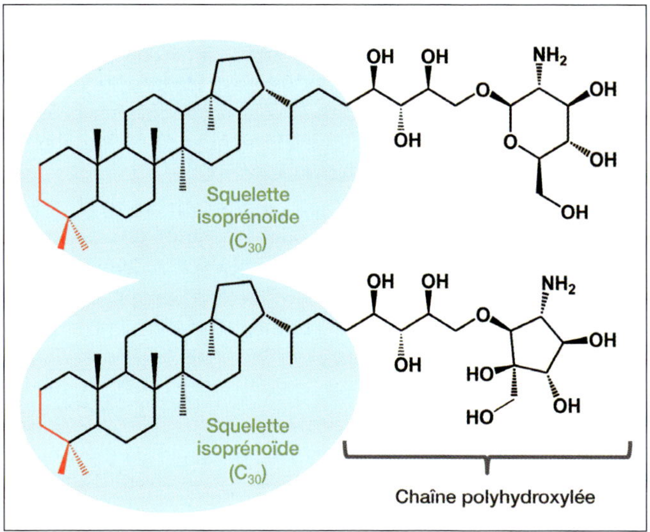

Figure 4

Hopanoïdes majeurs de la bactérie Zymomonas mobilis. *Dans chaque squelette isoprénoïde, une unité isoprénique est représentée en rouge. Une telle unité se retrouve six fois dans le squelette hopane (triterpène, C_{30}).*

l'origine de cette chaîne latérale polyhydroxylée. Elle a été une occasion inattendue à s'intéresser à la biosynthèse de l'unité isoprénique par les bactéries et à découvrir une nouvelle voie insoupçonnée. À ces fins, un outil essentiel des chimistes a été la résonance magnétique nucléaire (RMN).

1.2.2. La résonance magnétique nucléaire (RMN) pour l'étude de la biosynthèse des isoprénoïdes dans les bactéries

Une technique d'analyse de choix pour détecter et suivre l'évolution de molécules organiques au cours des réactions chimiques – qu'elles aient lieu au laboratoire ou dans la nature – est la résonance magnétique nucléaire (***Encart « La résonance magnétique nucléaire (RMN), outil quotidien du chimiste pour étudier les molécules organiques »***). Elle permet en particulier de suivre les atomes de carbone constitutifs des squelettes de ces molécules, car il est facile de détecter le carbone 13, qui est un isotope naturel stable du carbone.

Si l'on nourrit des bactéries avec une molécule marquée au carbone 13, par exemple de l'acétate (dont le carbone 13 est indiqué avec un point rouge sur la ***Figure 6***), et si ces bactéries transforment bien cette molécule selon la voie de biosynthèse du mévalonate admise précédemment (voir la ***Figure 3***), en passant par l'IPP et le DMAPP, on peut prévoir comme indiqué sur la ***Figure 6*** l'évolution des points rouges des atomes de carbone 13 dans les intermédiaires réactionnels jusqu'au produit final, qui est le squalène (composé naturel ainsi appelé car on le trouve dans le foie des requins). Puis, par une réaction de cyclisation enzymatique, la bactérie transforme le squalène en triterpène, qui conduira à notre molécule de hopanoïde étudiée, avec un marquage au carbone 13 attendu représenté sur la ***Figure 7*** par des cercles rouges.

LA RÉSONANCE MAGNÉTIQUE NUCLÉAIRE (RMN), OUTIL QUOTIDIEN DU CHIMISTE POUR ÉTUDIER LES MOLÉCULES ORGANIQUES

Certains atomes tels que l'hydrogène (^{1}H) et l'isotope 13 du carbone (^{13}C) comportent un noyau qui a la propriété particulière de réagir sous l'effet de champs magnétiques dans les radiofréquences (en chimie quantique, on dit qu'ils possèdent un spin). En effet, lorsqu'ils sont soumis à un rayonnement magnétique dans ces fréquences (appliqué sous forme d'impulsions), les noyaux peuvent absorber l'énergie du rayonnement, avant de la relâcher dans un deuxième temps (la relaxation) : c'est le phénomène de résonance magnétique nucléaire RMN, qui a été découvert en 1938 par Isidor Isaac Rabi, ce qui lui a valu le prix Nobel de Physique en 1944.

L'énergie mise en jeu dans l'absorption-émission des rayonnements magnétiques correspond à une fréquence bien précise qui dépend du champ magnétique et de la molécule analysée. Cela permet, grâce à la technique de spectrométrie RMN (*Figure 5*) développée grâce à la transformée de Fourier par Richard R. Ernst (prix Nobel de Chimie en 1991), de produire des spectres caractéristiques de la molécule étudiée (pour exemple, voir la *Figure 7*), où l'on identifie l'ensemble des atomes par des pics situés à des fréquences caractéristiques de l'environnement chimique de chaque atome.

Cette technique est usuellement utilisée par les chimistes pour caractériser les molécules qu'ils synthétisent par exemple, mais aussi par les biologistes et physiciens. Elle n'a cessé de s'affiner grâce aux découvertes, pour permettre de mettre en évidence des structures de plus en plus complexes, en faisant par exemple apparaître des relations de voisinage entre des atomes ou groupes d'atomes, que l'on peut même visualiser en deux dimensions : par exemple entre des atomes d'hydrogène (mesures de constantes de couplage (voir le paragraphe 1.2.3) et spectres COSY : à deux dimensions), ou entre hydrogènes et carbones (spectres HETCOR : à deux dimensions).

La spectrométrie RMN a par ailleurs trouvé une application dans l'imagerie par résonance magnétique nucléaire (IRM), utilisée usuellement en médecine pour des diagnostics*.

Figure 5

Spectromètre RMN : les échantillons sont introduits dans l'appareil où ils sont soumis à un champ magnétique de fréquence constante.

* À propos de l'IRM, voir *La Chimie et la santé, au service de l'homme*, chapitre de M. Port, coordonné par M.T. Dinh-Audouin, R.A. Jacquesy, D. Olivier et P. Rigny, EDP Sciences, 2010.

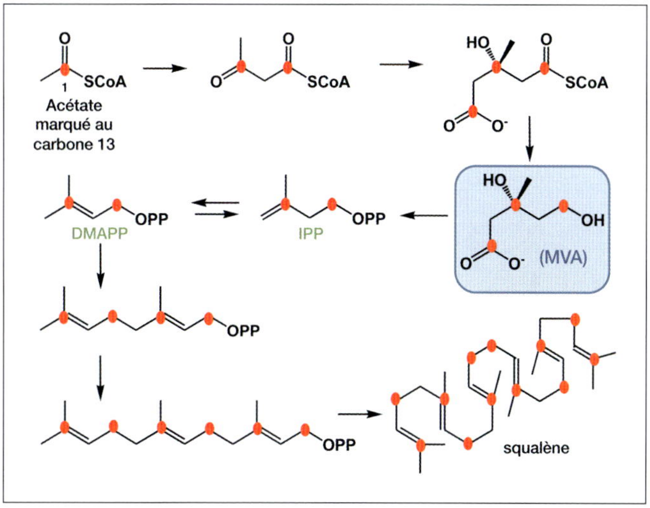

Figure 6

Prévision des positions des carbones 13 (points rouges) des molécules synthétisées selon la voie du mévalonate (MVA), à partir de l'acétate de départ marqué au carbone 13 sur le carboxylate en C1.

Or, l'analyse expérimentale des spectres RMN (**Figure 7**) ne concorde pas avec ce marquage attendu théorique selon la voie du MVA, et ce résultat est reproductible avec toute une série de bactéries (*Methylobacterium organophilum*, *M. fujisawaense* et *Rhodopseudomonas acidophila*). Il a donc fallu rechercher un autre mécanisme de biosynthèse des isoprénoïdes pour les bactéries.

1.2.3. Élucidation de la biosynthèse des unités isopréniques par les eubactéries

Aucune explication plausible n'ayant pu être trouvée à partir des expériences de culture de bactéries en présence d'acétate marqué au ^{13}C, les recherches se sont tournées vers un autre système biologique, la bactérie *Zymomonas mobilis* (voir la **Figure 4**), qui intervient dans la fermentation du glucose en éthanol dans la production de la Tequila.

Cette bactérie a été cultivée non pas sur de l'acétate – qu'elle n'accepte ni comme source de carbone, ni comme source d'énergie – mais sur différents isotopomères du glucose, représentés sur la **Figure 8**, avec un marquage différent au carbone 13 sur chaque atome de carbone afin de pouvoir suivre le devenir des atomes de carbone par RMN du carbone 13. Plusieurs expériences de marquage ont été réalisées avec du glucose marqué au ^{13}C, soit en C2, C3, C5 ou C6.

L'analyse par RMN a permis de déduire l'origine des atomes de carbone des unités isopréniques représentées sur les **Figures 8** et **9** par le squelette du diphosphate d'isopentényle (IPP). Deux atomes de carbone ont une origine double. Le groupe méthyle provient à parts égales des carbones C3 et C6 du glucose, et le carbone quaternaire des carbones C2 et C5. Tout se passe donc comme si l'on avait deux pools équimoléculaires d'origines différentes d'un même précurseur à deux atomes de carbone, l'un issu du fragment C2-C3 du glucose (en rouge), l'autre issu du fragment C5-C6 du glucose (en bleu).

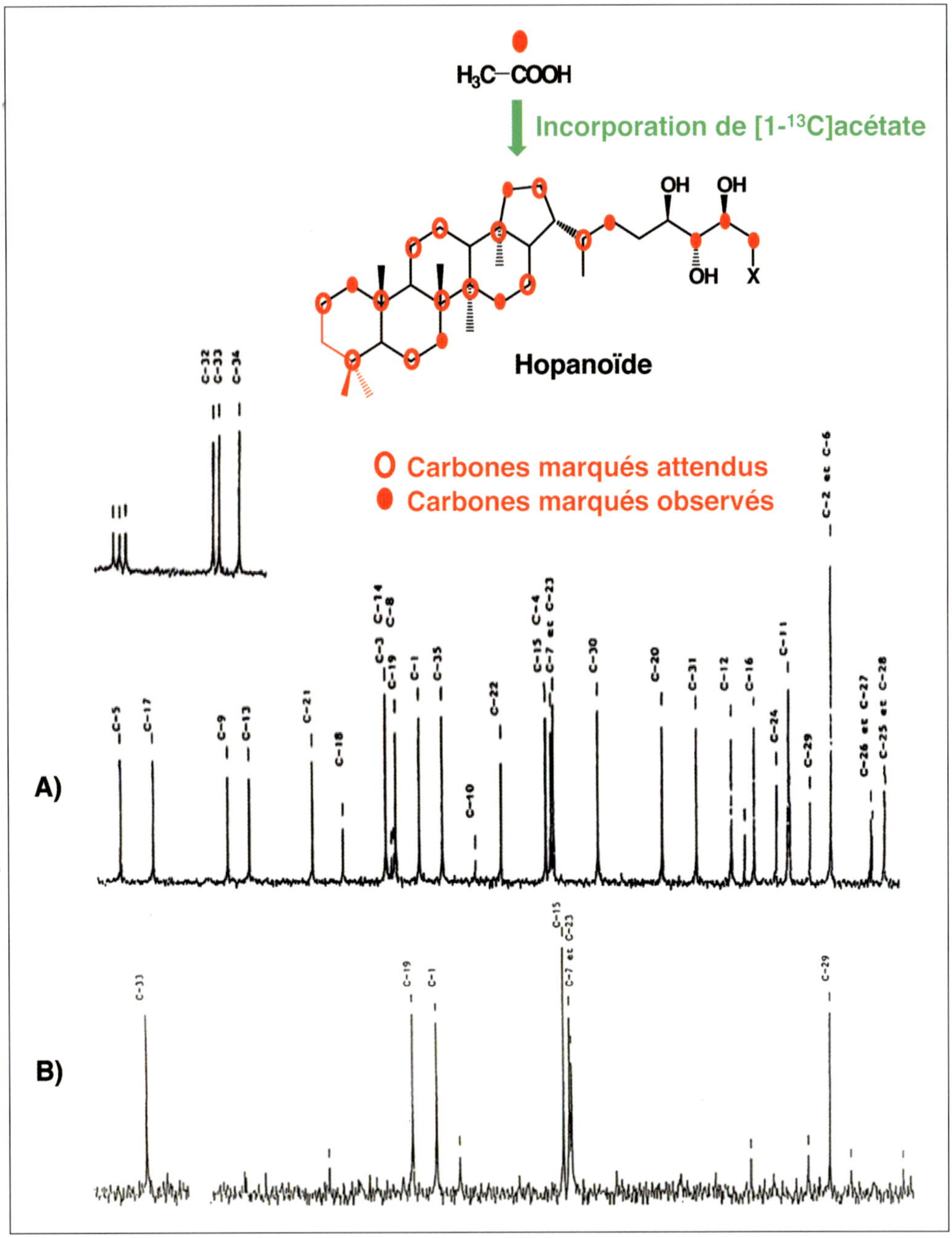

Figure 7

Spectres RMN du carbone 13 d'un hopanoïde de Rhodopseudomonas palustris *après incorporation de [1-^{13}C] acétate (fréquence du champ 100 MHz).*

A) Carbone en abondance naturelle : on voit les pics de l'ensemble des carbones de l'hopanoïde ; B) Incorporation de [1-^{13}C]glucose d'abondance isotopique 10 % : on observe six pics qui correspondent aux atomes marqués au carbone 13 : leurs intensités dépassent nettement celles des pics des carbones en abondance naturelle. Le marquage attendu selon l'hypothèse de la voie du mévalonate n'est pas observé.

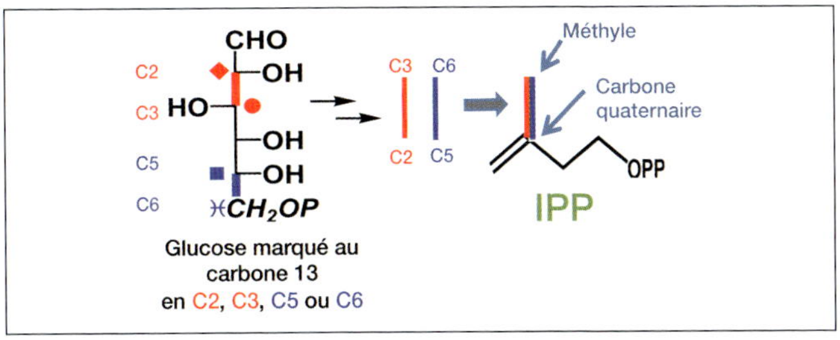

Figure 8

Incorporation du glucose marqué au carbone 13 (parties marquées : en rouge et bleu) dans une culture de bactérie Zymomonas mobilis, *et déduction par analyses en RMN du carbone 13 de l'IPP. Les carbones marqués du glucose ont conduit à la formation du carbone du méthyle et du carbone quaternaire de l'IPP.*

Vérifions si cette observation est en accord avec le catabolisme du glucose proposé en 1952 par N. Entner et M. Doudoroff, représenté sur la ***Figure 9***. Si l'on suit l'évolution attendue des fragments C2-C3 (rouge) et C5-C6, ils proviennent de deux pools, le pyruvate et le phosphate de D-glycéraldéhyde (ultérieurement transformé en pyruvate par le métabolisme des phosphates de trioses), qui conduisent bien à l'ensemble C3/C6 pour le carbone du méthyle et à l'ensemble C2/C5 pour le carbone quaternaire de l'IPP, en accord avec le marquage expérimental observé sur les spectres RMN des molécules marquées au carbone 13 (voir la ***Figure 8***).

Il reste à expliquer comment les trois autres atomes de l'IPP synthétisé par la bactérie ont pour origine les atomes C4, C5 et C6 du glucose. La ***Figure 10*** reprend la voie d'Entner-Doudoroff : le fragment C4-C5-C6 (en vert) correspond au squelette du phosphate de D-glycéraldéhyde et le fragment C1-C2-C3 (en rouge) correspond au pyruvate. La particularité de la bactérie *Zymomonas mobilis* est qu'elle ne transforme pas le pyruvate en phosphate de D-glycéraldéhyde. Les trois derniers atomes de carbone dont il reste à déterminer l'origine (en vert, ***Figure 10***) proviennent uniquement du carbone C4 et du fragment C5-C6 du glucose.

Que peut-on conclure des incorporations de glucose marqué au ^{13}C sur un seul atome de carbone ? D'une part, une unité isoprénique est formée chez *Zymomonas mobilis* à partir de deux précurseurs : un précurseur en C_2 issu de la

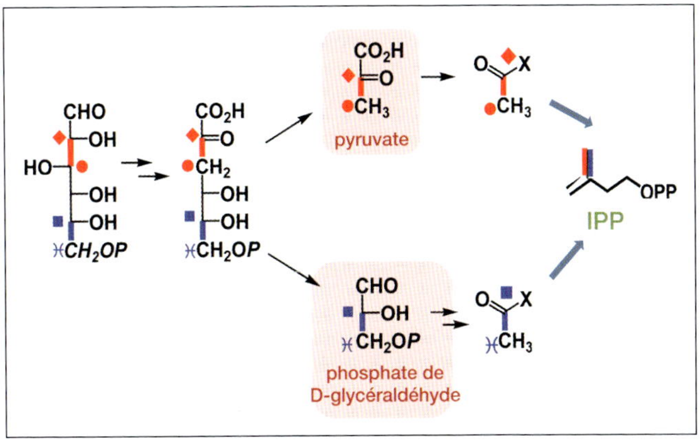

Figure 9

Voie d'Entner-Doudoroff pour la transformation par catabolisme du [^{13}C]glucose par la bactérie Zymomonas mobilis *en unité isoprénique. Selon cette voie, le glucose se transforme en un acide, qui est ensuite coupé en deux pools (pyruvate et phosphate de D-glycéraldéhyde) évoluant tous deux vers le même intermédiaire, conduisant à l'unité isoprénique IPP. Cette hypothèse corrobore les déductions expérimentales de l'analyse des spectres de RMN.*

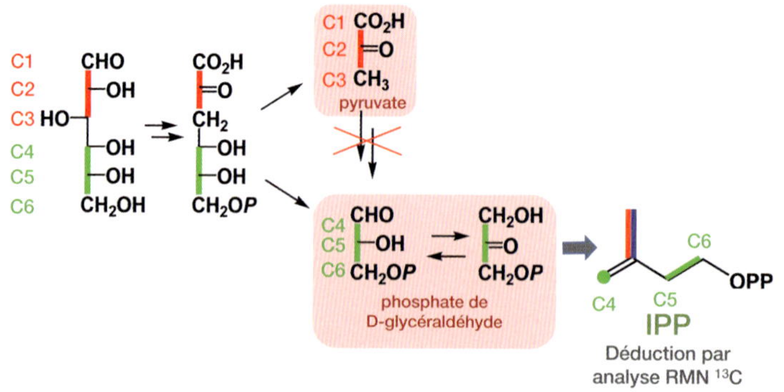

Figure 10

Voie d'Entner-Doudoroff : incorporation du phosphate de D-glycéraldéhyde (dérivé des carbones C4, C5 et C6 du glucose) dans l'IPP.

décarboxylation du pyruvate (**Figure 10**, fragment rouge et bleu) et un précurseur en C_3 correspondant à un dérivé du phosphate de D-glycéraldéhyde. D'autre part, un réarrangement intramoléculaire permet l'insertion de la sous-unité en C_2 entre les deux atomes de carbone du phosphate de D-glycéraldéhyde dérivés des carbones C4 et C5 du glucose.

Enfin, une dernière expérience a été réalisée avec un isotopomère uniformément marqué du glucose où les six atomes de carbone sont marqués. Une analyse par RMN plus approfondie, visant à mettre en évidence des relations de voisinage entre les atomes par examen des constantes de couplage (voir l'**Encart « La résonance magnétique nucléaire (RMN), outil quotidien du chimiste pour étudier les molécules organiques »**), a permis de confirmer les résultats expérimentaux précédents : d'une part l'origine des sous-unités en C_2 et C_3 engagés dans la formation du squelette d'une unité isoprénique (**Figure 10**) et d'autre part la présence du réarrangement intramoléculaire qui permet d'obtenir le squelette ramifié en C_5 de l'isoprène à partir d'un squelette linéaire (voir la **Figure 11**).

C'est à ce stade qu'intervient le chimiste pour interpréter dans le détail l'ensemble de ces résultats expérimentaux à partir des mécanismes réactionnels connus en chimie organique et en chimie enzymatique. Cette réflexion théorique vise à proposer un premier schéma biogénétique hypothétique pour la formation d'une unité isoprénique à partir du pyruvate (en rouge, **Figure 11**) et du phosphate de D-glycéraldéhyde (en vert, **Figure 11**), en se fondant sur des mécanismes de réactions enzymatiques déjà connus (**Encart « Schéma biogénétique hypothétique pour la biosynthèse des unités isopréniques chez les eubactéries : la voie du MEP »**).

Sans entrer dans le détail de ce schéma biogénétique hypothétique, retenons que deux intermédiaires peuvent être postulés à partir des résultats expérimentaux des marquages au ^{13}C : il s'agit du 1-désoxyxylulose 5-phosphate (DXP) et du méthylérythritol phosphate (MEP).

SCHÉMA BIOGÉNÉTIQUE HYPOTHÉTIQUE POUR LA BIOSYNTHÈSE DES UNITÉS ISOPRÉNIQUES CHEZ LES EUBACTÉRIES : LA VOIE DU MEP

Les connaissances en chimie organique ainsi qu'en enzymologie ont permis de proposer un schéma biogénétique hypothétique pour expliquer comment la bactérie *Zymomonas mobilis* synthétiserait à partir de l'acide pyruvique et du phosphate de D-glycéraldéhyde les unités isopréniques (représentées par l'IPP) grâce à ses enzymes.

Un premier intermédiaire, 1-désoxyxylulose 5-phosphate (DXP), résulterait de la condensation de l'hydroxyéthylidène thiamine diphosphate (produit par la décarboxylation du pyruvate) sur le carbonyle du phosphate de D-glycéraldéhyde. Le DXP se réarrangerait ensuite pour conduire, après une réduction, au méthylérythritol phosphate (MEP), qui est le second intermédiaire (***Figure 11***). Il est intéressant de noter que les équivalents non phosphorylés de ces deux composés, DXP et MEP, étaient connus comme substances naturelles.

Bien qu'il ait été partiellement remis en cause au niveau du mécanisme de la réaction de réarrangement, ce schéma a permis de prévoir la formation du MEP pour laquelle de solides preuves ont été fournies ultérieurement.

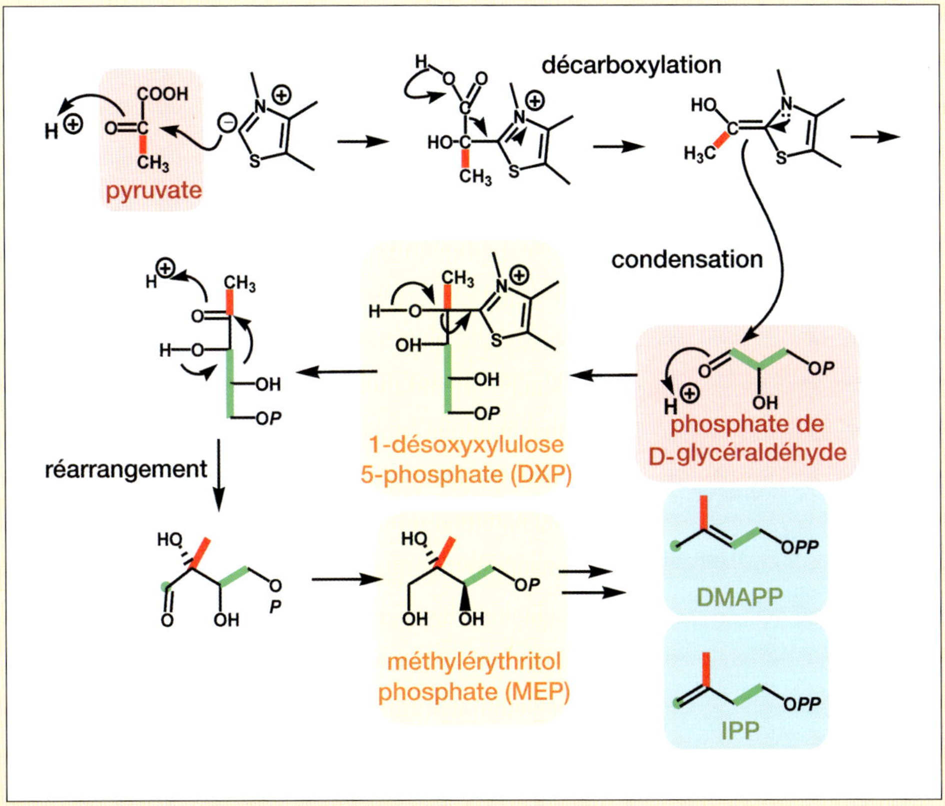

Figure 11

Mécanisme hypothétique pour la transformation du pyruvate et du phosphate de D-glycéraldéhyde en intermédiaires DXP puis MEP, pour expliquer la formation des unités isopréniques, diphosphate de diméthylallyle (DMAPP) et diphosphate d'isopenténylе (IPP).

Il reste à vérifier si ces deux intermédiaires DXP et MEP sont bien précurseurs des unités isopréniques. Dans ce but, les chimistes ont synthétisé ces deux intermédiaires en les marquant avec des isotopes stables (carbone 13 ou deutérium), afin de voir si ces intermédiaires hypothétiques sont assimilés par les bactéries et incorporés dans les unités isopréniques des terpénoïdes. Le désoxyxylulose et le méthylérythritol, qui sont tous deux phosphorylés *in vivo* dans la cellule bactérienne, sont incorporés dans la chaîne terpénique de l'ubiquinone par le colibacille (au sujet de l'ubiquinone, voir le paragraphe 2.1). Ce résultat est en accord avec le rôle de précurseurs d'isoprénoïdes pour ces deux intermédiaires.

ÉLUCIDATION DE LA VOIE DU MEP POUR LA BIOSYNTHÈSE DES UNITÉS ISOPRÉNIQUES

Les chimistes ont synthétisé un intermédiaire, un isotopomère doublement marqué du DXP, dans le but d'élucider la voie du MEP grâce à un suivi par RMN (***Figure 12***).

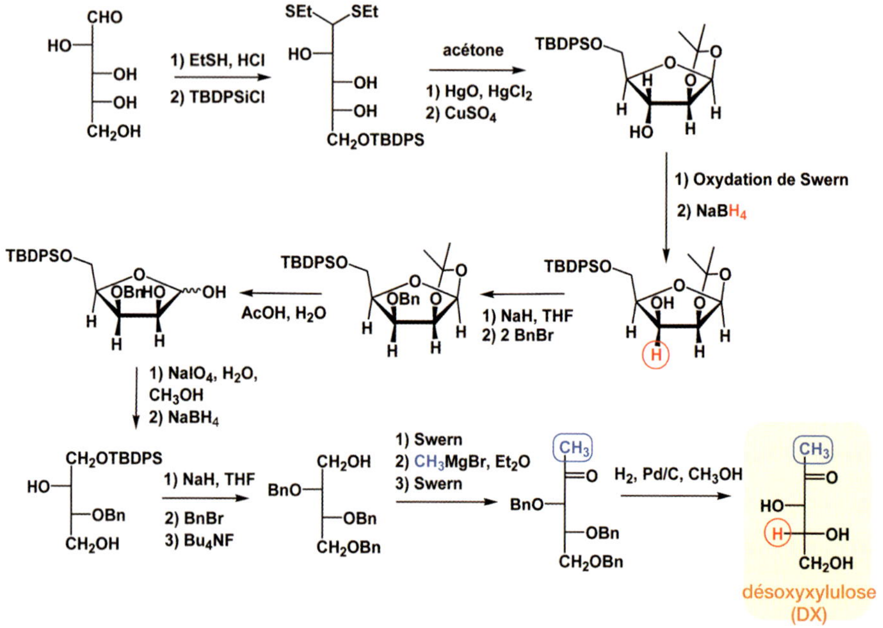

Figure 12

Synthèse chimique d'un isotopomère doublement marqué au ^{2}H et au ^{13}C du désoxyxylulose (DX) à partir du D-arabinose.

Les intermédiaires DXP et MEP sont convertis par la bactérie en unités isopréniques attendues IPP et DMAPP (***Figure 13***) :

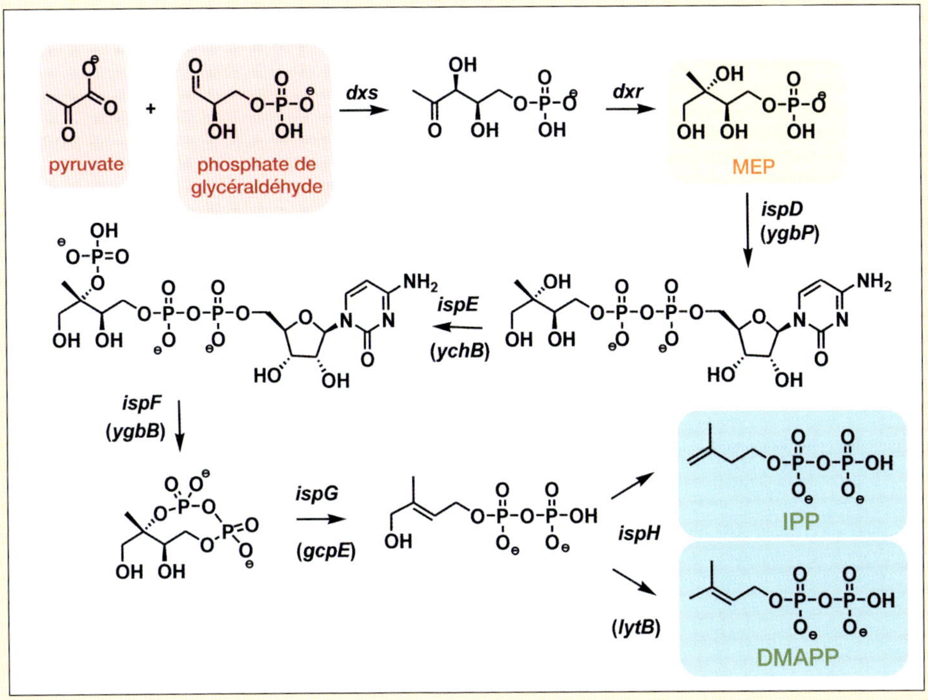

Figure 13

Voie du MEP pour la biosynthèse des unités isopréniques (IPP et DMAPP) à partir du pyruvate et du phosphate de D-glycéraldéhyde, présentant tous les intermédiaires et tous les gènes impliqués dans cette voie.

Le travail a été énorme, caractéristique du travail quotidien des chercheurs en chimie organique qui synthétisent des molécules souvent complexes, qui ne sont pas disponibles dans le commerce. L'***Encart « Élucidation de la voie du MEP pour la biosynthèse des unités isopréniques »*** montre en détail, à titre d'exemple, toute la complexité d'une synthèse chimique du DXP, qui a été marqué au carbone 13 sur le groupe méthyle (CH_3 en bleu, ***Figure 12***) et au deutérium (H en rouge, ***Figure 12***).

Les deux premiers intermédiaires, DXP et MEP, sont ensuite convertis par la bactérie en unités isopréniques attendues IPP et DMAPP, par une séquence de réactions (***Figure 13***) qui s'est avérée n'avoir aucun point commun avec la voie du mévalonate identifiée dans le foie de rat (voir la ***Figure 3***). L'élucidation complète de la voie du MEP a requis à la fois des expériences de marquage avec des isotopes stables et radioactifs ainsi que des techniques de biologie moléculaire et a impliqué de nombreux laboratoires.

Cette nouvelle voie de biosynthèse a été découverte indépendamment chez les bactéries par notre groupe à l'École

Nationale Supérieure de Chimie de Mulhouse, puis à l'Université de Strasbourg, ainsi que chez les plantes par le groupe de Duilio Arigoni à l'École Polytechnique Fédérale de Zürich (voir la partie 3 de ce chapitre). Elle s'est avérée être celle de la majeure partie des bactéries et est omniprésente dans les plastides des végétaux, remettant ainsi en cause le dogme de l'unicité et de l'universalité de la voie du mévalonate admis pendant quarante ans.

1.2.4. Bilan des deux voies de synthèse des unités isopréniques

La ***Figure 14*** résume la distribution des deux voies de biosynthèse pour la formation des unités isopréniques. La voie du **mévalonate** (sur fond bleu, détaillée sur la ***Figure 3***) qui part de l'acide acétique a été la seule identifiée chez l'homme. On la retrouve aussi chez les champignons, les levures, le cytosol des cellules des plantes et plus rarement dans quelques bactéries (par exemple les staphylocoques et les streptocoques).

La voie alternative que nous venons de décrire, incluant le **MEP** comme intermédiaire (sur fond jaune), démarre avec deux molécules issues du glucose : le pyruvate et le phosphate de D-glycéraldéhyde. C'est la voie majoritairement observée chez les bactéries, certains protozoaires parasites (par exemple *Plasmodium falciparum*, l'agent responsable du paludisme), les chloroplastes des végétaux et des algues supérieures (algues brunes, rouges, varech). C'est aussi la voie unique chez les algues vertes unicellulaires.

En résumé, nous connaissons deux voies de biosynthèse des unités isopréniques dont l'une, celle du MEP, est absente chez l'homme. Si l'on traitait donc un patient infecté par des bactéries qui fonctionnent avec la voie MEP, l'inhibition de cette voie de biosynthèse des isoprénoïdes peut devenir un traitement

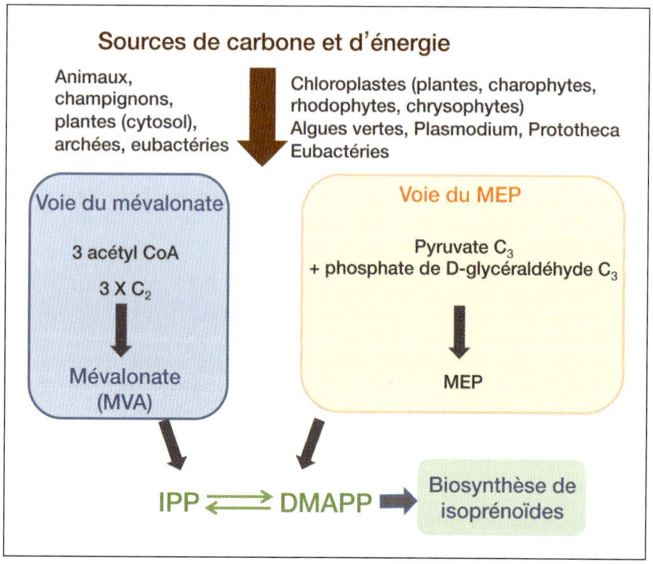

Figure 14

Bilan des voies de biosynthèse des unités isopréniques.

potentiellement intéressant pour l'homme.

Comment peut-on ainsi concevoir des agents antimicrobiens efficaces en utilisant ces nouvelles connaissances sur les mécanismes de biosynthèse des unités isopréniques ?

2 Application à la recherche de nouveaux antimicrobiens

2.1. Les isoprénoïdes, essentiels à la vie de bactéries

Les isoprénoïdes sont des molécules que l'on retrouve chez tous les êtres vivants. Beaucoup ne jouent pas de rôle physiologique évident. En revanche, on sait que certains, comme le cholestérol chez l'homme, sont des métabolites essentiels. Les bactéries quant à elles ne synthétisent pas de stérols mais des bactoprénols, composés importants pour la synthèse de leur paroi cellulaire, sans laquelle elles ne peuvent pas survivre. Elles ont par ailleurs aussi besoin d'ubiquinone, une molécule portant une longue chaîne isoprénoïde acyclique, qui joue un rôle essentiel dans les transferts d'électrons au sein des cellules, et dont le blocage de la biosynthèse conduit également à la mort des bactéries.

Les bactéries qui utilisent la voie du MEP sont nombreuses et peuvent en principe toutes être détruites si l'on y bloque la biosynthèse des isoprénoïdes (***Tableau***). On peut citer en particulier *Escherichia coli* et toutes les entérobactéries, les *Pseudomonas*, les *Burkholderia*, les *Acinetobacter*, toutes à l'origine de maladie nosocomiale, répandue dans les hôpitaux, et qui deviennent très rapidement résistantes aux antibiotiques. D'autres agents pathogènes, pas uniquement bactériens, sont tout aussi préoccupants : *Mycobacterium tuberculosis*, la bactérie responsable de la tuberculose, et le protozoaire *Plasmodium falciparum*, agent du paludisme.

2.2. Synthèse de composés bactéricides

Pour tuer une bactérie, on peut envisager de cibler l'une des réactions de la biosynthèse d'isoprénoïdes de la voie du MEP en l'inhibant par l'action d'un agent qui sera alors un bactéricide. La réaction cible qui a été la mieux explorée est celle transformant le 1-désoxyxylulose 5-phosphate (DXP), vu précédemment, en MEP (***Figure 15***).

Tableau

Micro-organismes (bactéries et protozoaires) synthétisant les isoprénoïdes par la voie du MEP.

Entérobactéries
Chlamydia spp.
Pseudomonas spp.
Burkholderia spp.
Acinetobacter spp.
Corynebacterium spp.
Bacillus spp.
Clostridium spp.
Mycobacterium spp.
Actinomycètes
Plasmodium spp.

Figure 15

Réaction de réarrangement et réduction du DXP en MEP en présence de NADPH (agent réducteur des organismes vivants) catalysée par l'enzyme réducto-isomérase.

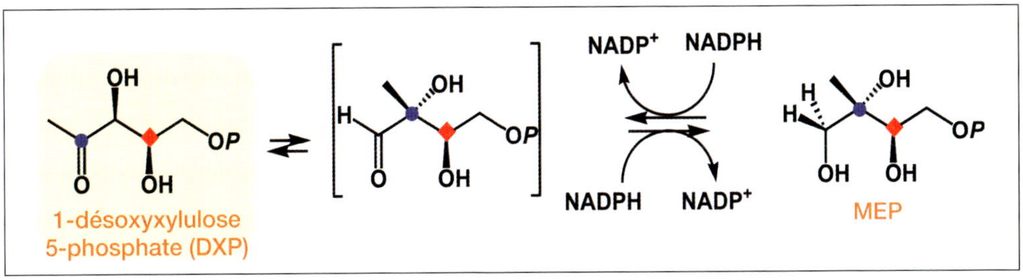

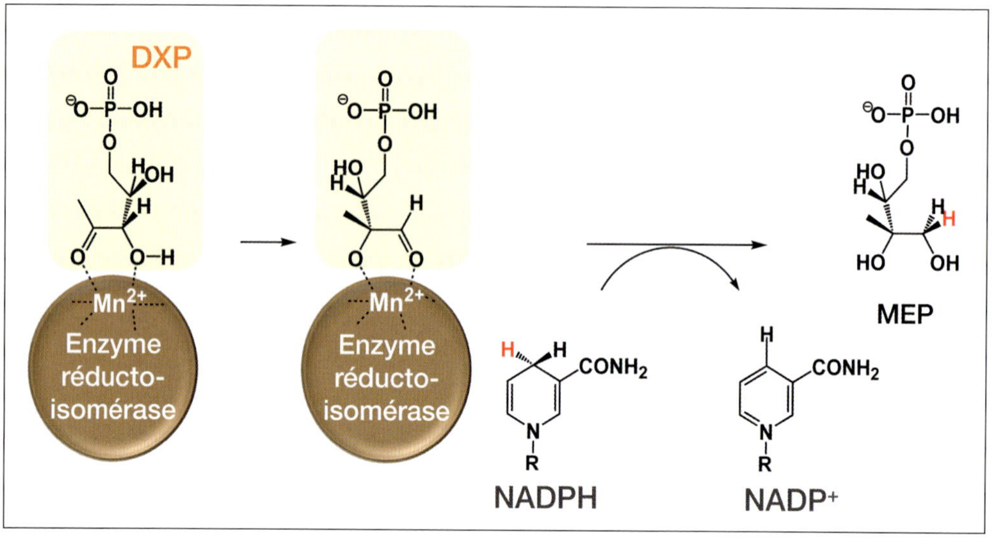

Figure 16

Catalyse de la transformation du DXP par l'enzyme réducto-isomérase dans la biosynthèse des isoprénoïdes selon la voie du MEP. L'enzyme se lie à son substrat DXP via le cation Mn^{2+} pour conduire, en présence de l'agent réducteur NADPH par réarrangement et réduction, au MEP.

Cette réaction a lieu grâce à une enzyme de la bactérie qui la catalyse[2], une réducto-isomérase, dont la structure est connue : elle possède dans son site actif un cation manganèse (Mn^{2+}) ou magnésium (Mg^{2+}) qui se lie au substrat, le DXP, et joue le rôle d'un acide de Lewis pour catalyser sa transformation (***Figure 16***).

Si l'on veut inhiber cette réaction, il faut donc concevoir des molécules qui vont empêcher l'enzyme de jouer son rôle de catalyseur. Un antibiotique naturel produit par une bactérie du groupe des actinomycètes, la fosmidomycine, a été développé au Japon dans les années 1970 (***Figure 17***). Cette molécule a servi de modèle pour de nombreuses séries d'analogues obtenus par synthèse. La fosmidomycine possède une « pince chélatante » qui s'accroche par des liaisons très fortes au cation Mn^{2+} de l'enzyme. Cependant, si cette molécule naturelle est un inhibiteur extrêmement puissant de la réducto-isomérase transformant le DXP en MEP, son utilisation *in vivo* se révèle décevante. Comme petite molécule anionique soluble dans l'eau, elle est facilement rejetée dans le milieu extérieur par les bactéries qui deviennent ainsi résistantes. Chez l'homme, elle est rapidement éliminée dans les urines, ce qui rend difficile d'atteindre une concentration thérapeutique intéressante.

Les travaux des chimistes se sont donc tournés vers la synthèse d'analogues de la fosmidomycine pour essayer d'obtenir des inhibiteurs aux propriétés plus intéressantes que celle de la fosmidomycine modèle. Deux molécules semblables à la fosmidomycine, mais dans lesquelles les pinces chélatantes sont inversées (***Figure 18***), se sont révélées particulièrement inté-

2. À propos de la catalyse enzymatique, voir *La Chimie et la santé, au service de l'homme*, chapitre de D. Mansuy, coordonné par M.-T. Dinh-Audouin, R.A. Jacquesy, D. Olivier et P. Rigny, EDP Sciences, 2010.

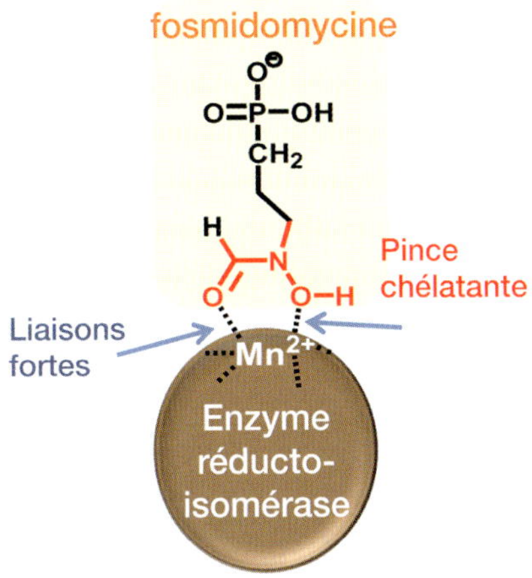

Figure 17

La fosmidomycine est un antibiotique d'origine naturelle capable d'inhiber la réducto-isomérase en se liant très fortement à son cation Mn^{2+}.

ressantes. Ces molécules ont été testées sur deux souches de colibacilles, l'une étant une souche sauvage, l'autre une souche résistante à la fosmidomycine. Une culture en tapis de chacune de ces bactéries a été réalisée sur des boîtes de Petri. Les molécules à tester ont été déposées sur trois confettis de papier filtre : sur le premier a été déposée comme référence la fosmidomycine, et sur les deux autres confettis ont été déposées les molécules synthétisées. On constate, par une simple observation du diamètre de la zone d'inhibition de croissance des souches (les zones de non-croissance des bactéries ont un aspect et une couleur différents de ceux des zones colonisées), que la fosmidomycine **1** et la molécule **2** (*Figure 18*) sont actives sur la souche sauvage à peu près de la même manière, tandis que la molécule de synthèse **3** est toujours active sur la souche résistante à la fosmidomycine, ce qui est un résultat des plus intéressants dans la mise au point d'antibactériens de cette série.

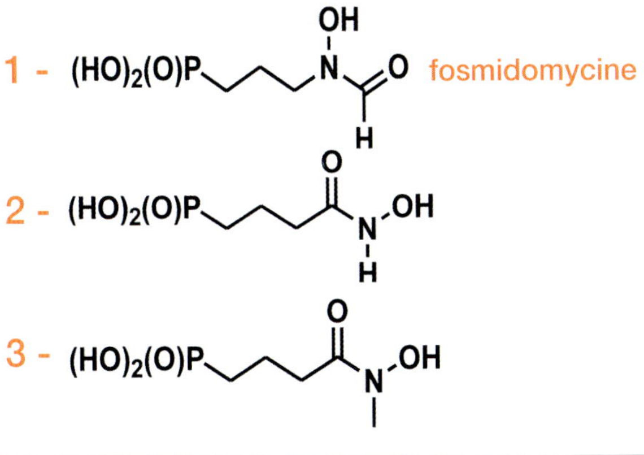

Figure 18

*Deux molécules analogues de la fosmidomycine (**2** et **3**) synthétisées pour tester leur activité antibactérienne. La molécule **3** a conduit à des résultats satisfaisants.*

Ainsi, la connaissance en microbiologie de la voie du MEP pour la biosynthèse des isoprénoïdes a pu être judicieusement mise à profit pour la conception d'un antibiotique efficace contre un agent infectieux pour l'homme et visant une cible enzymatique encore inexplorée. De nombreux travaux visent aux développements d'inhibiteurs d'autres enzymes de la voie du MEP.

Qu'en est-il à présent des végétaux ? Existe-t-il également deux voies de biosynthèse des unités isopréniques comme nous l'avons observé chez les micro-organismes ?

3 Biosynthèse des unités isopréniques chez les végétaux

La biosynthèse des isoprénoïdes chez les végétaux a été étudiée dès les années 1950. Dès cette époque, comme la voie de biosynthèse du mévalonate (MVA) était bien connue chez la levure, les chercheurs ont incorporé de l'acétate (précurseur du mévalonate) marqué au carbone 14 et se sont rendus compte qu'il était très bien incorporé dans les stérols des végétaux (jusqu'à à 70 % d'incorporation du carbone 14). Par contre, les autres composés isoprénoïdes tels que le phytol, les caroténoïdes, ainsi que les mono- et les diterpènes n'incorporent pratiquement pas le carbone 14, ce qui avait alors été interprété à l'époque comme une imperméabilité de la membrane du chloroplaste au mévalonate (***Figure 19***).

Ce résultat peut maintenant être expliqué en faisant intervenir pour les plantes la seconde voie de biosynthèse des unités isopréniques découverte pour les bactéries, celle du MEP. La présence de cette voie peut être prouvée par une expérience très simple. Comme nous l'avons vu, cette seconde voie démarre avec deux métabolites du glucose, à savoir le pyruvate et le phosphate de D-glycéraldéhyde (voir les ***Figures 12*** et ***13***), alors que la voie du mévalonate utilise l'acétate comme produit de départ (***Figure 3***). Ces deux voies peuvent être facilement différenciées par la distribution du marquage (analysée sur les spectres de RMN des isoprénoïdes de chloroplastes) résultant d'une incubation de glucose marqué au ^{13}C en C1 (***Figure 19***, carrés rouges).

Les premières études ont été réalisées à Zurich sur des embryons de *Ginkgo biloba* pour étudier la biosynthèse des ginkgolides, des diterpénoïdes présentant des propriétés intéressantes sur le système cardiovasculaire. Par la suite, des marquages similaires ont été effectués sur une culture de tissus de carotte, des plantules d'orge et des lentilles d'eau. Une dichotomie a été observée : dans le cytosol, c'est-à-dire le gel dans lequel baignent les organites des cellules végétales, la voie de biosynthèse qui a été identifiée est celle du MVA observée chez les animaux (dont l'homme), tandis que dans les chloroplastes, c'est-à-dire les organites où se fait la photosynthèse et où s'accumulent les pigments (comme la chlorophylle et les

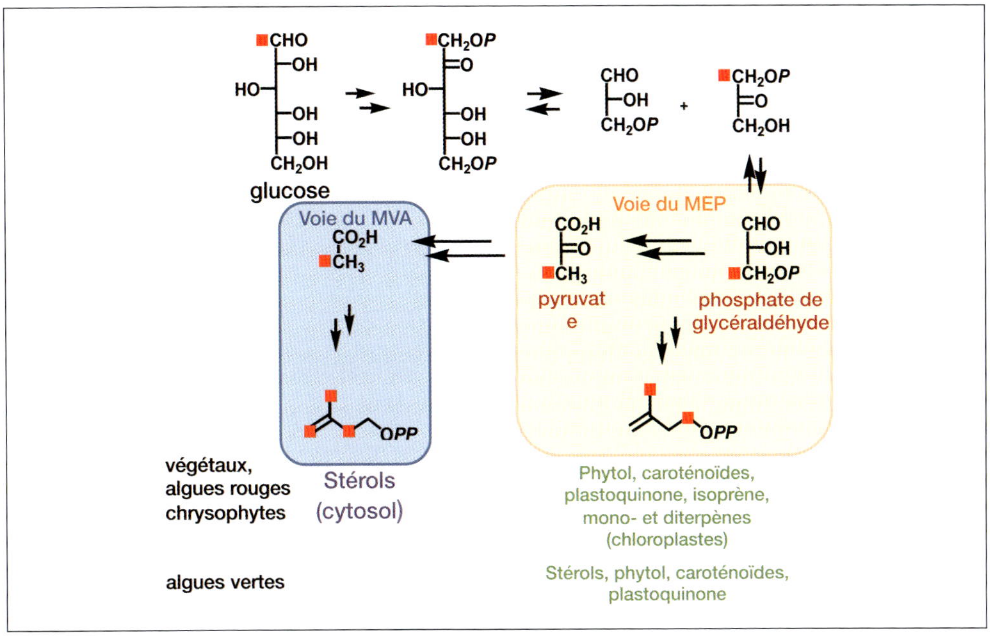

caroténoïdes), c'est la voie du MEP qui est présente.

Ces conclusions sont résumées sur la ***Figure 20*** : la voie de biosynthèse du MVA conduit aux stérols dans le cytosol (fond bleu), tandis que la voie du MEP mène aux terpénoïdes de chloroplastes (fond jaune).

En fait, ce schéma n'est pas aussi simple, des échanges de précurseurs terpéniques peuvent avoir lieu entre les deux compartiments, cytosol et chloroplastes.

Il reste donc encore un travail important à mener pour étudier la régulation de la biosynthèse des isoprénoïdes, dont beaucoup ont une importance capitale en chimie médicinale, comme le taxol (antitumoral, abordé en détail dans le ***Chapitre de F. Guéritte***), les ginkgolides, les iridoïdes et les alcaloïdes indoliques à moitié monoterpénique, etc.

Figure 19

Les deux voies de biosynthèse des unités isopréniques (MVA et MEP) chez les végétaux, avec marquage du glucose au carbone 13 en C1 (carrés rouges). D'après les études de suivi des marquages au ^{13}C par RMN, les deux voies se répartissent entre les deux compartiments des cellules végétales : le cytosol et le chloroplaste.

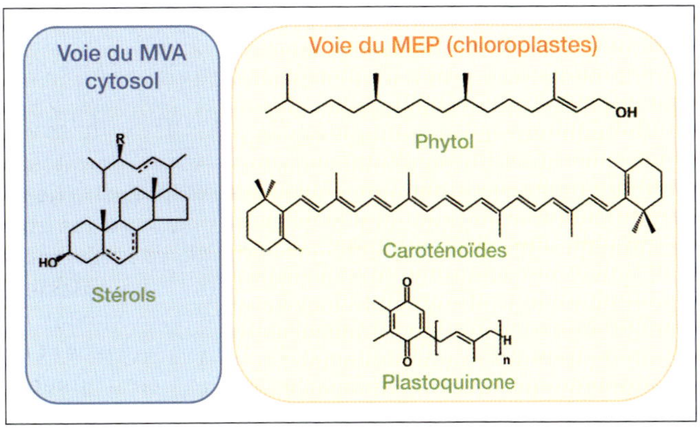

Figure 20

Répartition des voies de biosynthèse des isoprénoïdes dans les compartiments des cellules végétales. La voie du MVA est localisée dans le cytosol et conduit aux stérols (fond bleu), tandis que la voie du MEP se trouve dans les chloroplastes et conduit entre autres au phytol, aux caroténoïdes et à la plastoquinone (fond jaune).

Comprendre la nature : un champ de recherche qui reste très ouvert pour les chimistes

Le champ est encore vaste pour l'étude des processus biologiques, et, nous l'avons vu, les sciences de la chimie y interviennent sous de multiples aspects :

– par la synthèse organique des précurseurs, des molécules marquées par des isotopes, ou encore des substrats de réactions enzymatiques ;

– par la caractérisation des structures des enzymes et des protéines (spectroscopie de RMN, spectrométrie de masse) ;

– par la chimie de ces systèmes supramoléculaires qui est la base de la biologie moléculaire.

Afin d'élucider la chimie du vivant, le chimiste doit aussi comprendre la microbiologie végétale et animale et savoir remettre en question les concepts communément acceptés, comme en témoignent les recherches sur les voies de biosynthèse des isoprénoïdes. En retour, les voies métaboliques sont une source de molécules à large potentiel d'activités, avec l'avantage que l'organisme les reconnaît depuis des millions d'années. Mais les systèmes sont extrêmement complexes et difficiles à étudier. Le travail est, en effet, de longue haleine, en particulier celui du chimiste. L'identification de la voie du MEP pour la biosynthèse des isoprénoïdes, une voie métabolique importante et insoupçonnée chez les bactéries et les végétaux, porte également un autre message : les découvertes majeures ne sont le plus souvent ni programmées, ni programmables.

Pour aller plus loin

– Rohmer M. (1999). *A mevalonate-independent route to isopentenyl diphosphate. Comprehensive Natural Products Chemistry, Isoprenoids including Steroids and Carotenoids*, D.E. Cane ed., Pergamon, Oxford, Vol. **2**, chap. 2, 45-68.

– Schwarz M., Arigoni D. (1999). *Ginkgolide biosynthesis. Comprehensive Natural Products Chemistry, Isoprenoids including Steroids and Carotenoids*, D.E. Cane ed., Pergamon, Oxford, Vol. **2**, chap. 2, 367-399.

– Rohmer M. (2008). From molecular fossils of bacterial hopanoids to the formation of isoprene units : discovery and elucidation of the methylerythritol phosphate pathway, *Lipids*, **43** : 1095-1107.

– M. Rohmer. (2010). Methylerythritol phosphate pathway. *Comprehensive Natural Products II Chemistry and Biology*, 2nd Edition ; L. Mander, H.W. Lui, eds. *Isoprenoids including Steroids and Carotenoids*, C.A. Townsend ed., Elsevier, Oxford, Vol. **1**, chap. 13, 517-555.

La chimie atmosphérique

Contexte, récents développements et applications

Éric Villenave

Éric Villenave est directeur de l'Observatoire Aquitain des Sciences de l'Univers (OASU), à l'Université de Bordeaux, où il travaille en particulier sur la chimie de l'atmosphère, et chargé de mission au CNRS (INSU) sur la thématique Océan-Atmosphère.

1 La pollution atmosphérique

1.1. Les sources de pollution

Depuis une vingtaine d'années, la pollution atmosphérique est devenue une préoccupation mondiale majeure, et tout particulièrement pour nos concitoyens. Souvent matérialisée par une fumée d'usine quand elle est d'origine industrielle, elle est parfois moins visible et plus sournoise, mais on la voit de loin sous forme d'un brouillard au-dessus des grandes agglomérations (*Figure 1*).

On connaît aussi depuis de nombreuses années le phénomène des pluies acides, qui a été très médiatisé dans les années 1980 ; il faut aussi savoir qu'on en parlait déjà dans des ouvrages du XVIIIe siècle. La *Figure 2* n'est pas la photo d'une forêt en automne mais le résultat sur la forêt de ces pluies rendues acides par la présence d'oxydes de soufre SO_x issus d'émissions industrielles, qui avaient à cette époque par exemple touché en trois ans 50 % de la forêt allemande, l'acidité du sol étant parfois descendue à des pH inférieurs à deux.

Ce type de pollution peut être aussi d'origine naturelle ; la *Figure 3* illustre la plus grosse des dernières éruptions volcaniques, celle du Mont Pinatubo en 1991, qui a émis d'énormes quantités de dioxyde de soufre, ainsi que des particules qui sont montées jusqu'à vingt kilomètres d'altitude dans

Figure 1

La pollution atmosphérique est visible sous plusieurs formes, de manière plus ou moins spectaculaire.

Figure 2

Résultat de pluies acides sur une forêt canadienne.

Figure 3

Éruption volcanique du Mont Pinatubo en 1991 (Philippines).

la stratosphère, presqu'au niveau de la couche d'ozone, entraînant durant trois ans une diminution de la température globale de 1 °C en haute altitude.

On voit donc que la nature a aussi un impact direct sur l'environnement, l'atmosphère et le climat, et qu'il faut prendre en compte ce facteur.

Une autre source naturelle de pollution atmosphérique est l'érosion éolienne des sols. La ***Figure 4*** est une image fournie par la NASA, sur laquelle on reconnaît la côte africaine et l'Espagne, et l'on voit un large départ de particules qui partent du Sahara, qui remontent vers le large puis sur l'Europe, et que l'on peut retrouver par exemple jusqu'au Danemark. Les dépôts secs et humides (par la pluie) font que l'on retrouve ensuite ces particules d'origine désertique sur tout ce qui nous environne, faisant tout paraître sale. Ces transports de particules peuvent se faire sur des milliers de kilomètres.

La pollution atmosphérique, quelle qu'elle soit, est donc un phénomène global difficile à appréhender.

Un autre exemple de pollution est illustré sur la ***Figure 5***, image satellite d'un feu de forêt en Australie. On comprend, vu son importance, que le panache de suies qui diffuse dans l'atmosphère puisse avoir un impact non seulement sur la qualité de l'air mais aussi sur la température en faisant barrière au rayonnement solaire, en l'absorbant ou le diffusant.

La ***Figure 6*** est une photo prise un jour de « smog » (contraction de smoke + fog) à Londres en 1952. Ce brouillard spectaculaire bien connu était le résultat d'une pollution particulaire qui n'existe plus aujourd'hui à Londres, mais que l'on retrouve couramment dans d'autres mégapoles comme Pékin. Cette photo a été prise en plein jour, ce qui donne une idée de l'importance de cette pollution, à l'issue de laquelle une surmortalité de 3000 décès a été observée. Une inversion de température bloquait l'évacuation des polluants, composés de particules ultra-fines et de dioxyde de soufre, vers le haut de l'atmosphère. Ces particules ultra-fines (de taille submicronique) pénètrent profondément dans le système respiratoire jusqu'aux alvéoles pulmonaires où elles ont un double effet : non seulement elles provoquent une irritation, mais elles transportent de nombreux polluants organiques persistants ainsi que des métaux, ce qui explique les effets néfastes sur la santé.

On peut observer un autre type de smog, que l'on appelle le « smog photochimique » (***Figure 7***). « La magnifique » couleur brune du plafond en dessous du bleu du ciel, bien réelle, résulte d'une pollution photochimique importante observée l'après-midi dans les grandes cités urbaines très industrialisées, une pollution due à des mélanges d'ozone, d'oxydes d'azote, de peroxyacylnitrates et d'oléfines.

1.2. Bilan des types de polluants atmosphériques

Les sources de pollution atmosphérique sont donc diverses et les réactions chimiques qui y sont associées sont complexes. Les **polluants primaires**, qu'ils

Figure 4

Le transport des particules désertiques. Images satellite du processus d'érosion des sols.

Figure 5

Image satellite d'un feu de forêt (points rouges) en Australie, en 2003.

Figure 6

La colonne Nelson durant le grand smog de Londres en 1952.

Figure 7

Vue aérienne d'un smog photochimique sur Mexico (2010).

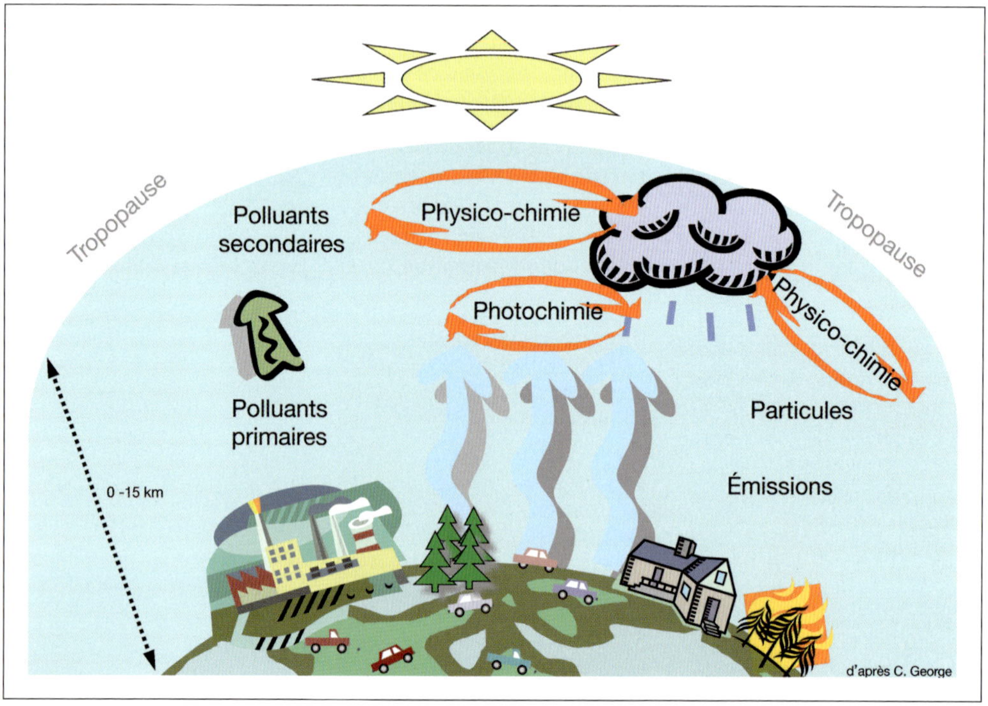

Figure 8

La chimie atmosphérique et les différents types de polluants.

soient gazeux ou particulaires, sont directement émis dans l'air et peuvent se transformer en des **polluants secondaires** qui ont des effets plus ou moins importants. Le polluant secondaire le plus connu est l'ozone, que l'on contrôle difficilement car il a peu de sources primaires. Les polluants secondaires sont transportés dans l'atmosphère, et selon leur durée de vie, vont interagir avec les nuages à travers des processus photochimiques ou physico-chimiques, puis finiront, par exemple dans un processus de lessivage, par les pluies (*Figure 8*).

2 La chimie atmosphérique comme outil pour comprendre la pollution

2.1. Objectifs de la chimie atmosphérique

La chimie atmosphérique a pour objectif de comprendre l'ensemble des facteurs déterminant la formation des polluants puis leur transport dans l'atmosphère, certains composés ayant des durées de vie très longues : par exemple, l'un des perfluorés (CF_4) a une durée de vie de 50 000 ans !

Il faut aussi améliorer la connaissance des réactions physico-chimiques qui s'y déroulent, de la nature des dépôts secs et humides, et des impacts sur les changements climatiques et sur la santé.

Les chimistes doivent aussi améliorer la modélisation des processus réactionnels par la détermination de leurs paramètres cinétiques et mécanistiques, afin de prévoir la durée de vie des polluants, leurs évolutions et leurs conséquences dans notre atmosphère.

Différentes approches de ces problèmes sont utilisées, qui mobilisent des moyens de différentes importances.

2.2. Les lieux d'expérimentation

2.2.1. Expériences en laboratoire

Les durées de vie des espèces polluantes et leurs différentes voies de dégradation possibles, à différentes températures et pressions, sont étudiées en laboratoire dans des réacteurs ou dans des chambres de simulation atmosphérique (*Figures 9* et *10*).

Il est parfois nécessaire de construire des chambres de simulations atmosphériques de plusieurs mètres cubes, équipées d'un simulateur solaire pour y coupler des instruments spécifiques complexes, instruments analytiques et techniques spectroscopiques, qui permettront de caractériser tout ce qui se passe à l'intérieur dans des conditions reproduisant les différents types de conditions atmosphériques.

Figure 9

Chambre de simulation atmosphérique au Laboratoire Interuniversitaire des Systèmes Atmosphériques (CESAM-LISA).

Figure 10

Réacteur à écoulement turbulent couplé à un spectromètre de masse à ionisation chimique (ICARE).

2.2.2. Expériences sur le terrain

De nombreuses études doivent également être réalisées sur le terrain. Certaines sont réalisées en altitude à partir d'un avion comme le montre la **Figure 11** : il s'agit d'un ATR-42 de l'unité SAFIRE MetéoFrance-CNES-INSU, dans lequel sont embarqués les différents appareils de caractérisation de l'atmosphère utilisés en vol lors de campagnes de mesures. Lors d'évènements importants tels que l'éruption du volcan Eyjafjoll en 2011, des moyens nationaux de grande envergure doivent être partagés, et dans cet exemple, des avions appareillés par l'Institut National des Sciences de l'Univers (INSU) volaient pour évaluer la situation atmosphérique, qui a bloqué momentanément le trafic aérien en Europe du Nord.

Par ailleurs, des ballons stratosphériques sont utilisés pour une meilleure compréhension de la composition de l'atmosphère, comme celui représenté sur la **Figure 12**, qui mesure la concentration de polluants sur une colonne d'air.

2.3. Modéliser pour prévoir

Tous ces moyens expérimentaux permettent non seulement d'établir les données fournies au public, mais aussi celles qui permettent de faire des modélisations et donc d'établir des projections soit de la qualité de l'air, soit du climat. La **Figure 13** montre par exemple la concentration projetée en particules sur l'Europe pour le 25 janvier

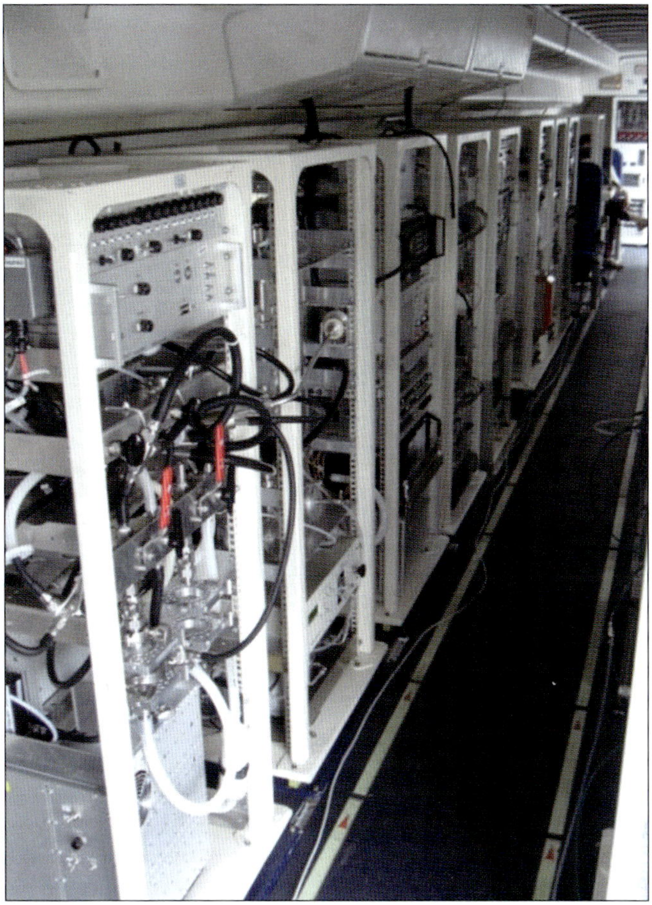

Figure 11

Appareils de caractérisation de l'atmosphère dans l'avion ATR-42 de l'unité SAFIRE (MetéoFrance-CNES-INSU).

2012. Il était prévu relativement peu de particules PM10 (c'est-à-dire de diamètres inférieurs à 10 microns), en relation avec une période de temps instable avec de la pluie ce jour-là.

Un autre type de modélisation peut aussi être utilisé pour comprendre des réactions chimiques atmosphériques difficiles à réaliser ou trop coûteuses expérimentalement, et parfois inaccessibles dans la compréhension de leurs différentes étapes. La modélisation de voies de réactions par différentes méthodes de chimie quantique ou de dynamique permet de prévoir quels sont les produits possibles lorsqu'on fait réagir deux composés ensemble (***Figure 14***).

2.4. Le rôle des aérosols atmosphériques

Le rôle des gaz à effet de serre comme le méthane et le dioxyde de carbone sur les changements climatiques a été bien étudié et est relativement bien connu aujourd'hui (voir aussi le ***Chapitre de J. Amouroux***) ; celui

Figure 12

Ballons stratosphériques pour mesurer les concentrations d'espèces chimiques dans l'atmosphère.
Ces ballons atteignent entre 30 et 40 km d'altitude.

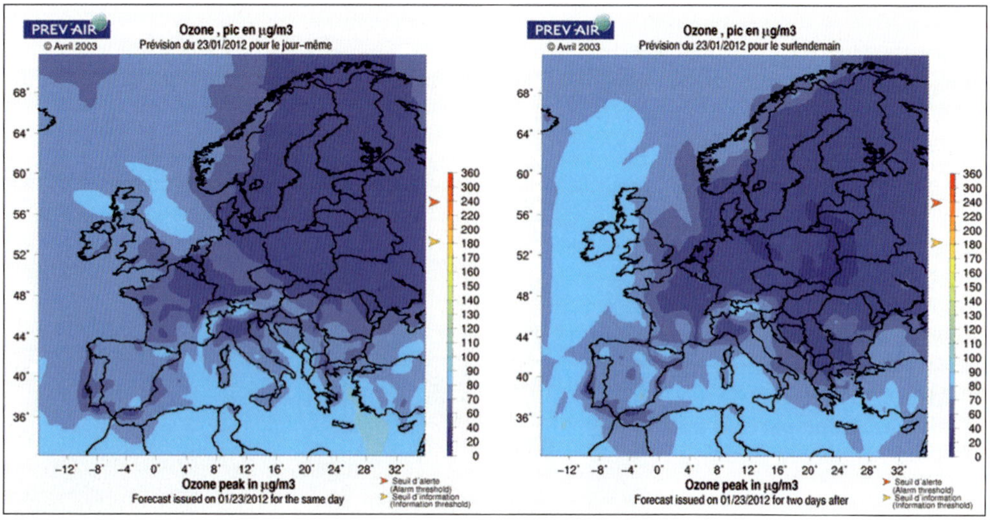

Figure 13

Développement d'outils de modélisation pour effectuer des prévisions et projections de la composition atmosphérique. Cartes d'Europe de la pollution en particules PM10 prévues les 23 et 25 janvier 2012.

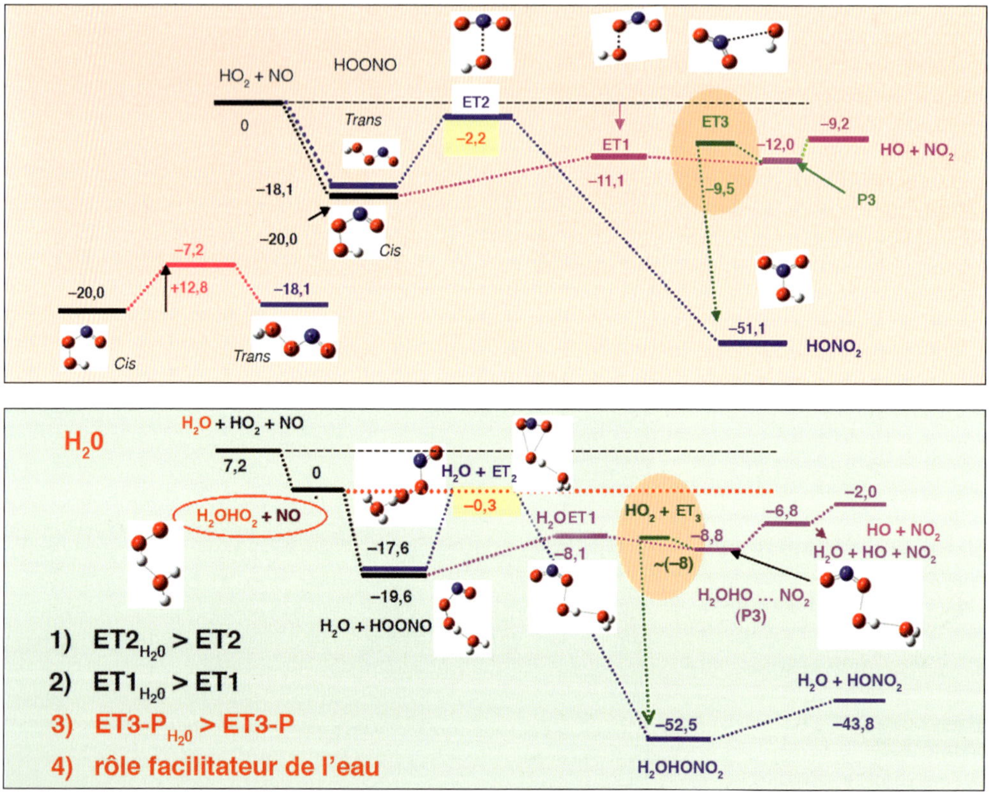

Figure 14

Modélisation de voies de réactions par la chimie quantique : calculs ab initio.
ET = État de transition ; P = puits de potentiel.

des aérosols l'est beaucoup moins alors que l'on sait qu'ils peuvent avoir des effets directs ou indirects sur le refroidissement de la planète.

Prenons l'exemple d'une famille de composés comme les hydrocarbures aromatiques polycycliques (HAP), qui se trouvent en partie adsorbés sur des particules de suie (***Figure 15***). 90 % de ces composés, formés lors de la combustion incomplète de matières organiques, sont de sources anthropiques : chauffage résidentiel, transports routiers, production industrielle, incinérateurs, centrales thermiques, feux de biomasse... Leur concentration est à l'état de trace (quelques ng à plusieurs centaines de ng par m^3), mais les HAP sont pour beaucoup cancérigènes et considérés

A)

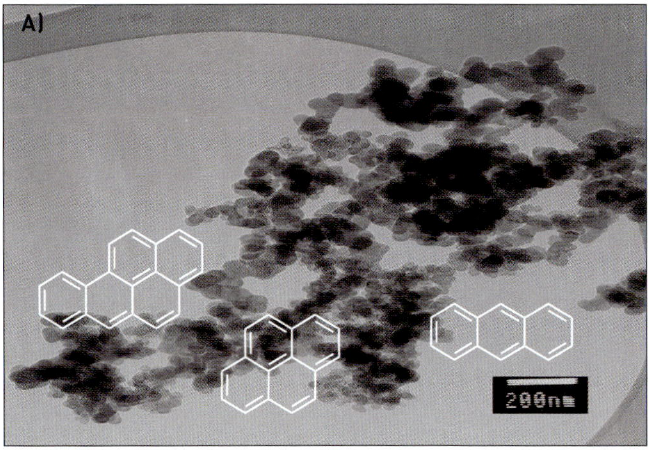

Figure 15

Les hydrocarbures aromatiques polycycliques (HAP).
A) Adsorption sur des particules de suie ; B) exemples de HAP.

B)

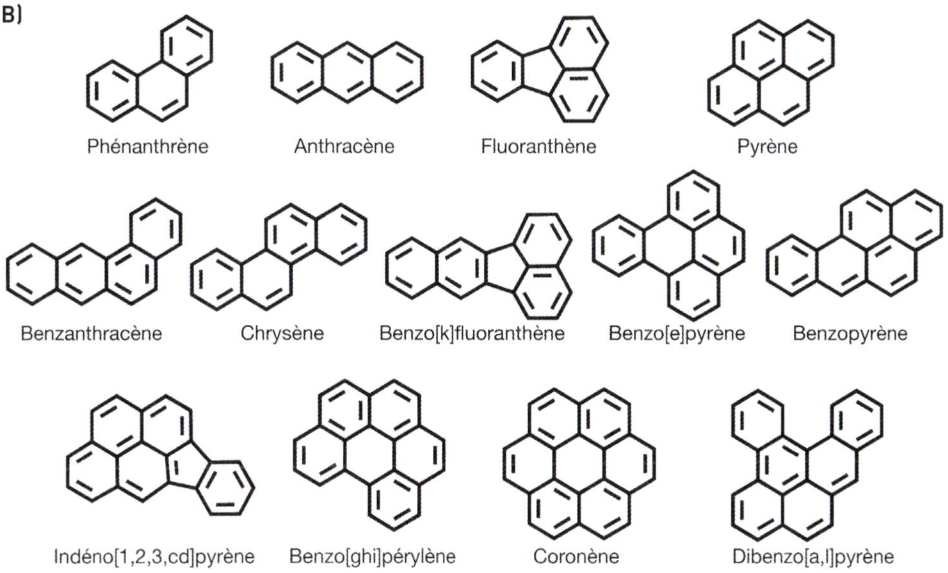

Figure 16

Réactivité hétérogène du pyrène particulaire avec NO_2 à 295 K.

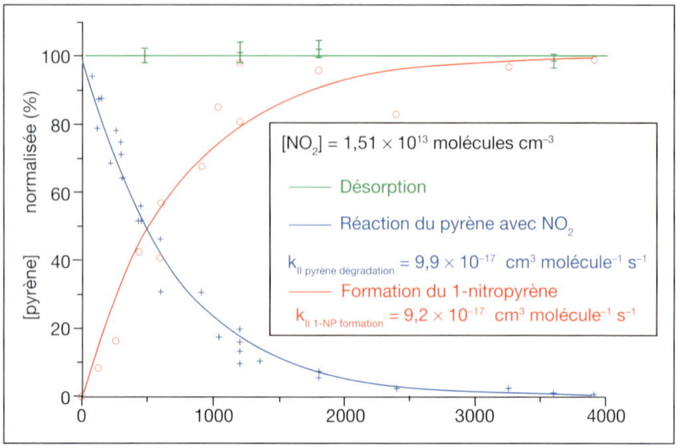

comme polluants prioritaires par les agences environnementales gouvernementales.

Le pyrène particulaire est un modèle d'étude pour les HAP. La ***Figure 16*** résume les résultats d'une étude cinétique de la réaction hétérogène du pyrène particulaire avec le dioxyde d'azote NO_2 (gazeux) pour donner du 1-nitropyrène. La courbe bleue montre la décroissance du pyrène et la courbe rouge la croissance correspondante du 1-nitropyrène.

La ***Figure 17*** résume les différentes étapes du mécanisme de cette réaction étudiée ici dans l'obscurité.

La connaissance de l'ensemble de ces données

Figure 17

Mécanisme proposé pour la réaction hétérogène (Pyrène + NO_2).

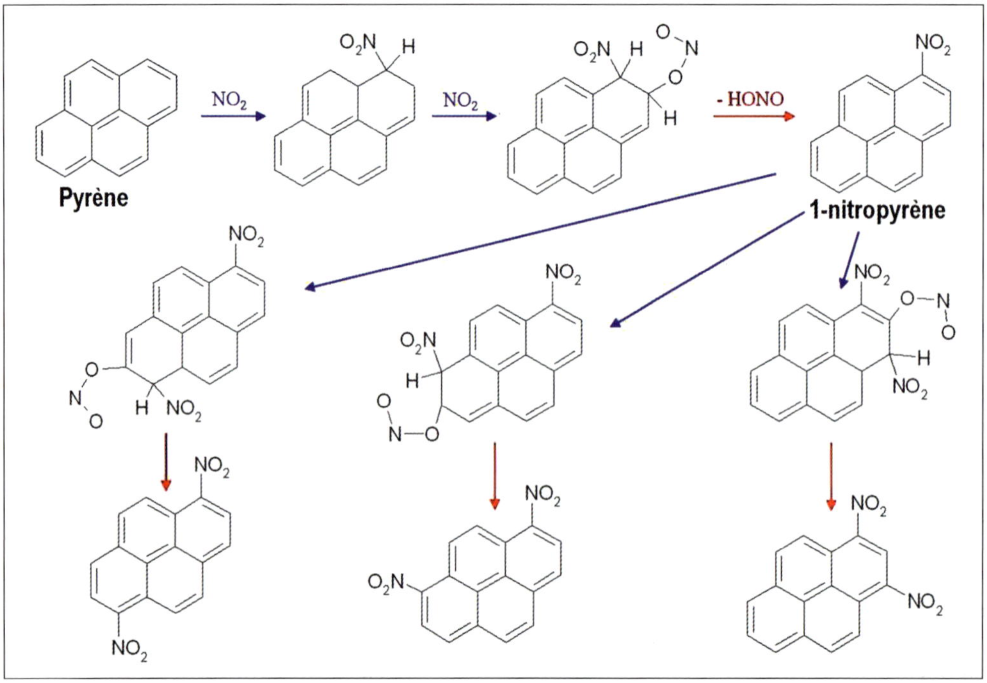

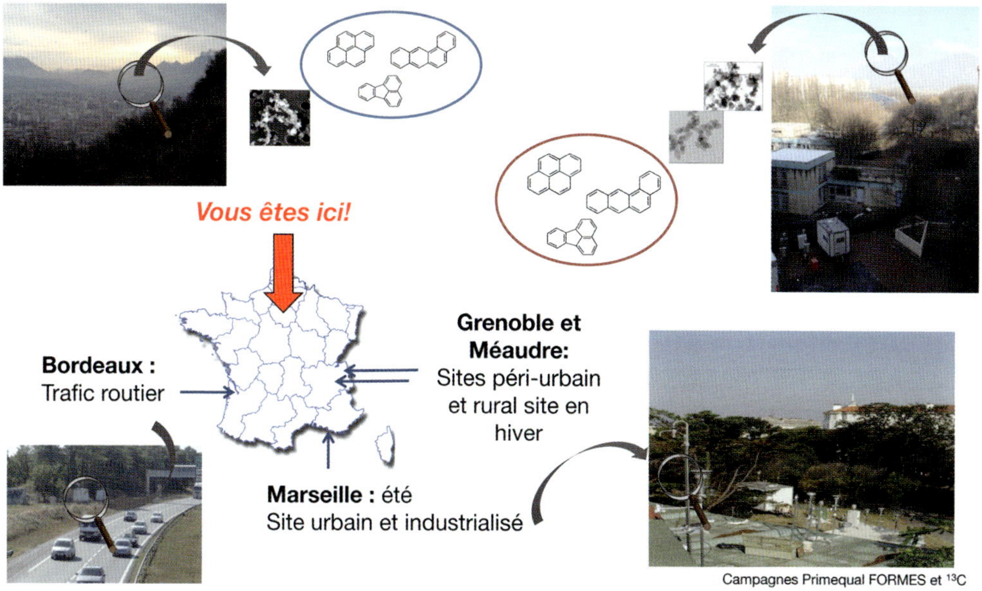

Figure 18

Campagne de mesures sur le terrain.

permettra de rechercher les produits de réactions qui vont exister dans l'atmosphère et de pouvoir prévoir leur évolution car ils sont souvent plus toxiques que les composés parents.

Les sites de campagne de mesure sur le terrain, partie ludique du métier de chimiste de l'atmosphère, sont variés : autoroutier, ville, montagne… ! (*Figure 18*)

Les expériences et analyses sont réalisées dans des camions aménagés en véritables laboratoires dans lesquels sont embarqués des équipements matériels lourds, outils de recherche indispensables, et beaucoup plus complexes que ceux utilisés classiquement dans les réseaux de surveillance de la qualité de l'air (*Figure 19*).

Si l'on veut lutter contre ce type de pollution atmosphérique, il est important de connaître et d'identifier les différentes sources de HAP particulaires. Sans entrer dans le détail de la méthode, ces sources sont notamment identifiées à partir de l'analyse du rapport isotopique du carbone 13 (***Encart : « Le traçage par isotopie des molécules pour traquer le polluant »***). Les résultats obtenus sont résumés sur la *Figure 20*.

Une fois les prélèvements sur le terrain effectués et les sources de HAP particulaires identifiées, il faut ensuite localiser géographiquement ces sources, et pour cela, étudier d'où viennent les masses d'air analysées. Ceci est réalisé par exemple à partir de calculs de rétrotrajectoires, à partir de paramètres météorologiques dont un exemple est représenté sur la *Figure 21*.

Par exemple, quand on effectue une mesure dans le vent à Arcachon, on sait qu'il vient de la mer, c'est-à-dire de l'Ouest, mais on oublie parfois de regarder d'où sont issues ces masses d'air ; parfois, elles

Figure 19

Nouveau camion-laboratoire mobile à Bordeaux, le « Barracuda », à l'aventure vers l'étude de l'air !

LE TRAÇAGE PAR ISOTOPIE DES MOLÉCULES POUR TRAQUER LE POLLUANT

Les **traceurs isotopiques** sont utilisés dans de nombreux domaines tels que la chimie, la biologie, la médecine ou la géologie, en vue de réaliser le suivi de molécules dans divers processus, que ce soit dans des réactions chimiques, dans des métabolismes du corps humain ou dans leur cheminement dans l'environnement (air, sol, eau). Ainsi un HAP issu de la combustion de bois aura une signature isotopique naturellement différente du même HAP issu des gaz d'échappement d'une automobile, la signature d'un composé fossile étant différente de celle d'un composé biogénique.

Parfois, il s'agit de remplacer un ou plusieurs atomes de la molécule à suivre par un autre isotope du même élément chimique (par exemple, remplacement du carbone ^{12}C par le carbone 13 (^{13}C) ou l'hydrogène ^{1}H par le deutérium D), et cet isotope est parfois radioactif. Il conduira à des comportements semblables à ceux de l'atome qu'il remplace, à la différence qu'il peut être distingué par différentes méthodes de mesure telles que la RMN (voir le ***Chapitre de M. Rohmer***, notamment l'***Encart « La résonance magnétique nucléaire (RMN), outil quotidien du chimiste pour étudier les molécules organiques »***), ou encore la spectrométrie de masse (voir le ***Chapitre de M. Coquery/S. Martin Ruel***).

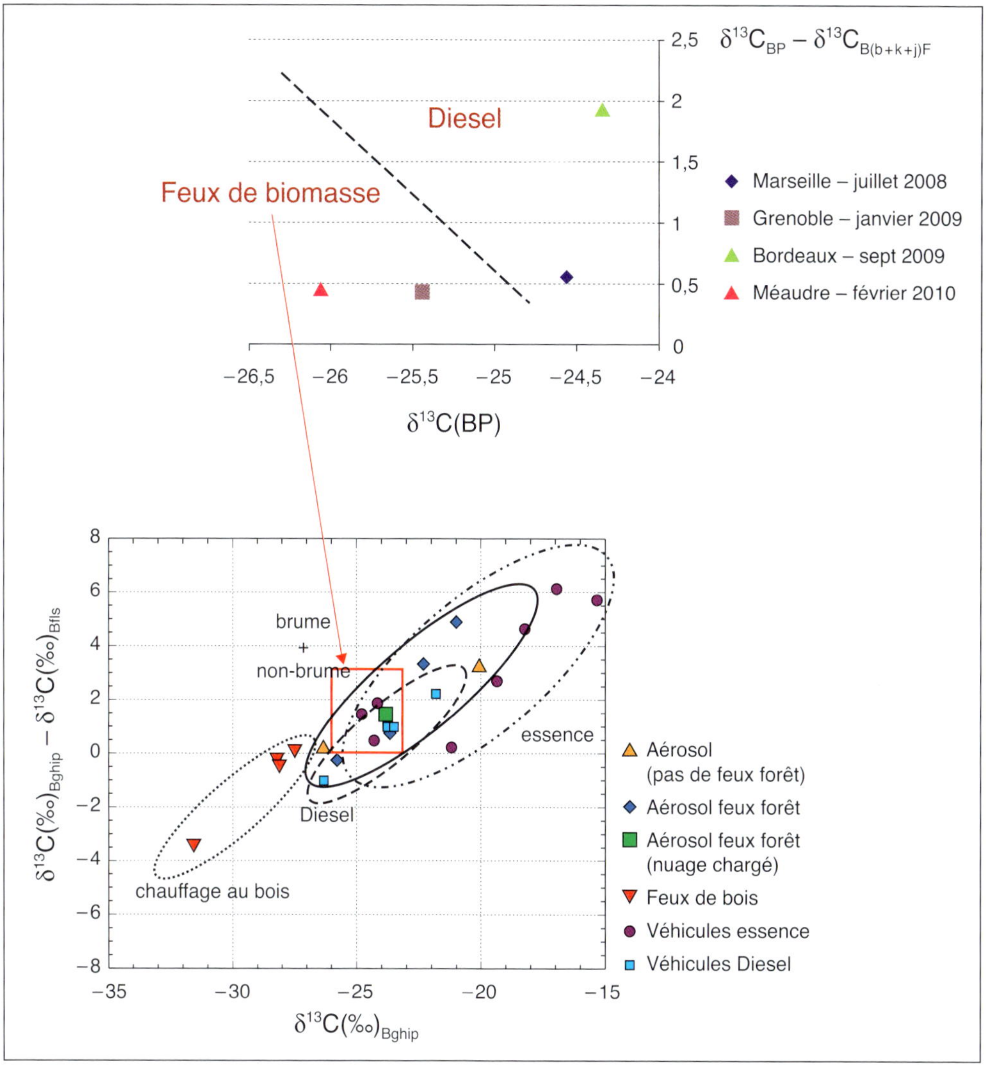

viennent du Pays Basque, mais parfois aussi de la région parisienne puis elles passent au large au niveau de la Vendée avant de revenir par l'Ouest sur Arcachon. Ainsi, l'image d'un vent parfaitement pur qui vient de la mer n'est pas toujours vraie, aussi il est important parfois de connaître la trajectoire antérieure des masses d'air.

Enfin, l'étude d'un aérosol atmosphérique, pour être complète, doit aussi évaluer, dans un but sanitaire, l'évolution de sa génotoxicité (***Figure 22***). Par exemple, lors de son transport dans l'atmosphère, un HAP particulaire peut réagir avec l'ozone ou avec des radicaux et former des produits de plus en plus génotoxiques. L'identification de tous ces produits est extrêmement difficile, complexe, et l'on ne les connaît pas encore tous.

Figure 20

Caractérisation des sources de HAP par isotopie ^{13}C, en mesurant le rapport isotopique $\delta^{13}C$. Comparaison des compositions isotopiques (^{13}C) des HAP (Guillon, 2011).

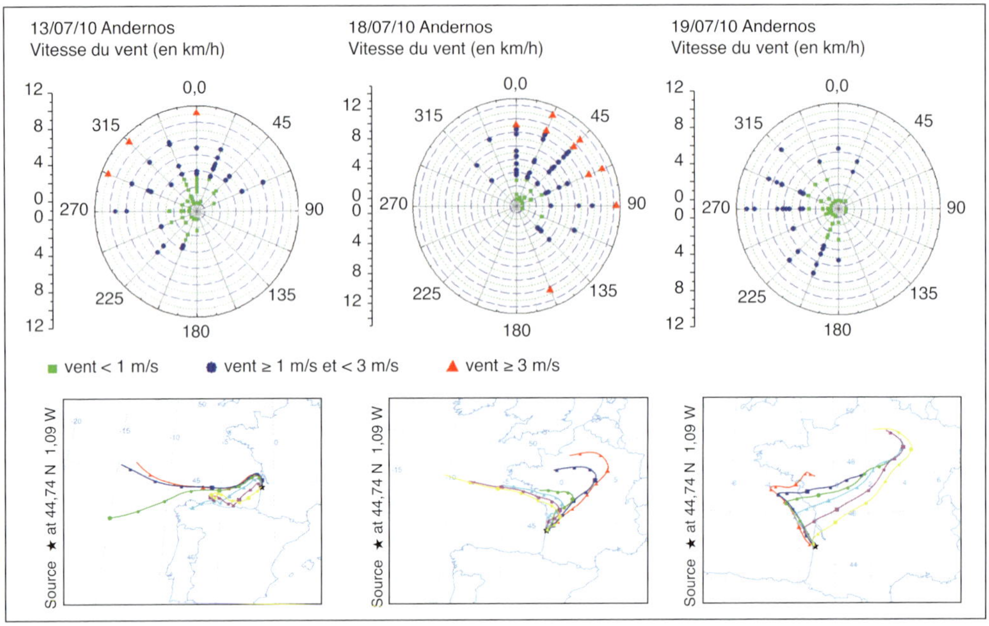

Figure 21

Exemples de modélisation de rétrotrajectoires et d'analyse météorologique. Calculs : NOAA HYSPLIT.

Figure 22

De l'exposition aux HAP à la génotoxicité. Mesure de la capacité d'une substance à induire des dommages à l'ADN.

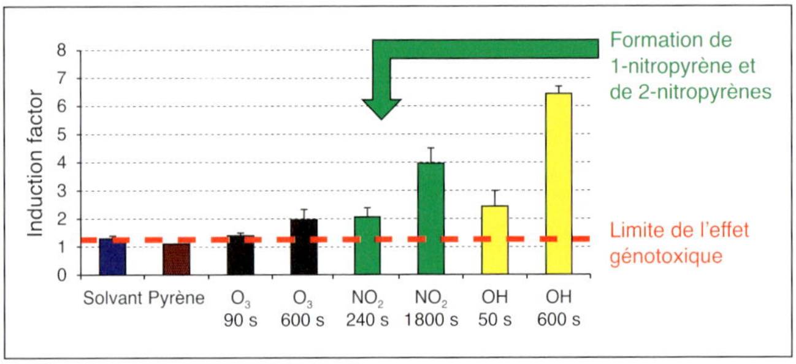

Comprendre l'atmosphère pour préserver l'environnement et notre santé : une alliance pluridisciplinaire où la chimie tient une grande place

La chimie atmosphérique est donc une science qui présente des aspects très variés. Elle se pratique autant sur le terrain qu'en laboratoire et utilise du matériel allant du classique au matériel lourd et sophistiqué.

De nombreux aspects de la chimie interviennent. Des méthodologies analytiques très performantes sont développées pour analyser les ultra-traces dans différents environnements. On doit aussi réaliser des études de cinétiques et de réactivité dans des phases hétérogènes pour établir des mécanismes de réaction qui permettront d'expliquer la formation de produits de réactions que l'on sait potentiellement toxiques. Il faut savoir s'appuyer sur des modèles de chimie théorique pour mieux comprendre ces voies de réactions, et tenter ensuite d'identifier les sources des composés, notamment par différentes méthodologies de traçage de sources dont l'isotopie moléculaire. Enfin, on doit être capable de prélever ces particules sur le terrain et suivre l'évolution de l'écotoxicité.

C'est donc tout un panel de compétences qui doit être mobilisé, et qui peut ensuite servir d'aide à la décision pour faire évoluer en partenariat avec les organismes concernés la législation européenne sur l'évolution de la qualité de l'air.

Biogéochimie et écologie des sols

Jean-François Soussana est directeur scientifique Environnement à l'Institut national de la recherche agronomique (INRA). Il est spécialiste de l'écologie des prairies et du cycle du carbone et de l'azote. Au cours de ses travaux, il étudie l'impact du changement climatique sur les prairies, ainsi que les contributions de celles-ci et de l'élevage à l'émission des gaz à effet de serre, en interaction avec la biodiversité et le fonctionnement des sols. C'est sur ce dernier point que porte le présent chapitre.

1 Les sols, une ressource à protéger

1.1. Une ressource essentielle, non renouvelable

Les sols constituent une ressource essentielle mais non renouvelable à l'échelle d'une génération humaine, alors qu'elle rend des services multiples, que ce soit à travers la production d'aliments, de biomasse (voir à ce sujet les ***Chapitres de P. Monsan*** et ***C. Rupp-Dahlem***), de matières premières minérales (voir le ***Chapitre de B. Goffé***), à travers le stockage d'éléments tels que le carbone, la filtration de l'eau, ou encore pour héberger une riche biodiversité avec un patrimoine génétique très diversifié (***Figure 1***).

Les sols représentent donc un environnement physique et un système biologique qui rend de nombreux services à l'homme, mais qui est soumis à de fortes pressions qui les menacent.

1.2. Une ressource menacée

Les menaces sur les sols concernent en particulier les pertes du fait de l'érosion (par l'eau ou le vent), des inondations ou encore de la salinisation, et il faut également citer la diminution de la matière organique dont nous verrons les conséquences importantes pour l'effet de serre et le cycle du carbone. Les sols sont par ailleurs soumis à des contaminations ponctuelles ou diffuses (voir le ***Chapitre de J.-L. Morel***), à des dégradations physiques comme le tassement, ainsi qu'à des pertes de biodiversité, sans oublier

Figure 1

Le sol, une ressource essentielle non renouvelable qui rend de nombreux services à l'homme en lui livrant sa biomasse, ses ressources, des habitats pour la biodiversité, et en contribuant aux cycles de la matière.

l'artificialisation du fait de l'extension des environnements urbains qui stérilisent une partie des sols (***Figure 2***). Il faut donc être vigilant sur tous ces points et étudier de près les conséquences de ces dégradations.

Figure 2

Inondation (A), glissement de sol (B), érosion (C), salinisation (D) ou constructions urbaines (E)..., les sols sont soumis à de fortes pressions qui en menacent les ressources.

2 L'agro-écologie, ou comment gérer les sols pour une production durable

2.1. La répartition des sols dans le monde

Si l'on souhaite limiter la contribution de l'agriculture à l'effet de serre, il est primordial de savoir gérer les sols, car ils contiennent trois fois plus de carbone que l'atmosphère (voir le cycle du carbone, ***Chapitre de J. Amouroux***). Une perte de carbone même minime à partir de cet énorme stock peut donc renforcer la concentration atmosphérique en CO_2 et contribuer ainsi aux changements climatiques.

Les stocks de carbone dans les sols sont géographiquement très variables (***Figure 3***), en fonction de facteurs principalement liés au climat, à la roche mère et à l'usage passé et actuel. Les zones de latitude élevée, les tourbières, les forêts et les prairies ont des stocks relativement élevés, de l'ordre de 100 à 200 tonnes de carbone par hectare, alors que les sols labourés, ou encore les sols des régions sèches, ont des stocks nettement plus faibles.

Si l'on examine l'évolution des sources et des puits de CO_2 atmosphériques depuis les années 1960, on constate l'augmentation au cours du temps des émissions de CO_2 dues à la combustion des énergies fossiles d'une part, et d'autre part aux changements d'usage des sols résultant en particulier de la déforestation (***Figure 4***).

Contrairement à l'idée qui peut être parfois répandue, l'ensemble du CO_2 émis par les activités humaines ne s'accumule pas dans l'atmosphère, mais une partie importante est d'une part piégée dans les océans[1] et d'autre part par la surface verte des continents,

1. Au sujet du stockage du CO_2 dans les océans, voir *La Chimie et la mer, ensemble au service de l'homme*, coordonné par M.-T. Dinh-Audouin, EDP Sciences, 2009.

Figure 3

Les sols mondiaux contiennent près de trois fois plus de carbone que l'atmosphère.

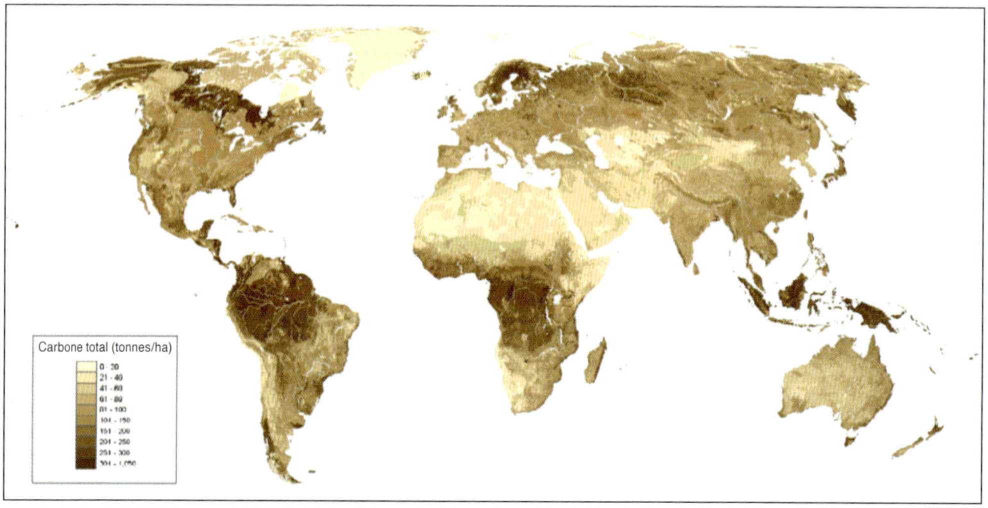

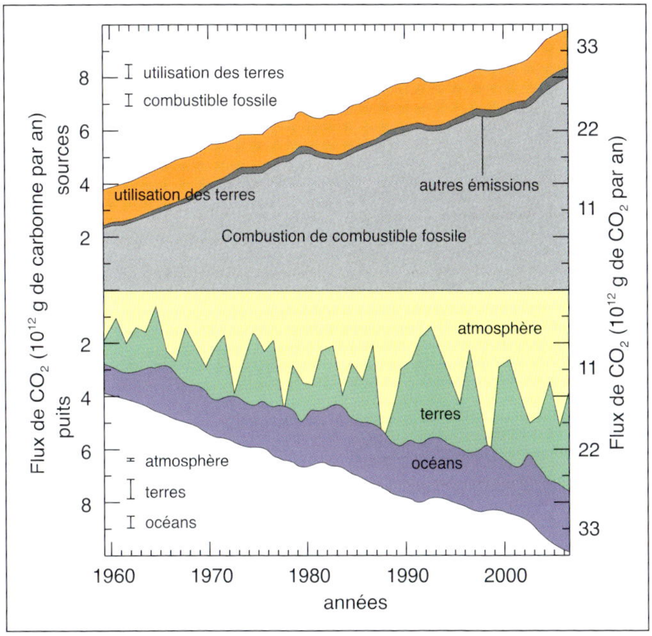

Figure 4

Évolution des flux de CO_2 émis par les activités humains depuis 1960, par combustion des énergies fossiles et déforestation (graphe du haut, sources). Ces flux se distribuent (graphe du bas, puits) entre accumulation dans l'atmosphère et stockage de carbone sur les continents et dans les océans. On observe une forte variabilité interannuelle du stockage continental.

c'est-à-dire par les forêts et les sols de la biosphère continentale. Au contraire du stockage du carbone par les océans, le stockage dans la biosphère continentale varie beaucoup annuellement, comme le montre la ***Figure 4***. Certaines années, le phénomène peut même s'inverser ; la biosphère des continents peut relâcher du carbone et contribuer ainsi à l'augmentation du CO_2 atmosphérique.

Comment étudier ces phénomènes, comment les relier au fonctionnement et à la dynamique des sols, en vue éventuellement d'en modifier les équilibres en faveur d'un développement durable ?

2.2. La gestion des sols européens

Dans le cadre de programmes européens de recherche, des données sont rassemblées pour étudier les liens entre tous ces phénomènes : des avions survolent le continent européen pour mesurer les gradients de concentrations atmosphériques en CO_2 (***Figure 5***), qui sont également suivis en continu depuis des tours hautes. Des mâts instrumentés mesurent de leur côté les flux turbulents de CO_2 échangés entre des

Figure 5

Une étude du bilan de carbone des surfaces continentales de l'Europe mobilisant avions, tours hautes et instrumentations de terrain, réalisée dans le cadre du programme européen de recherche CarboEurope IP.

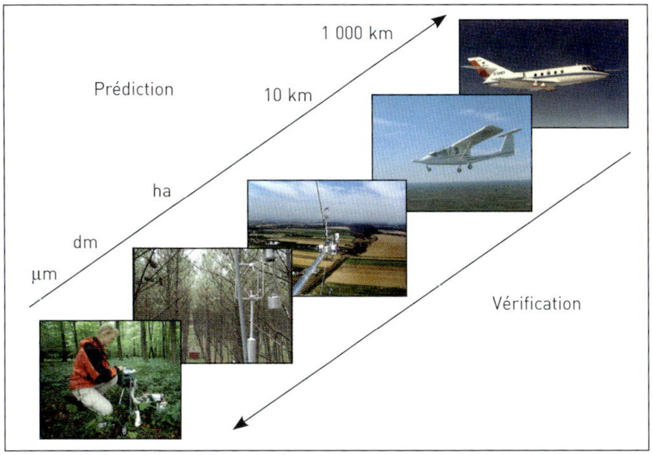

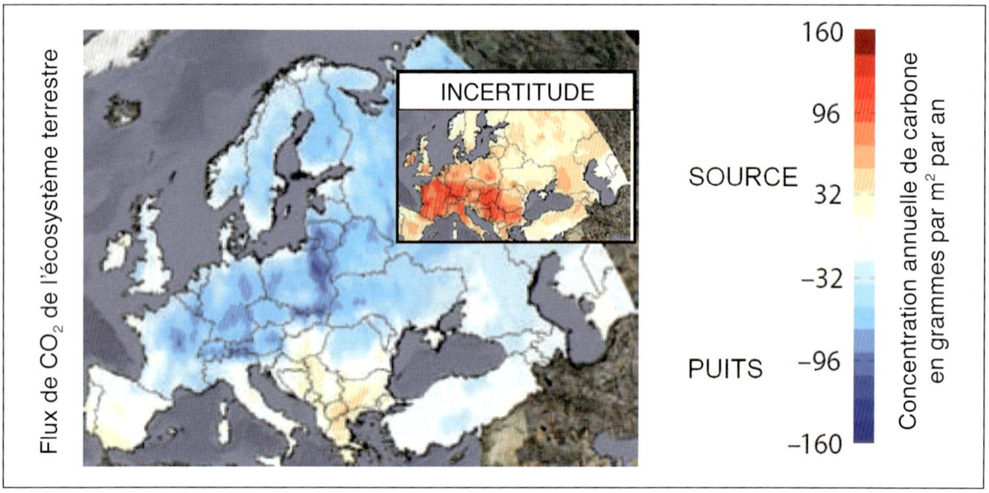

Figure 6

Puits de carbone des surfaces continentales en Europe (2000-2004).

écosystèmes (forêts, prairies, cultures) et l'atmosphère ; des mesures renseignent la capacité photosynthétique des feuilles.

Toutes ces données sur le cycle du carbone sont rassemblées puis analysées en vue d'effectuer des projections à l'échelle régionale puis européenne. La ***Figure 6*** montre le résultat pour le bilan de carbone des surfaces continentales européennes, retraçant l'évolution des puits et des sources de carbone au cours des années 2000-2004, ces données ayant été vérifiées localement par des analyses sur le terrain.

On voit que les puits de carbone sont assez généralisés sur l'Europe (couleurs froides), tandis que les sources sont plutôt regroupées sur la frange méditerranéenne (couleurs chaudes). Des études ont montré que les puits sont dus pour la plus grande part aux forêts, résultant de l'accumulation du carbone dans le bois, ainsi que de son stockage dans les sols forestiers ; pour une autre part, ils sont dus à son stockage dans la matière organique des sols de prairies. À l'inverse, les cultures, où la dégradation de la matière organique et la respiration du sol dominent, tendent à perdre un peu de carbone.

Néanmoins, il faut noter que toutes ces mesures (faites par inversion des gradients atmosphériques, ou par la méthode des flux turbulents) sont incertaines, compte tenu des difficultés méthodologiques pour les réaliser.

2.3. La gestion des sols français

Le Groupement d'Intérêt Scientifique national (GIS sols), qui étudie de manière systématique et spatialisée les sols français, vient de publier un rapport qui renseigne sur beaucoup de dimensions de l'état des sols français[2].

La carte de la ***Figure 7*** montre l'évolution spatiale des stocks

2. Voir : http://agriculture.gouv.fr/IMG/pdf/CGAAER_10175_2011_Rapport.pdf

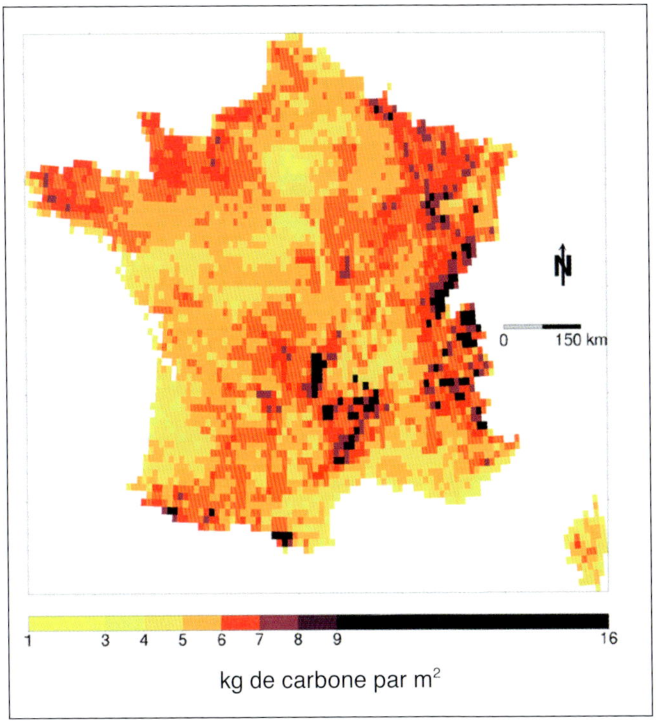

Figure 7

Stock de carbone organique dans l'horizon 0-30 cm des sols français. Maillage 16 x 16 km (Réseau de mesure de la qualité des sols, RMQS).

de carbone organique dans la couche de surface (0-30 cm) des sols nationaux. Cette carte, récemment publiée, montre que la France dispose d'un stock important de 3,2 milliards de tonnes de carbone organique, alors qu'il faut se rappeler qu'en France, les émissions de carbone d'origine humaine ne sont que de l'ordre de 120 à 130 millions de tonnes. Ce résultat a été obtenu grâce à un maillage systématique de la France (réalisé par un réseau national de mesure de la qualité des sols), à partir de mailles de 16 x 16 km de l'ensemble des sols. À partir de ces mesures, le GIS ambitionne de suivre l'évolution temporelle de ces stocks de carbone.

L'autre dimension intéressante de cette enquête nationale est l'observation de la diversité biologique réalisée à travers la mesure de l'ADN microbien dans les sols français (***Figure 8***). On observe une variation spatiale importante : les zones à fortes concentrations en ADN microbien sont les zones de forêts et de prairies de montagne, tandis que les celles à faibles concentrations sont les zones urbaines ou de grandes cultures comme la région parisienne. On observe par ailleurs une corrélation spatiale entre la concentration en ADN microbien et la quantité de carbone organique dans les sols (voir la ***Figure 7***).

Comment expliquer ce type de corrélation, et quel en est le lien avec le rôle des micro-organismes dans le fonctionnement du cycle du carbone ?

Figure 8

Quantité d'ADN microbien des sols français.

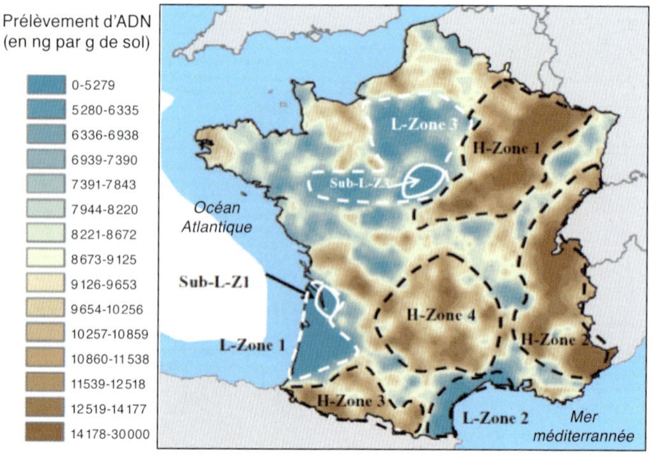

3 Vers une meilleure connaissance de la matière organique des sols

3.1. Une richesse qu'il faut connaître pour mieux la gérer

L'examen par microscopie électronique de la matière organique des sols montre un milieu extrêmement complexe d'interfaces entre les systèmes racinaires, les micro-organismes, les matières minérales et les matières organiques. La ***Figure 9*** montre la pénétration dans un sol de la racine d'une graminée pérenne (appelée le « ray-grass » anglais), avec ses poils racinaires qui vont permettre l'ancrage et le prélèvement des nutriments par les racines.

Les mécanismes qui permettent de comprendre la stabilité des matières organiques des sols sont en général décrits à partir de trois facteurs :

– la **récalcitrance chimique**, c'est-à-dire la présence de molécules relativement complexes. Dans l'exemple choisi, il s'agit de subérines[3], qui sont

Figure 9

Image de microscopie électronique de matières organiques dans un sol, où l'on voit la racine d'une graminée pérenne.

3. La subérine est une substance cireuse très complexe présente au niveau de la tige ou des racines des végétaux (elle constitue le principal constituant du liège), et dont les constituants chimiques sont assez bien connus, mais sa structure macromoléculaire n'a pas encore été définitivement établie. Elle joue un rôle important dans la relation des plantes avec leur environnement.

caractéristiques des parties racinaires. Ces molécules ont des chaînes ramifiées qui pourraient être « récalcitrantes » à la décomposition ;

– la **protection physique**, qui est liée au fait que les poils racinaires peuvent pénétrer dans les agrégats de matière organique, y mourir, y rester occlus et protégés des micro-organismes, ce qui conduit à une protection physique de la matière organique ;

– un **facteur mixte physique et chimique** lié à la stabilisation d'un certain nombre de composés organiques dans les argiles des sols.

3.2. L'apport des nouvelles méthodes d'analyse

Les méthodes spectroscopiques ont fait beaucoup progresser la caractérisation du carbone dans les micro-agrégats de matière organique des sols. La ***Figure 10*** montre les résultats d'une spectroscopie de rayons X réalisée grâce au rayonnement synchrotron sur un micro-agrégat (***Encart : « Le rayonnement synchrotron, pour pénétrer au cœur des sols »***). Cette technique permet d'identifier la localisation (respectivement dans les images a à f), du carbone total, du carbone des molécules aromatiques, des molécules aliphatiques, de celui des carboxyles (-COOH), des composé phénoliques et des clusters. On voit donc qu'à l'échelle de dix micromètres, il existe une variation extraordinaire des formes chimiques du carbone dans la matière organique des sols, montrant toute la complexité du phénomène.

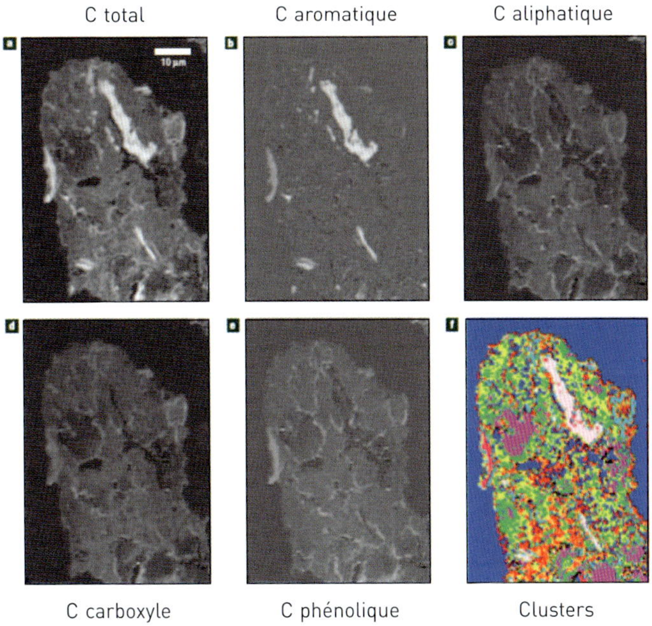

Figure 10

Images par spectroscopie aux rayons X synchrotron de carbone montrant l'ultra-structure du carbone organique de micro-agrégats libres du sol.

Cette spectroscopie montre aussi qu'à l'échelle de 50 nanomètres, il existe des formes organiques identifiables de biopolymères d'origine végétale ou bactérienne, observés à des endroits distincts de la matrice minérale, sur laquelle ils sont donc finalement greffés (***Figure 12***). Ce résultat est important, car on pensait auparavant qu'il n'existait pas de molécules biopolymères caractérisables dans les sols et que la matière organique n'y était constituée que de molécules très condensées, très complexes, que l'on qualifiait d'humus, et qui s'assemblaient pour former des macromolécules humiques. Grace à l'observation directe par spectroscopie de la matière organique, on sait maintenant que ces formes de biomolécules relativement simples existent, et qu'au contraire on n'a pas mis en évidence l'existence autrefois supposée de ces macromolécules humiques.

LE RAYONNEMENT SYNCHROTRON, POUR PÉNÉTRER AU CŒUR DES SOLS

Le **rayonnement synchrotron** est un rayonnement électromagnétique émis par une particule chargée qui se déplace dans un champ magnétique et dont la trajectoire est déviée par ce champ. Ce rayonnement est émis en particulier par des électrons qui tournent dans un anneau de stockage. Au cours de leur parcours, ces particules sont accélérées et émettent un rayonnement électromagnétique sous forme de photons. Les dernières avancées technologiques permettent de produire de la lumière d'une extrême brillance, allant de l'infrarouge aux rayons X durs.

L'instrument qui utilise ce phénomène est un **synchrotron** (*Figure 11*), grande machine dans laquelle des paquets d'électrons évoluent de façon pseudo-circulaire et sont accélérés jusqu'à atteindre des vitesses non négligeables par rapport à celle de la lumière, emmagasinent des énergies très importantes, de l'ordre du milliard d'électrons-volts. Lorsque ces électrons extrêmement énergétiques changent de direction, ils émettent des rayons X, qui sont canalisés dans des lignes de lumière. L'ensemble des rayons récupérés dans ces lignes forme le rayonnement synchrotron.

En plaçant un échantillon dans ces lignes de lumière, on accède directement à des informations sur sa composition, en temps réel, sans aucune dégradation sur le matériau : le rayonnement synchrotron est en effet très pénétrant et non destructif.

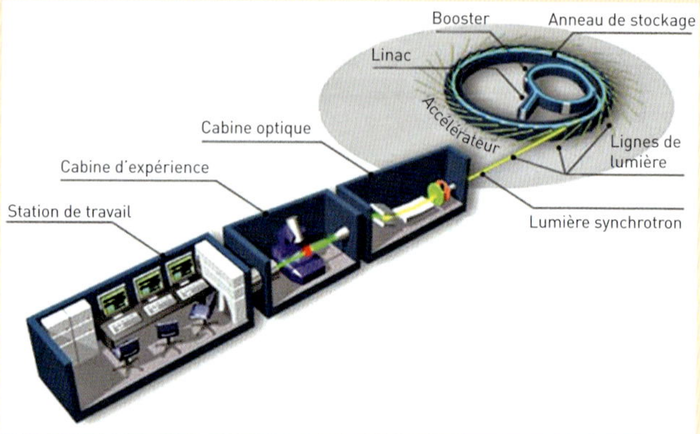

Figure 11

Schéma d'un synchrotron.

Cette observation peut conduire à remettre en question la récalcitrance des matières organiques des sols. Généralement, quand une plante se décompose, ses feuilles tombent, les glucides simples disparaissent rapidement, puis c'est au tour de la cellulose, et en dernier lieu la lignine, qui est effectivement récalcitrante à la décomposition microbienne en surface. En est-il de même dans un sol ?

Les observations montrent que ce n'est pas le cas, et que le temps de résidence dans un sol ne dépend pas de la nature de la matière organique ! Des expériences de marquage au carbone 13 – comme celles expliquées dans le ***Chapitre de M. Rohmer*** – ont en effet montré que la lignine s'y décompose tout aussi rapidement, voire même plus rapidement, que les protéines ou qu'un ensemble de glucides simples. Ces résultats contredisent un bon nombre de données que l'on croyait connaître, et résultent ici d'une méta-analyse issue d'un ensemble d'expériences réalisées avec ce marquage par carbone 13. Ils s'expliquent notamment par le fait que les micro-organismes du sol sont à même de stocker et de recycler des composés dégradables, qui résident ainsi dans le sol pendant un temps aussi long que des composés récalcitrants comme la lignine.

Comment expliquer alors l'observation d'un carbone très ancien, si ce n'est pas par une cause chimique ?

3.3. La stabilité du stock de carbone des sols superficiels et des sols profonds

Selon les études, la stabilité du carbone superficiel d'un sol est de 10 à 300 ans, tandis que celle du carbone profond (au-dessous de 20 à 30 cm et jusqu'à 3 m) est très grande et peut atteindre 1 000 à 15 000 ans. Ce stock de carbone profond, extrêmement ancien, est plus important que celui du carbone de surface, que l'on connaît mieux jusqu'à présent (***Figure 13***). Comment expliquer la stabilité du carbone profond ?

L'origine de cette différence semble liée à l'apport de cellulose : au cours d'une expérience où l'on a marqué par carbone 13 et daté au carbone 14 des matières organiques[4] d'un prélèvement de sol en profondeur dans une prairie, on a constaté, après incubation sans apport exogène, que la biomasse microbienne n'évolue pas. En revanche, avec ajout de cellulose, on observe le développement et la respiration accélérée de cette matière organique ancienne (***Figure 14***). Cet apport a donc

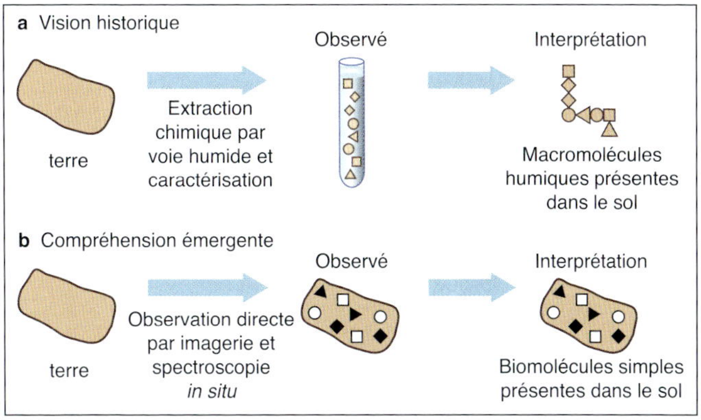

Figure 12

Macromolécules « humiques » ou biomolécules simples ? Historique des études sur la matière organique. A) Avec les méthodes anciennes d'extraction par voie humide, on imaginait, par reconstitution à partir de molécules observées sous forme individuelle, qu'il y avait dans le sol des macromolécules humiques qui correspondaient à l'assemblage de formes relativement plus simples ; B) cette interprétation est maintenant contredite par l'observation directe en spectroscopie de la matière organique, qui montre que ces formes existent en fait bel et bien dans le sol, et qu'il ne s'agit pas de formes complexes et humiques de macromolécules.

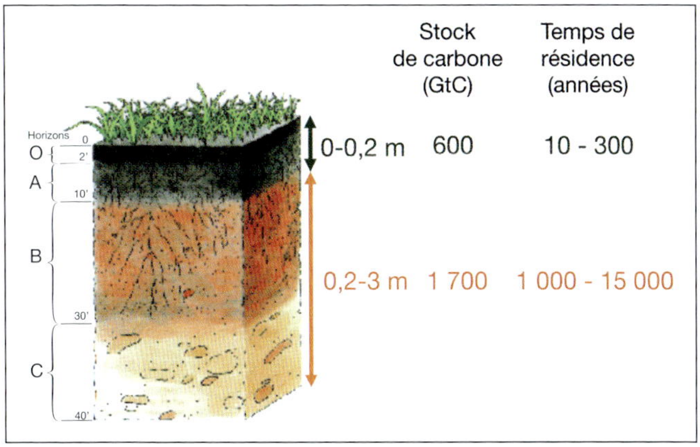

Figure 13

Le carbone profond est plus stable et plus important que le carbone superficiel.

4. Au sujet des marquages isotopiques, voir l'***Encart : « Le traçage par isotopie des molécules pour traquer le polluant »*** du ***Chapitre d'É. Villenave*** de cet ouvrage.

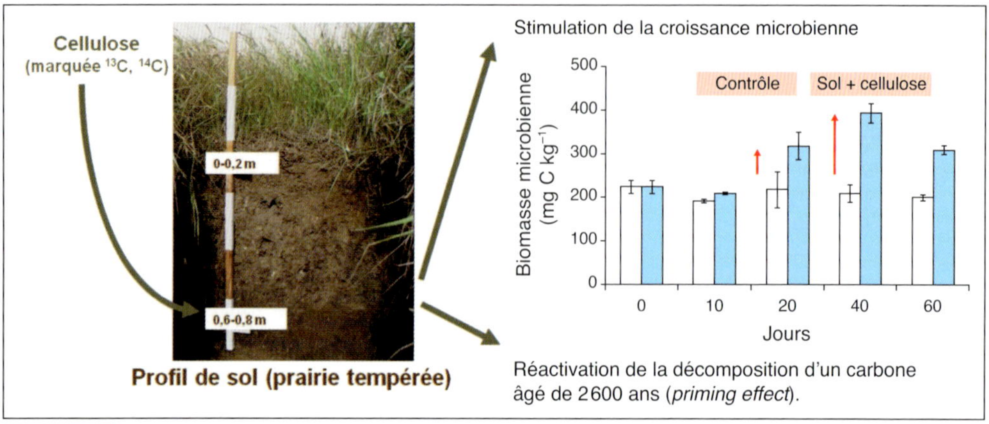

Figure 14

L'apport de cellulose réactive la décomposition du carbone profond âgé de plusieurs millénaires. La stabilité du carbone profond tiendrait à l'absence de substrat stimulant la croissance microbienne.

réactivé la décomposition d'un carbone qui a 2600 ans !

Ce résultat suggère bien que la stabilité du carbone profond résulterait de l'absence de substrat stimulant la croissance microbienne, ce que l'on appelle le « priming effet », signifiant que le carbone facilement décomposable réactive la décomposition des formes de carbone ancien.

Des études approfondies ont montré en particulier que l'apport de cellulose développe la croissance de champignons dits cellulolytiques (ils accélèrent la décomposition de la matière organique), qui se développent non seulement lorsqu'on apporte de la cellulose aux sols, mais également en cas de carence en azote. Ces champignons expliqueraient ainsi le « priming effect », et l'interprétation qui est donnée actuellement est que leur activité contrôlerait le rapport carbone-azote dans le cycle de stockage ou déstockage de la matière organique.

Comment utiliser cette nouvelle connaissance pour mieux protéger les sols ?

4 Une protection de l'environnement inspirée par le cycle biogéochimique de l'azote dans les sols

4.1. Une connaissance du cycle de l'azote

Ces interactions entre les acteurs microbiens et les phénomènes liés à des cycles biogéochimiques sont très importantes, comme le montre le cycle de l'azote, dont les étapes importantes pour l'environnement sont représentées sur la *Figure 15*.

Ces grandes étapes sont : la **nitrification**, c'est-à-dire le passage de l'ammonium NH_4^+ au nitrate NO_3^-, et la **dénitrification**, qui est le passage du nitrate jusqu'au produit ultime, à savoir le diazote N_2, composé stable dans l'atmosphère. Il faut aussi mentionner que les étapes intermédiaires conduisent chaque fois, pour la nitrification comme pour la dénitrification, à une perte de protoxyde d'azote, N_2O, gaz à effet de serre puissant. On sait en outre que l'ion nitrate peut être perdu ou lessivé dans

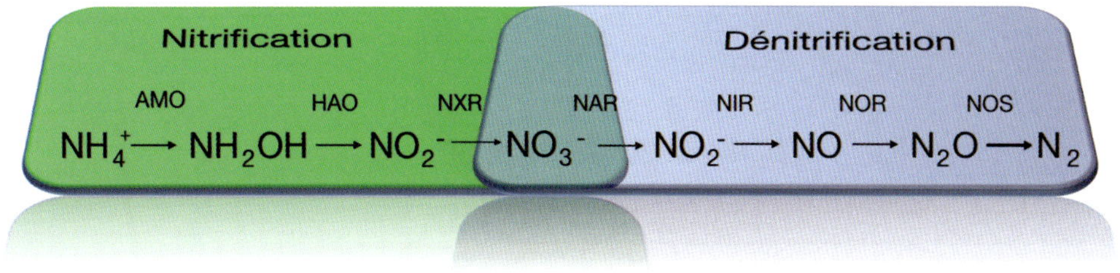

l'environnement, polluant ainsi les nappes phréatiques.

Peut-on contrôler ces phénomènes ?

Figure 15

Évolution de la nature des acteurs microbiens observée selon les étapes du cycle biogéochimique de l'azote, engageant les enzymes AMO, HAO, NXR, NAR, NIR, NOR et NOS.

4.2. Le rôle important des racines

Au cours d'études menées en Côte d'Ivoire, des équipes du Centre national de la recherche scientifique (CNRS) ont mis en évidence le rôle d'un certain nombre d'interactions racinaires dans les processus du cycle de l'azote.

Ils ont observé que les racines de graminées pérennes comme les *Brachiaria* exsudent un composé, la brachialactone, qui bloque l'activité des *nitrosomonas*, bactéries responsables de la nitrification (*Figure 16*). Ces travaux montrent en effet que l'inhibition des *nitrosomonas* dépend linéairement de la concentration en brachialactone. La rhizosphère[5] de la graminée stoppe donc la nitrification, et permet à la graminée de prélever directement l'ion ammonium en stoppant la création de nitrates dont ses compétiteurs ont besoin ; c'est ainsi que la graminée limite le développement des plantes compétitrices.

Généraliser ce type de stratégie serait avantageux pour l'environnement car elle limite à la fois l'émission du protoxyde d'azote et le lessivage des nitrates (*Figure 17*).

Figure 16

Importance du carbone exsudé sous forme de molécule brachialactone par les racines de graminées pérennes Brachiaria humidicola.

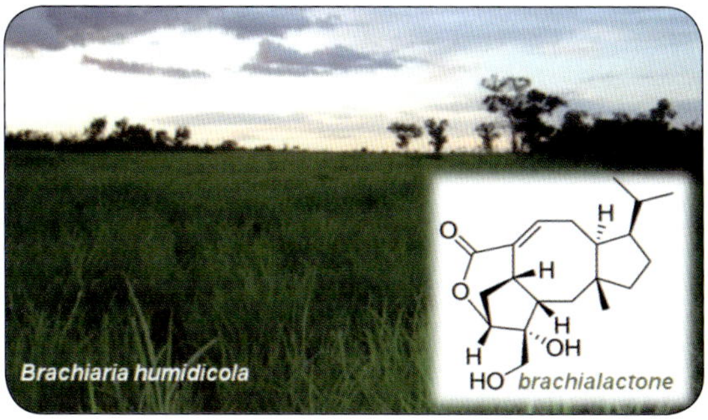

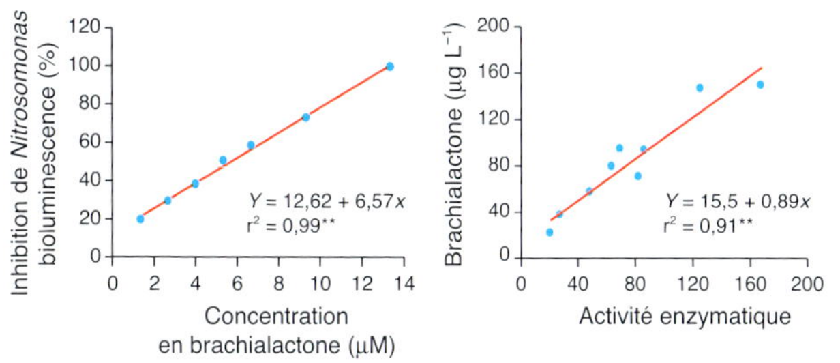

5. Au sujet des rhizosphères, voir le *Chapitre de J.-L. Morel* de cet ouvrage.

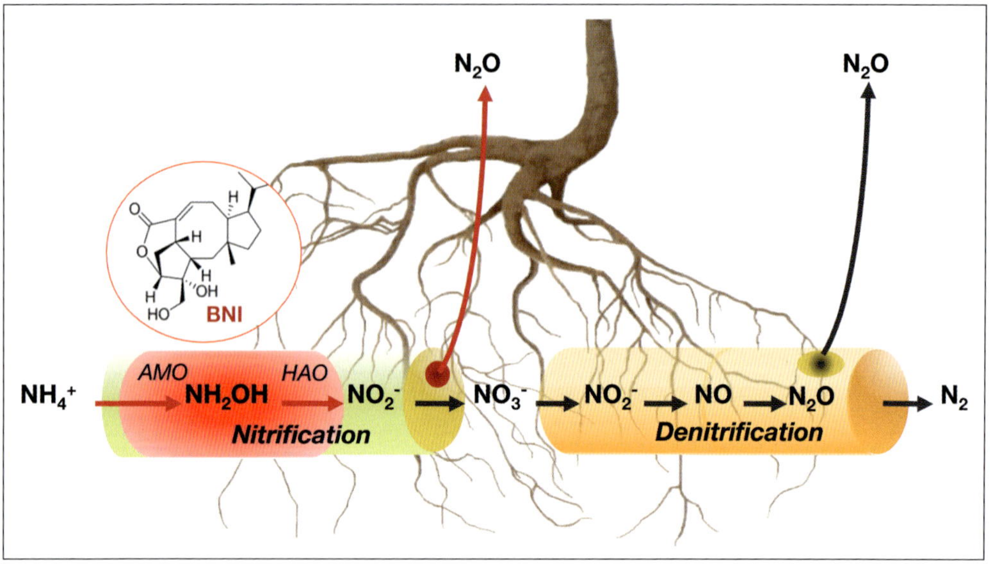

Figure 17

Inhibition de la nitrification par la brachialactone.

4.3. Vers de nouvelles stratégies agro-écologiques

Ces connaissances récentes nous conduisent à imaginer de nouvelles stratégies de recherche agro-écologique en vue contrôler l'effet de serre : l'inhibition de la nitrification par des exsudats racinaires contenant de la brachialactone, combinée à un apport d'azote par fixation biologique de plantes légumineuses, permettrait à la fois de réduire les émissions de N_2O et de réduire les pertes de carbone des sols liées au priming effect. On disposerait ainsi de leviers agro-écologiques pour stabiliser le stock de carbone des sols et pour limiter l'effet de serre (**Figure 18**).

Figure 18

Cycle de l'azote avec réduction du « priming effect » et stockage accru du carbone dans le sol grâce aux exsudats et litières riches en azote.

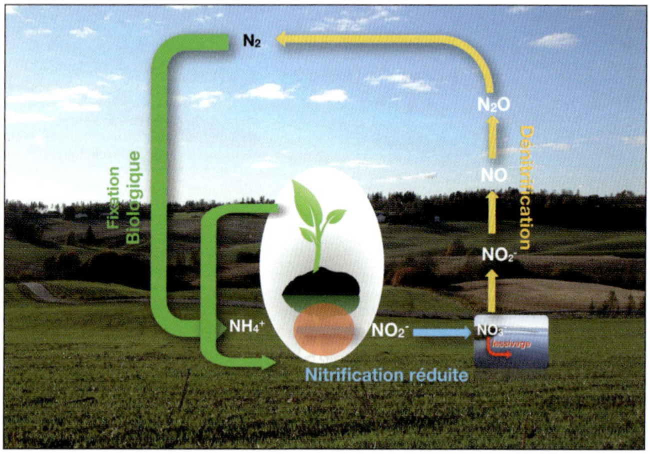

Vers une ingénierie agro-écologique ?

La connaissance et le suivi systématique et spatialisé des sols est indispensable à leur bonne gestion. L'écologie microbienne est aujourd'hui l'une des clés pour comprendre les cycles du carbone et de l'azote. Le sol apparaît comme un réacteur chimique complexe, dont les propriétés sont exceptionnelles et dont la compréhension des interactions entre les plantes, les micro-organismes et la matière organique débouchera sans doute sur une ingénierie agro-écologique, pour préserver l'environnement durablement, et en particulier la richesse des sols, dont nous avons tant besoin.

L'eau, sa purification et les micropolluants

Marina Coquery est directrice de recherche en chimie des eaux au Laboratoire d'analyses physico-chimiques des milieux aquatiques à l'Institut de recherche pour l'ingénierie de l'agriculture et de l'environnement (Irstea[1]). Elle aborde, en première partie de ce chapitre, la caractérisation de la pollution des milieux aquatiques en vue de leur purification.

Samuel Martin Ruel est responsable du département recherche et développement Assainissement et Environnement au Centre international de recherche sur l'eau et l'environnement (Cirsee) de Suez Environnement[2]. Il travaille sur le traitement des eaux usées et sur la réduction des impacts des rejets sur les milieux aquatiques, sujet abordé dans la seconde partie de ce chapitre. Ici, la question de l'eau potable ne sera pas abordée.

1 La chimie pour mieux caractériser la pollution

1.1. Quelles substances trouve-t-on dans les eaux usées ?

Les eaux usées dans les milieux aquatiques contiennent divers types de polluants (*Tableau 1*), dont un premier groupe est constitué des **macropolluants**. Il peut s'agir de matières en suspension, de matière organique ou des nutriments tels que les nitrates, qui vont être présents dans les eaux à des concentrations de l'ordre du milligramme par litre.

On trouve d'autre part des **micropolluants**, qui sont problématiques car ils sont encore présents dans les eaux traitées, et se retrouvent ensuite dans les milieux naturels où elles sont déversées. Produits industriels, plastifiants,

1. www.irstea.fr
2. www.suez-environnement.fr

détergents, hydrocarbures, pesticides, cosmétiques, médicaments, de nombreux polluants issus des activités humaines sont ainsi présents à l'état de trace dans les milieux naturels (eaux de surface, eaux souterraines ou eaux dédiées à la consommation). Pour ces micropolluants, on descend à des échelles de concentration de l'ordre du microgramme voire du nanogramme par litre.

Ils peuvent être de nature *inorganique* comme les métaux (cadmium, plomb, cuivre, etc.), ou des métalloïdes tels que l'arsenic ou le mercure. On trouve par ailleurs des composés *organiques* tels que des hydrocarbures aromatiques polycycliques, qui sont produits principalement par les procédés de combustion au cours d'activités humaines. Ils sont envoyés dans l'atmosphère, avant de se redéposer sur les sols, puis se retrouvent dans les systèmes d'épuration. Parmi les composés organiques, on trouve également des composés d'usages très courants comme les détergents (usage domestique ou industriel) ou les pesticides (utilisés en traitement des voiries ou des jardins notamment).

Tous ces micropolluants vont se retrouver dans les eaux naturelles, soit sous forme dissoute, soit associés aux particules en suspension. Comme nous allons le voir, la séparation entre ces deux phases est importante à considérer, car elle impactera la façon dont on va mesurer et analyser ces micropolluants afin d'obtenir des mesures de concentration dans les eaux qui soient fiables, répondant aux questions que l'on se pose : les niveaux de concentrations dans chacune des phases vont en effet dépendre de la nature du micropolluant considéré.

1.2. Le cadre réglementaire

Le cadre règlementaire de ces rejets de stations d'épuration est important en Europe avec la Directive

Tableau 1

Types de substances qui peuvent être présentes dans des eaux usées.

Macropolluants	Micropolluants	
	Organiques	**Inorganiques**
Matières en suspension, matière organique, nitrates, phosphates	Hydrocarbures aromatiques polycycliques (HAP), phénols, plastifiants, solvants organochlorés, phtalates, détergents, pesticides, polychlorobiphényles, substances pharmaceutiques, hormones, nouveaux composés émergents, ...	Métaux et métalloïdes : Pb, Hg, Cd, Ni, Cu, Zn, As, Cr, Co, Fe, ...

Cadre sur l'Eau (DCE) depuis 2000, dont l'objectif est de préserver le milieu naturel en maîtrisant les effets causés par les activités industrielles et urbaines. Cette directive définit des substances chimiques prioritaires, qui sont celles définies comme les plus toxiques, autant pour l'environnement que pour l'homme. Elles sont aussi les plus présentes dans nos milieux aquatiques, et la directive impose de surveiller et de réduire leurs rejets. La DCE définit également des normes de qualités environnementales, désignées sous le sigle de NQE, qui sont des objectifs de concentration maximales dans les milieux naturels à atteindre d'ici 2015.

1.3. Origines des micropolluants

Où va-t-on chercher les micropolluants pour les mesurer, quelles en sont les origines ? Une partie provient du transfert depuis les systèmes d'assainissement : ils sont au départ issus des effluents de l'eau domestique par temps sec, c'est-à-dire ce que nous produisons tous les jours en tant que consommateurs. Outre les détergents et autres produits que nous rejetons, il faut aussi mentionner les excrétions *via* l'urine, par où sont évacués nombre de composés tels que les médicaments, dont la France est très consommatrice. À ce sujet d'ailleurs, des campagnes importantes sont menées pour diminuer la consommation en antibiotiques, dont les français sont les plus gros consommateurs.

L'autre source de pollution se trouve du côté des activités industrielles.

Et enfin, par temps de pluie notamment, le ruissellement de l'eau sur les surfaces urbanisées apporte par exemple des HAP et des métaux, que l'on va retrouver dans les systèmes d'assainissement.

Ces polluants arrivent vers les stations d'épuration avec deux sorties possibles : l'une part vers les effluents et l'autre vers les boues (***Figures 1 et 2***).

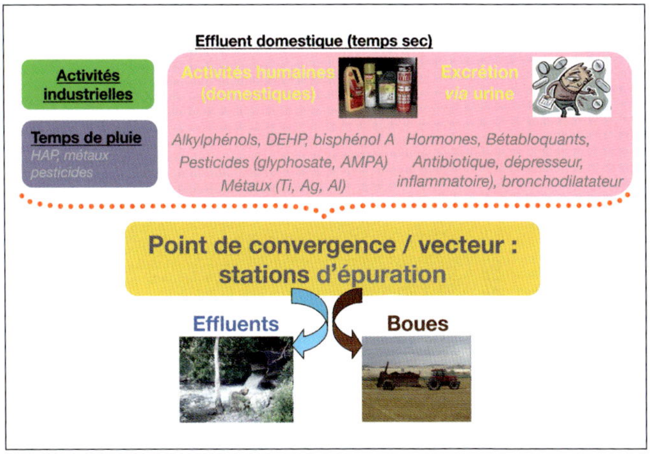

Figure 1

Origines des apports en micropolluants dans les systèmes d'assainissement des eaux.

Figure 2

Station d'épuration de type biologique. Elle élimine partiellement les micropolluants dont une partie reste contenue dans les effluents ou dans les boues.

1.4. Où mesurer les micropolluants ?

On va chercher à mesurer ces substances en entrée et en sortie des systèmes d'assainissement afin de comprendre leur devenir et l'efficacité des traitements effectués. Le choix de la méthode d'analyse dépendra beaucoup du milieu étudié. En effet, l'eau comporte plusieurs phases : une phase dissoute avec des colloïdes et une phase particulaire constituée de particules en suspension (***Figure 3***). Aussi il est primordial de déterminer précisément ce que l'on cherche à mesurer : recherche-t-on la substance totale dans l'eau, ou uniquement ce qu'elle contient en phase dissoute, ou encore en phase particulaire (***Encart : « À chaque phase sa méthode pour mesurer les concentrations des contaminants organiques dans les eaux usées »***) ? Ces mesures vont aussi dépendre des propriétés physico-chimiques des substances recherchées.

Par exemple, dans le cas des HAP, ces substances hydrophobes auront tendance à se coller sur les particules. On aura alors intérêt à les rechercher non pas dans la phase dissoute, mais plutôt dans le compartiment des matières particulaires en suspension, où l'on pourra plus facilement les trouver, car constituant le vecteur de transfert principal de ces substances.

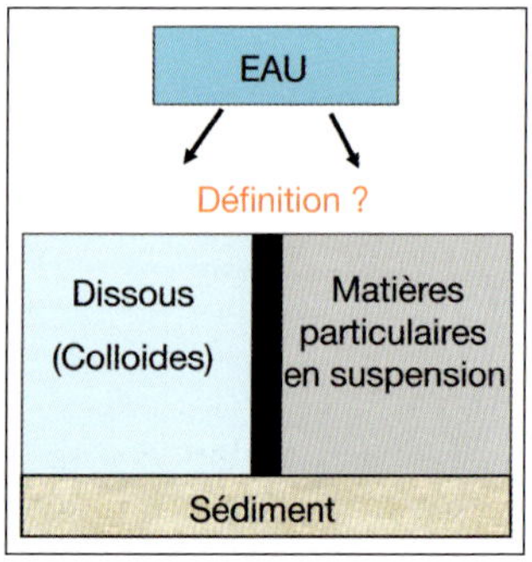

Figure 3

La mesure des substances chimiques dans les eaux dépend du compartiment considéré de l'eau.
Compartiment eau = dissous (phase aqueuse) + particulaire (phase solide). Les méthodes d'analyse doivent donc être définies en fonction de ce qui est recherché : la substance totale, dissoute ou en phase solide.

1.5. Les défis de la chimie analytique pour mesurer les polluants

Dans toute mesure, il ne faut pas oublier ce qui se trouve en amont : on trouve des

> **À CHAQUE PHASE SA MÉTHODE POUR MESURER LES CONCENTRATIONS DES CONTAMINANTS ORGANIQUES DANS LES EAUX USÉES**
>
> ***Sans séparation des phases (eaux non filtrées)***
>
> - risque d'obtention de résultats de mauvaise qualité, difficilement comparables entre les laboratoires ;
> - risque certain de sous-estimation des concentrations mesurées dans les eaux chargées en matières en suspension (MES), en particulier pour les substances hydrophobes.
>
> ***Avec séparation des phases***
>
> Des méthodes spécifiques ont été développées et leur pratique est généralisée dans les laboratoires de recherche. Par exemple, dans le domaine de l'étude de la contamination des eaux fluviales et marines par les HAP et les polychlorobenzènes (PCB) : filtration de grands volumes d'eau suivie de l'analyse séparée des contaminants présents en phases dissoute et particulaire.

micropolluants partout, y compris dans l'atmosphère (voir le ***Chapitre d'É. Villenave***). Que ce soit dans les boues ou dans les eaux usées de stations d'épuration, il faut s'assurer de la validité de la chaîne de prélèvement et d'analyse, puisqu'on se trouve à des concentrations très faibles.

C'est principalement dû à un saut technologique dans l'analyse chimique (techniques très sensibles issues de couplage de la chromatographie en phase gazeuse ou liquide et de la spectrométrie de masse) que la mesure des concentrations en micropolluants à des concentrations très faibles dans des matrices complexes telles que les eaux usées est devenue possible.

L'analyse des micropolluants dans les eaux usées et les boues nécessite de développer des méthodes d'analyses robustes et validées pour ces substances dans des matrices très complexes : on a souvent des fortes quantités de matières organiques que l'on ne veut pas mesurer et qui interfèrent, empêchant la mesure précise de très faibles teneurs en micropolluants (***Encart : « Les défis pour la mesure des micropolluants dans les eaux usées et les boues d'épuration »***).

1.6. Les protocoles d'échantillonnage et d'analyse

Lorsqu'on effectue des mesures dans les eaux usées par exemple, on dispose généralement de préleveurs automatisés et réfrigérés (***Figure 4***) pour effectuer des échantillonnages sur 24 heures, en vue d'une bonne représentation du fonctionnement de la station d'épuration. Les échantillons obtenus sont conditionnés sur

LES DÉFIS POUR LA MESURE DES MICROPOLLUANTS DANS LES EAUX USÉES ET LES BOUES D'ÉPURATION

- S'assurer de la validité de la chaîne de prélèvement et d'analyse pour les eaux usées : blancs de préleveurs (adsorption/désorption) ; expériences de conservation des échantillons ;

- développer des méthodes d'analyse robustes et validées pour les micropolluants prioritaires et émergents dans les eaux usées et les boues ;

- mesurer les concentrations en phase dissoute et particulaire et évaluer les flux de micropolluants générés par les rejets de station d'épuration domestiques (eaux et boues).

Figure 4

Échantillonneur automatique réfrigéré et choix de la nature du matériel de prélèvement. Pour supporter les dépressions, il est nécessaire d'utiliser des bols en verre. Pour la pompe péristaltique (pour véhiculer l'eau), on utilise un tuyau d'écrasement en silicone.

site, conservés au froid et acheminés vers les laboratoires dans un délai inférieur à 24 heures. La spécificité des protocoles développés (ou mis en œuvre) réside dans l'utilisation de matériels spécifiques en verre et en Téflon ayant préalablement subi une étape de nettoyage spécifique (détergent, acide, acétone, rinçage à l'eau) en vue de limiter le risque de contamination. Après plusieurs tests concrets, on dédiera tel matériel à tel site étudié ; tout le matériel sera bien séparé. On n'utilisera effectivement pas le même matériel pour prélever des échantillons d'eau usée brute ou traitée que pour prélever de l'eau d'une rivière.

S'agissant des protocoles analytiques, par exemple pour mesurer les contaminants organiques, on utilise de façon générale des techniques chromatographiques couplées à de la spectrométrie de masse (***Figure 5*** et ***Encart : « La chromatographie, la spectrométrie de masse et leur couplage »***), ce qui permet d'obtenir des spectres où l'on visualise précisément un pic par molécule. L'étape la plus difficile et pointue de l'analyse intervient à ce niveau, où il faut développer et valider un type de protocole par type de matrice et par famille de molécules. En effet, le protocole pour l'analyse d'eaux de rivières relativement propres sera différent de celui pour des boues de stations d'épuration.

Examinons un exemple de schéma analytique pour des composés organiques semi-volatils (***Figure 7***). On trouve ce type de protocole pour l'ensemble des familles de contaminants. Les analyses sont menées sur la phase dissoute et les MES séparément de façon à améliorer la qualité

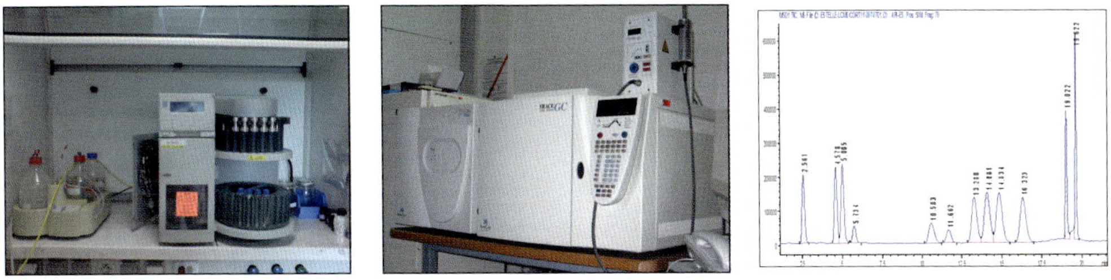

Figure 5

Des techniques chromatographiques couplées à la spectrométrie de masse sont utilisées pour mesurer les contaminants organiques. Un protocole différent est développé par famille de polluants et par type de matrice : eaux de surface, eaux usées d'entrée/sortie, matières en suspension, boues.

LA CHROMATOGRAPHIE, LA SPECTROMÉTRIE DE MASSE ET LEUR COUPLAGE LES PROGRÈS DE LA CHIMIE ANALYTIQUE POUR TRAQUER LE POLLUANT

La chromatographie est une technique analytique permettant de séparer les constituants d'un mélange en jouant sur leur différence de vitesse de migration de long d'une colonne de phase dite stationnaire, entraînés par la phase mobile (liquide ou gaz). Ces vitesses dépendent de leurs interactions avec phase stationnaire et phase mobile. La **chromatographie en phase gazeuse** (CPG) s'applique aux composés gazeux ou qui peuvent être vaporisés par chauffage.

La **spectrométrie de masse** (SM) est une technique d'analyse qui permet de détecter et d'identifier des molécules ou fragments de molécules par mesure de leur masse, et de caractériser ainsi leur structure chimique par reconstitution des fragments. Son principe réside dans la séparation en phase gazeuse de molécules chargées (ions) en fonction de leur rapport masse/charge (*m/z*).

Couplés à la chromatographie, les spectromètres de masse permettent des analyses fines de mélanges complexes (***Figure 6***).

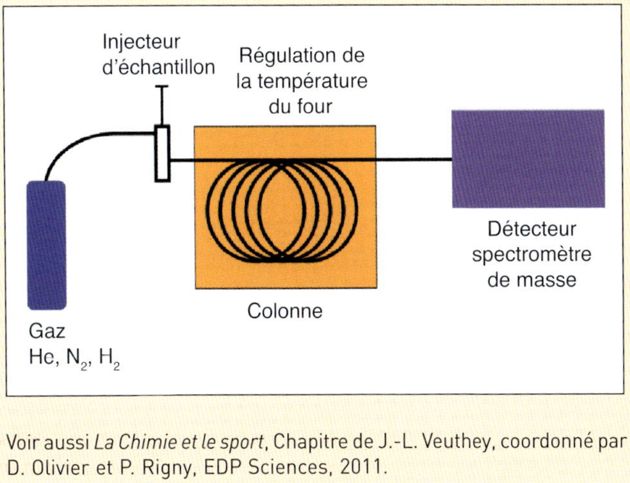

Figure 6

Schéma de principe du couplage chromatographie en phase gazeuse/spectrométrie de masse.

Voir aussi *La Chimie et le sport*, Chapitre de J.-L. Veuthey, coordonné par M.-T. Dinh-Audouin, R.A. Jacquesy, D. Olivier et P. Rigny, EDP Sciences, 2011.

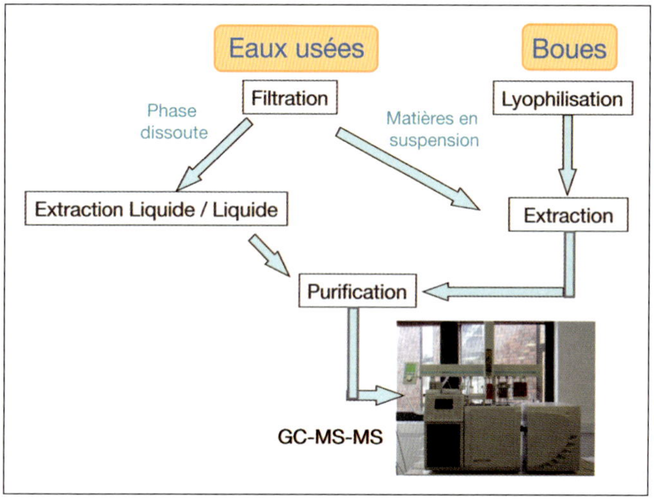

Figure 7

Exemple de schéma analytique pour les composés organiques semi-volatils.

de l'analyse pour les composés hydrophobes (difficultés d'extraction lors de l'analyse directe du total). Pour une eau usée, on procède d'abord à une filtration pour séparer la phase dissoute et les matières en suspension, puis la phase dissoute subit une opération d'extraction avec un solvant permettant d'extraire le contaminant et de le concentrer très fortement pour réussir à le doser, surtout quand il était sous forme de traces dans l'eau. Suivent des étapes de purification, qui ne sont pas nécessaires pour une eau potable, mais deviennent essentielles pour des eaux usées brutes (entrée de STEP) ou des boues.

Un protocole bien précis est suivi (***Encart : « Validation des méthodes d'analyse et assurance qualité »***) : la chimie analytique induit une rigueur et des étapes essentielles pour être certain d'obtenir une mesure bien réelle de la substance que l'on a quantifiée dans le milieu, et qu'elle ne dépende pas d'artefacts de mesure ou d'étalonnages mal réalisés.

Les performances des méthodes développées sont établies en termes de limite de quantification, rendement d'extraction, répétabilité et reproductibilité. Cependant, chargés en matière organique, les échantillons issus de l'assainissement restent difficiles à analyser, et pour se prémunir des effets matrice, il est nécessaire d'utiliser des indicateurs de performances de manière préventive (par exemple : étalons internes, dopages en concentration connue) en vue d'appliquer une correction ultérieure.

1.7. Résultats des mesures. Exemple du projet AMPERES

Une fois le protocole d'échantillonnage et d'analyse rigoureusement mené, on aboutit à une série de résultats. La ***Figure 8*** représente un exemple de résultats d'un projet de recherche qui s'appelait « AMPERES », dont une synthèse a été récemment publiée en français dans la revue *Techniques Sciences et Méthodes.* Grâce aux très faibles limites de quantification des méthodes développées, de l'ordre du microgramme ou nanogramme par litre selon les substances, une majorité des substances recherchées a été quantifiée.

Plus spécifiquement, dans les eaux traitées de STEP, on retrouve fréquemment les métaux (Zn, Cu, Pb, As, Ni, Cr) et les substances organiques (diuron, atrazine, tributylphosphate, naphtalène, fluoranthène, DEHP, tributylétain, 4-*tert*-butyl, nonyl- et octyl-phénol, chloroforme, tétrachloroéthylène). Le projet AMPERES a démontré que l'on mesurait également de manière systématique une vingtaine de substances pharmaceutiques, dont trois avaient une concentration supérieure à 0,1 µg/L (diclofénac, sotalol et carbamazépine).

1.8. Des progrès en chimie analytique pour améliorer la caractérisation de l'eau

Comme il a été décrit, les étapes de prélèvements et de préparation des échantillons pour les analyses ont une importance primordiale pour obtenir des données fiables sur les concentrations et les flux

VALIDATION DES MÉTHODES D'ANALYSE ET ASSURANCE QUALITÉ (POUR LES MOLÉCULES ORGANIQUES)

Échantillonnage

« blancs préleveurs »

Préparation des échantillons

- blanc d'analyse (1 par campagne) ;
- triplicats d'analyse (mesure de la répétabilité) ;
- traceurs deutérés (mesure des rendements d'extraction) ;
- dopage de chaque matrice.

Analyse

- blanc de phase mobile ;
- contrôle étalons (mesure de la justesse) ;
- 2 transitions (quantification, confirmation de l'identité des composés) ;
- traceur d'injection.

Il faut ensuite vérifier les rendements (extraction) et les limites de quantification.

Figure 8

Les 45 substances réglementées dans les eaux traitées secondaires. Mesure de très faibles concentrations en micropolluants dans les eaux traitées (projet AMPERES). Coquery M. et coll. *(2011). Techniques Sciences et Méthodes, 1-2.*

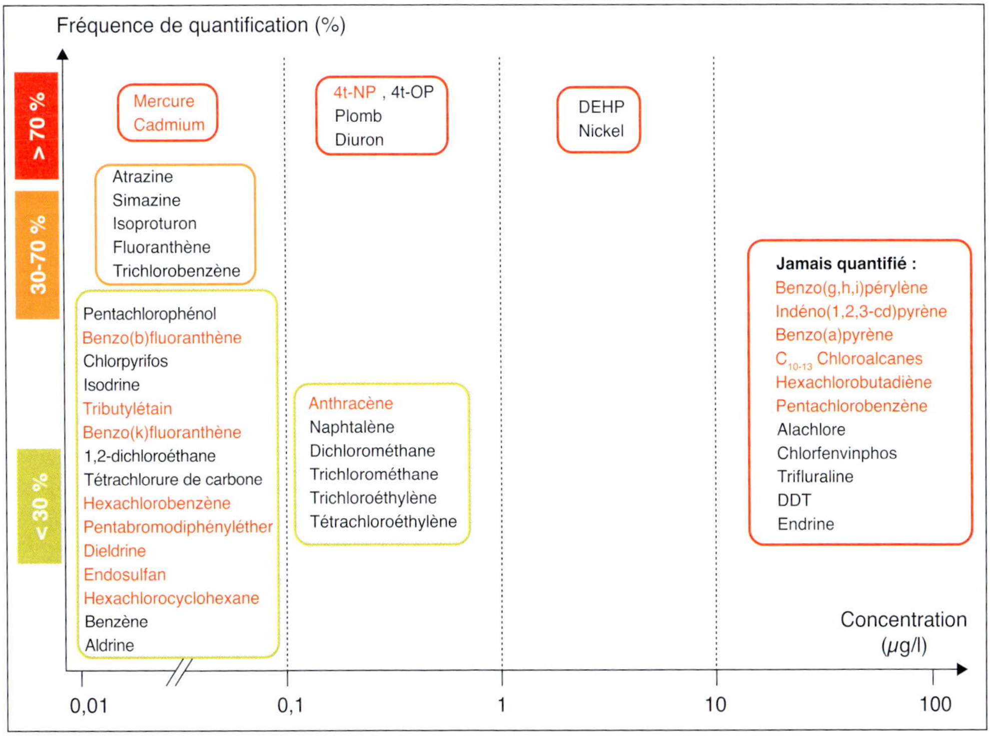

de nombreux micropolluants dans les eaux usées.

Les techniques avancées de la chimie analytique permettent aujourd'hui de développer et valider des protocoles innovants pour quantifier des concentrations de plus en plus faibles en polluants, dans des échantillons de plus en plus complexes (par exemple dans des phases particulaires). Il s'agit-là d'un vrai défi, qui peut être relevé grâce aux progrès de la science et des appareillages analytiques qui évoluent très vite ces dernières années.

Comment ces progrès permettent-ils maintenant de diagnostiquer l'efficacité des traitements des stations d'épuration et de les compléter pour aller plus loin dans la purification des eaux ?

2 La chimie pour compléter le traitement des eaux

Face à la problématique environnementale liée en particulier aux micropolluants qui persistent dans les eaux en sorties de stations d'épuration, la chimie se révèle de nouveau indispensable pour trouver des solutions de traitements adaptées. Rappelons en premier lieu le principe de fonctionnement d'une station d'épuration.

2.1. Principe de fonctionnement d'une station d'épuration conventionnelle

Dans une station d'épuration conventionnelle, comme on en trouve dans la plupart des sites dans le monde, une première étape de **décantation** en entrée de station consiste à éliminer les particules grossières ou qui peuvent sédimenter, avant de passer à l'étape biologique qui a lieu dans un bassin de **traitement biologique**. La pollution dissoute y est traitée par une biomasse épuratrice constituée de bactéries spécifiques, puis l'eau qui en sort passe dans un **clarificateur** pour être séparée de la biomasse épuratrice, avant d'être rejetée en dernier lieu dans le milieu naturel, tandis que la biomasse épuratrice est recyclée vers le bassin biologique (*Figure 9*).

Ce traitement biologique conduit à la génération d'un sous-produit qu'il convient de traiter également à la station d'épuration. Il s'agit des **boues d'épuration** qui proviennent à la fois du premier étage de décantation, mais aussi de l'étage biologique : ce sont les boues en excès, constituées entre autres de la biomasse épuratrice en excès.

Il existe ainsi toute une filière adaptée aux stations d'épuration pour à la fois réduire leur volume, leur teneur en eau, pour les stabiliser, mais aussi pour produire de l'énergie et de la matière valorisable.

Ces stations d'épuration conventionnelles ont été conçues pour traiter une pollution définie avec des paramètres macroscopiques, c'est-à-dire des macropolluants (définis au paragraphe 1.1). À ce niveau, le génie des procédés et la biologie développés actuellement sont largement suffisants pour exploiter correctement ces ouvrages tels que peut faire un groupe comme

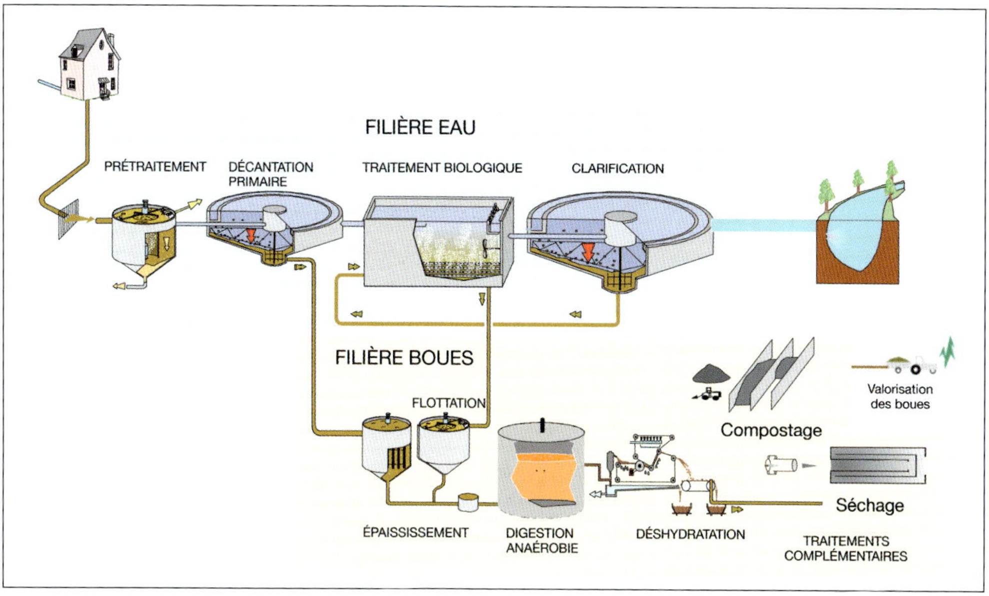

Figure 9

Les filières de traitement en station d'épuration conventionnelle.

Suez Environnement sur de nombreux mètres cubes.

Par contre, quand on s'intéresse maintenant à la problématique des micropolluants, il faut faire appel à des notions de chimie plus pointues, et en particulier de physico-chimie et de biochimie, comme nous allons le voir.

2.2. Le devenir des micropolluants

Trois mécanismes permettent d'expliquer le devenir des micropolluants dans un étage biologique (*Figure 10*) :

– le **mécanisme d'adsorption** : un paramètre a été défini pour l'assainissement, qui est le KdMES, ou coefficient de partition entre l'eau et les matières en suspension, et qui est en fait dérivé de paramètres plus connus en chimie comme le coefficient de partage entre l'octanol et l'eau. Cette adsorption dépend aussi de la concentration en boue ;

– la **biodégradation** : chaque molécule possède une constante de biodégrada-

Figure 10

Mécanismes d'élimination des micropolluants dans les procédés biologiques (physico-chimie et biochimie).

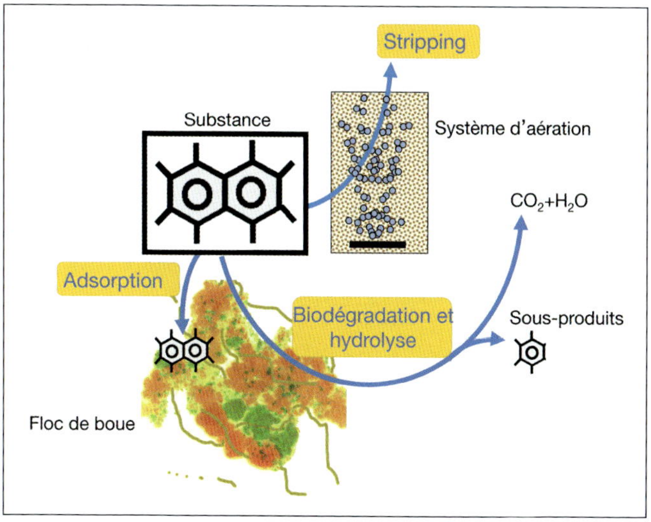

tion, qui mesure sa facilité de dégradation par les bactéries. De plus en plus de recherches montrent en fait que ce n'est pas vraiment de la biodégradation qui se produit, mais plutôt de la biotransformation : bien que tous les mécanismes réactionnels n'aient pas encore été complètement élucidés, en revanche on sait maintenant pour certaines molécules pharmaceutiques qu'il s'agit en fait de transformations de groupes fonctionnels des molécules ;

– le **« stripping »**, ou passage des molécules en atmosphère : on considère ici des constantes bien connues en chimie, telles que la constante d'Henri des molécules qui est utilisée avec le flux d'air appliqué dans les bassins.

2.3. Les traitements tertiaires pour éliminer les micropolluants

Une fois que l'on a identifié le devenir de ces substances et dressé leur bilan en station d'épuration avec des notions bien connues du génie chimique, on constate que même si 20 % du flux de micropolluants en entrée de station d'épuration est retrouvé dans l'eau traitée, tout n'est malheureusement pas dégradé ou transformé, mais il reste environ 60 % de ces micropolluants qui sont transférés vers les boues par adsorption (***Figure 11A***).

C'est une problématique sur laquelle de nombreuses recherches sont menées actuellement, en vue de réduire la teneur de ces micropolluants dans les boues et d'envisager des filières de valorisation plus durables.

Qu'en est-il des 20 % dans les eaux qui peuvent à l'heure actuelle être traités ? Ce chiffre est déjà très significatif et peut même conduire à des dépassements des normes de qualité environnementale dans les milieux aquatiques (évoquées au paragraphe 1.2). Il s'agit de substances qui sont très réfractaires au traitement, du fait qu'elles ne sont pas adsorbables, et en outre peu biodégradables. Cela peut concerner quelques pesticides comme le diuron ou le glyphosate, qui sont retrouvés pratiquement dans tous les échantillons d'eaux usées, voire dans les milieux naturels. C'est aussi le cas de quelques pharmaceutiques comme la carbamazépine, qui est un antiépileptique et qui a même été utilisé comme traceur d'activité humaine dans certains cas (voir le ***Chapitre d'É. Blin***). On retrouve également d'autres substances qui, bien que retenues en grande partie par la station d'épuration, se retrouvent tout de même à des niveaux significatifs en sortie ; c'est le cas de détergents comme les alkylphénols, ou encore de plastifiants tels que le di(2-éthylhexyl)phthalate (DEHP).

Pour aller plus loin dans le traitement de l'eau, il est possible d'appliquer des traitements complémentaires dits tertiaires (***Figure 11B***), dont la plupart sont utilisés pour la production d'eau potable, et qui font appel à une variété de mécanismes beaucoup plus importante. On fait appel cette fois à des mécanismes d'oxydation, d'adsorption, de filtration, et même de phytoabsorption dans le cas de

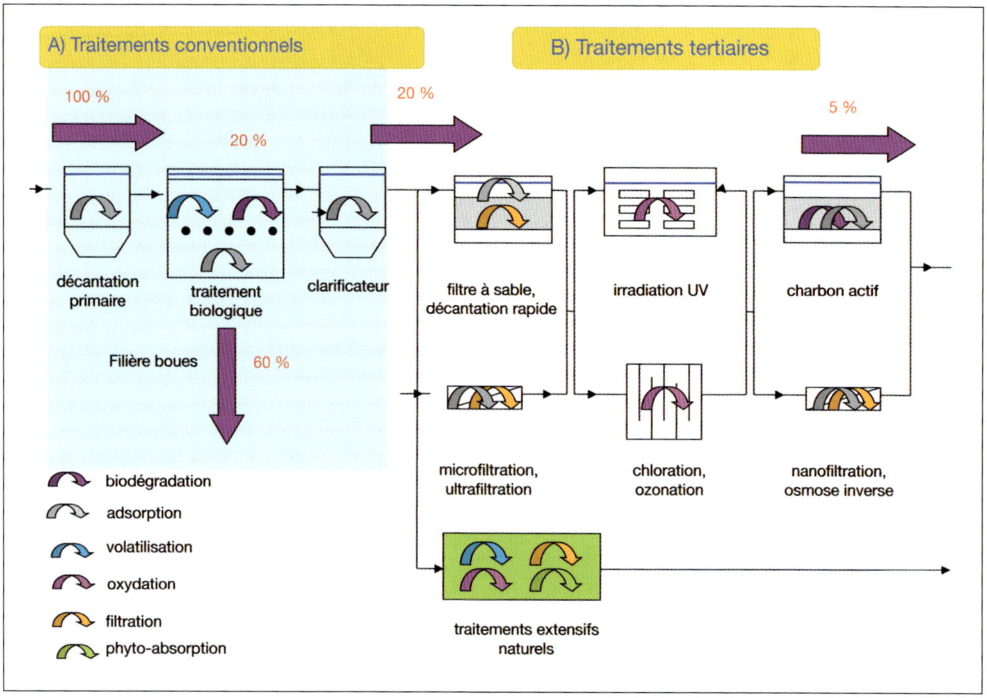

traitements extensifs naturels (abordés dans les ***Chapitres d'É. Blin*** et ***J.-L. Morel***).

Nous évoquerons deux d'entre eux qui sont actuellement les meilleures solutions, avec le meilleur compromis technico-économique pour améliorer le traitement des micropolluants en stations d'épuration : le traitement sur charbon actif et l'ozonolyse.

2.3.1. Adsorption sur charbon actif

On utilise des charbons qui ont la particularité de développer de très grandes surfaces spécifiques, de l'ordre de mille mètres carrés par gramme grâce à leurs pores permettant d'adsorber un très grand nombre de composés (***Figure 12***). Les composés qui sont adsorbables comportent généralement des doubles liaisons, ou possèdent un poids moléculaire important, sans pour autant excéder la taille des pores du charbon.

Les propriétés d'adsorption sont régies par l'isotherme de Freudlinch, équation bien connue en chimie des surfaces, donnant la concentration de la partie adsorbée en fonction de la concentration de la partie dissoute : $C_{\text{liée}} = K \cdot C_{\text{dissoute}}^{1/n}$, avec K et n des constantes propres au système considéré. Le charbon actif peut être mis en œuvre de deux manières, soit sous forme de poudre qui est appliquée en continu, soit sous forme de charbon de taille plus importante fixé sur une colonne à travers laquelle passe l'eau usée qui est ainsi traitée par simple filtration (***Tableau 2***).

Figure 11

Bilan de micropolluants en station d'épuration. A) Traitements conventionnels ; B) traitements tertiaires.

Figure 12

Images au microscope électronique de charbon actif avec des pores aux surfaces spécifiques importantes (500 à 1 500 m²/g).

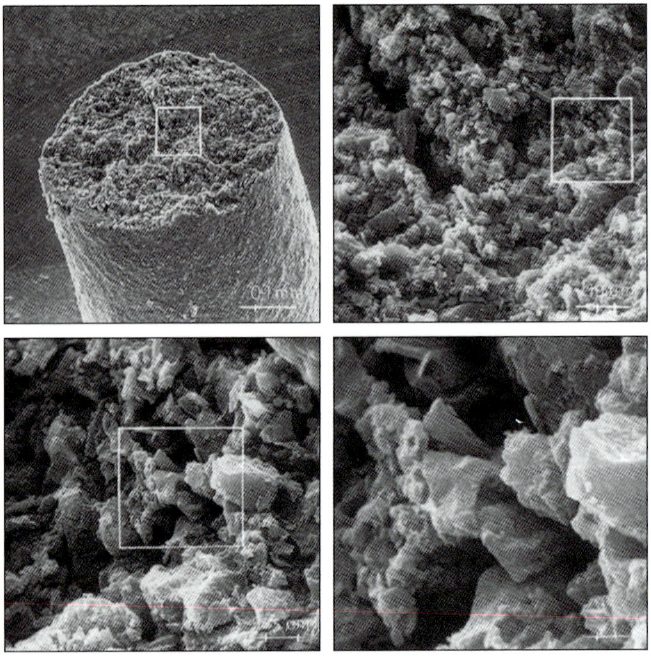

Tableau 2

Traitements tertiaires par adsorption sur charbon actif.

Type de charbon	Charbon actif en poudre	Charbon actif en grains
Diamètre	5-50 µm	> 0,1 mm
Mise en œuvre	En suspension	Filtre
Gestion du matériau	Procédé de rétention nécessaire	Lavages nécessaires

2.3.2. L'oxydation à l'ozone

Un deuxième type de traitement qui permet un très bon compromis coût/efficacité est l'oxydation à l'ozone (O_3). On essaye de mettre en œuvre l'action conjointe d'une oxydation directe de l'ozone, qui est l'un des oxydants les plus puissants, avec le radical hydroxyle •OH, qui est généré lors du passage de l'ozone dans l'eau (***Figure 13***). Cette action est efficace surtout vis-à-vis des composés aromatiques (cycles qui comportent des alternances de doubles liaisons), dont les électrons sont disponibles pour subir l'action des oxydants. L'efficacité dépend du temps de séjour ou temps de contact de l'eau usée dans le réacteur d'ozonation. L'ozone qui est appliqué est décomposé en oxygène et radical hydroxyle dans l'eau, et le résiduel est détruit thermiquement avant de rejoindre l'atmosphère.

On retrouve actuellement l'ensemble de ces traitements tertiaires sur certaines stations d'épuration, mais plutôt pour un but de désinfection des eaux dans certains contextes, lorsque l'eau doit être réutilisée.

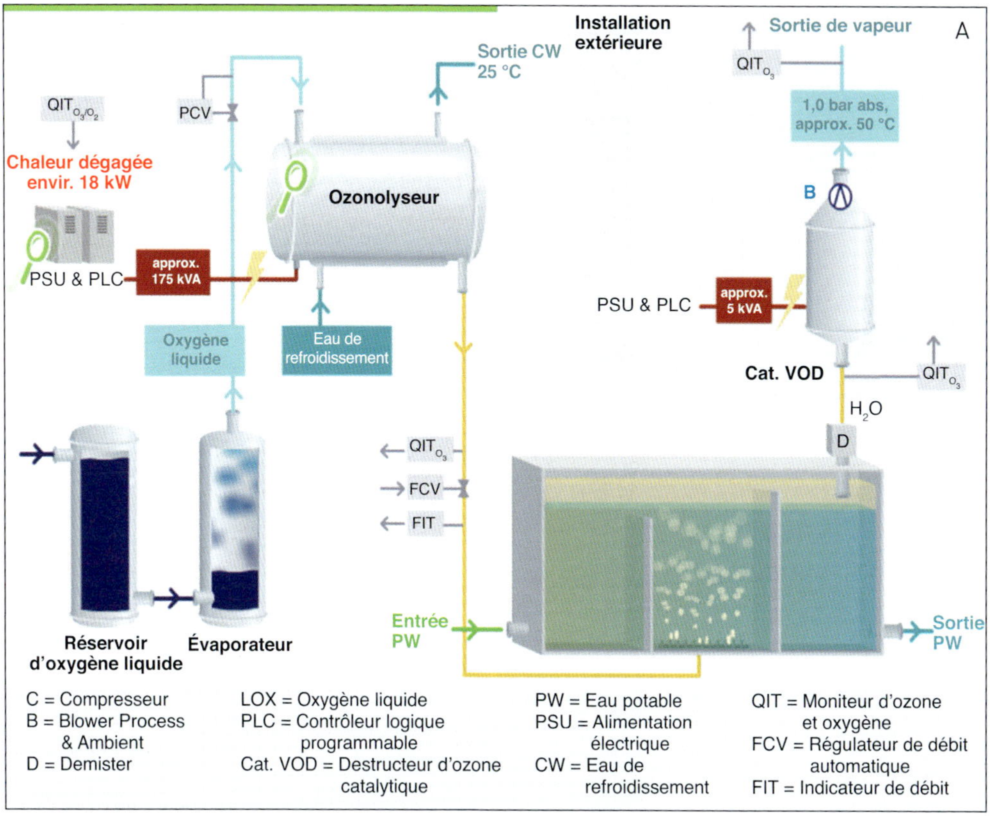

Figure 13

A) Traitements tertiaires par oxydation avec action conjointe de l'ozone O_3 (spécifique) et du radical hydroxyle $^{\bullet}OH$ (non spécifique) dans un ozonolyseur (B).

En France, l'ozonation a déjà été utilisée pour traiter les micropolluants dans la station de Sophia Antipolis. Lors de la réhabilitation de cette station, elle devait doubler ses capacités, et sa particularité était que le cours d'eau qui recevait ces eaux usées était très sensible, très petit et parfois était à sec en été. On avait donc une sensibilité extrême à l'impact de la pollution. C'est pourquoi un traitement complémentaire a été demandé incluant une ozonation et avec des garanties demandées sur ces micropolluants à la fois en concentration et en rendement d'élimination (**Figure 14**).

Le **Tableau 3** donne une idée des rendements que l'on peut atteindre avec cette technologie, sachant que l'on estime qu'une ozonolyse est efficace au-delà de 70 % d'élimination. Dans la plupart des cas, elle est de l'ordre de 90 % et concerne essentiellement les composés qui étaient très peu dégradés en station d'épuration (pesticides, pharmaceutiques), mais aussi le DEHP et les alkylphénols, qui sont deux des composés posant le plus de problèmes actuellement du fait qu'on les retrouve dans de nombreux milieux. Vis-à-vis de la Directive Cadre sur l'Eau, l'ozonolyse est pour cela une solution intéressante.

Les résultats sont moins bons pour les composés inorganiques comme les métaux où l'on n'observe aucun effet. Pour d'autres molécules présentant des configurations telles que les électrons ne soient pas disponibles, l'ozonolyse conduit à de mauvais rendements.

2.3.3. L'oxydation avancée

Actuellement, une recherche importante est menée pour aller plus loin dans la dégradation par oxydation, en développant des procédés d'oxydation avancée. Le double objectif est de pousser plus loin la dégradation, mais aussi réduire les doses appliquées en combinant un oxydant puissant tel que l'ozone ou le peroxyde d'hydrogène (H_2O_2), avec de l'énergie sous forme d'UV, d'ultrasons ou encore électrique. Si l'on veut favoriser la réaction d'oxydation (qui est une réaction radicalaire), on peut ajouter un catalyseur. La gamme de possibilités est donc très étendue (**Figure 15**).

2.4. Bilan sur les capacités de traitement de l'eau

Aujourd'hui, on est arrivé à un certain consensus sur les possibilités de dégradation des micropolluants dans les stations d'épuration, bien que toutes les technologies ne soient pas encore totalement maîtrisées (au contraire de la production de l'eau potable, que l'on maîtrise beaucoup mieux). C'est particulièrement le cas pour le charbon actif, qui est efficace pour 70 à 80 % des substances, mais dont on ne maîtrise pas la durée de vie dans un milieu aussi chargé qu'une eau usée, même traitée (problèmes de colmatage, régénération...). Quant à l'ozonation, qui est efficace pour 70 à 80 % des substances, elle est néanmoins énergivore et conduit à la formation potentielle de

Figure 14

Station d'épuration de Sophia Antipolis : une première en France pour le traitement des micropolluants à l'ozone.

Tableau 3

Rendements d'ozonolyse de micropolluants.

Rendement de l'élimination	Substances	Classe
> 70 %	Glyphosate, diuron, isoproturon	Pesticides
	DEHP	Phtalates
	NPE1EO, alkylphénol carboxylates	Alkylphénols
	Estrone, éthinyl estradiol	Hormones
	Oxyprénolol, bisoprolol, atenolol, sotalol, paracétamol, diclofénac, germfibrozil, timolol, nadolol, propanolol, carbamazépine, diazepam, nordiazepam, alprazolam, fluoxetine, acébutolol, ibuprofène, naproxène, terbutaline, amitriptilyne, métoprolol, roxythromicine, kétoprofène, salbutamol, sulfaméthoxazole, bromazépan	Pharmaceutiques
30-70 %	Atrazine, simazine	Pesticides
< 30 %	AMPA	Pesticides
	Nonylphénols, octylphénols, NP2EO	Alkylphénols
	Aspirine	Pharmaceutiques
	Li, Ti, V, Se, Ba, As, Cu, Sn, B, Fe, Cr, Zn, Ni, Co, Rb, Mo, Sb, U	Métaux

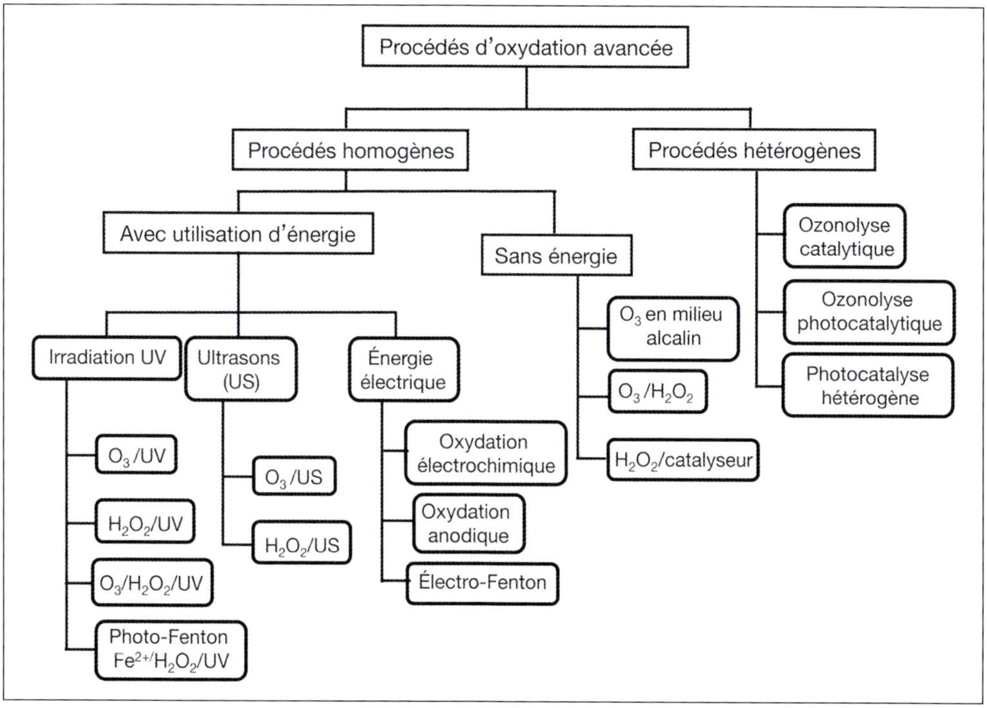

Figure 15

Procédés d'oxydation avancée. L'objectif est de créer des radicaux libres pour dégrader les polluants et de réduire les doses appliquées.

sous-produits. Comme dans le cas des procédés biologiques, il reste encore à mieux comprendre les mécanismes réactionnels intervenant au cours de l'ozonolyse.

Ces considérations nous rappellent qu'il faut toujours garder une approche environnementale globale, afin de peser les avantages et inconvénients lorsqu'on veut implanter tel ou tel type de traitement dans un milieu.

Enfin, comme nous l'avons vu, les procédés biologiques actuels sont capables d'éliminer environ 80 % du flux de micropolluants, dont environ deux tiers sont transférés vers les boues. Ce problème des boues est en cours d'études, et la chimie se révèle encore une fois nécessaire pour caractériser tous les flux de pollution et augmenter les potentialités de traitement des stations d'épuration.

La chimie, science environnementale pour purifier l'eau ?

Nous mesurons à quel point la chimie est indispensable à différents niveaux, à la fois pour caractériser les flux de pollution, définir des normes pertinentes, de même que pour augmenter les potentialités de traitement des stations d'épuration. Aux traitements tertiaires qui ont été présentés, et qui font intervenir des procédés chimiques, nous pouvons ajouter les solutions de traitement biologique par la phytoremédiation, abordée dans le ***Chapitre de J.-L. Morel***.

Mais il est clair que ces actions doivent être accompagnées par d'autres actions à différents niveaux du bassin versant. On pense en particulier aux pollutions pluviales, qui ont un impact très important en termes de flux sur certains polluants tels que les HAP, les métaux ou certains pesticides (voir le ***Chapitre d'É. Villenave***). Une meilleure gestion des pollutions est donc à rechercher dans ce sens.

D'autre part, une action doit aussi être menée en vue de réduire des rejets industriels, notamment au niveau des industries de la chimie : un effort collaboratif est à mener pour réduire dès

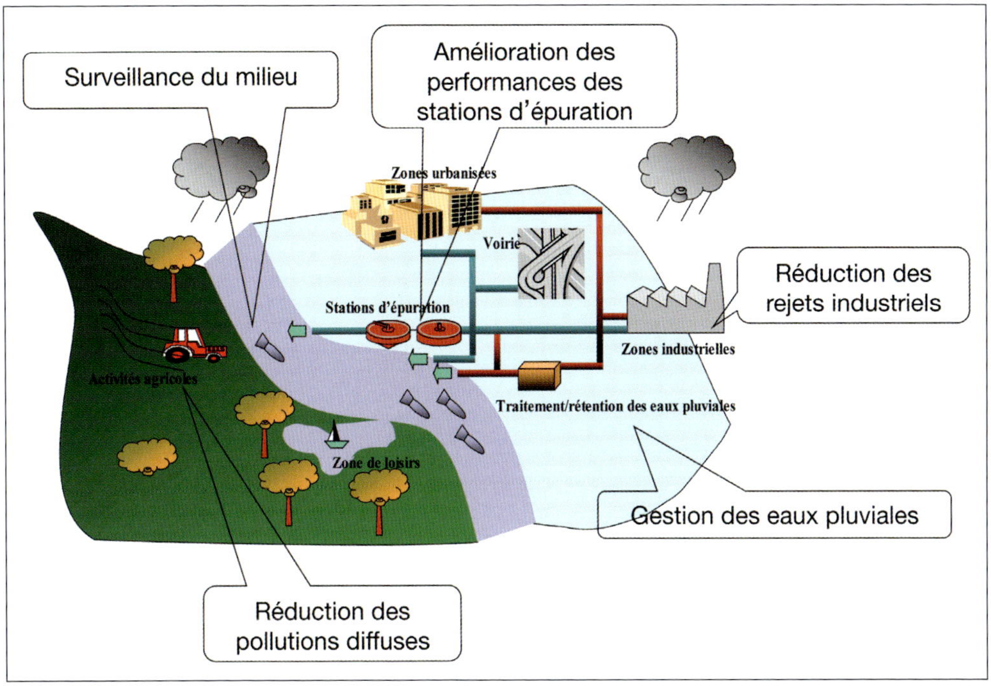

Figure 16

La chimie en tant que science environnementale : des actions sont possibles et nécessaires à tous niveaux du bassin versant.

le départ l'émission des substances en modifiant d'une part les procédés industriels, mais aussi en mettant en place des traitements localisés sur ces industries qui peuvent être connectés au réseau d'assainissement.

Citons également les actions menées au niveau des pollutions diffuses, en particulier celles provenant d'activités agricoles, en modifiant soit les molécules ajoutées, soit les pratiques elles-mêmes. Dans ce cadre, on a par ailleurs besoin des connaissances en chimie pour adapter la surveillance des milieux aux nouveaux critères de qualités liés aux micropolluants.

Pour toutes ces raisons, nous pouvons vraiment dire que la chimie est devenue une science environnementale indispensable à la préservation de l'environnement aquatique (***Figure 16***).

Partie 2

La nature pour inspirer la chimie

La nature pour inspirer le chimiste :

Substances naturelles, phytochimie et chimie médicinale

Françoise Guéritte est Directrice de recherche à l'Institut national de la santé et de la recherche médicale (INSERM) et travaille à l'Institut de chimie des substances naturelles (ICSN) du CNRS. Dans le cadre de ses travaux sur les molécules naturelles bioactives, elle a fait partie de l'équipe qui a synthétisé le taxotère, cet anticancéreux qui a sauvé des millions de vies, et dont l'histoire est racontée dans ce chapitre entre autres[1].

1 Quand la nature inspire le chimiste

La nature et sa biodiversité offre aux chercheurs une multitude de sujets de recherche, en particulier pour trouver des molécules aux propriétés biologiques intéressantes : thérapeutiques, phytosanitaires, etc. Par son impressionnante richesse et sa complexité, en plus de sa beauté bien souvent, la nature est source d'inspiration pour les chimistes (***Figure 1***).

1.1. Une biodiversité riche, source infinie pour le chimiste

Nous savons en effet que la Terre regorge de millions d'espèces, des micro-organismes, des plantes ou encore des organismes marins, et très peu ont encore été étudiées, que ce soit d'un point de vue chimique ou biologique (***Figure 2***).

Il reste donc un immense travail pour le chimiste qui étudie les substances naturelles, car

1. L'auteur tient à remercier, pour leur travail efficace et toujours passionné, Vincent Dumontet, Marc Litaudon, Barbara Morleo, Cyril Poullain et Fanny Roussi, membres permanents de l'équipe « Pôle Substances Naturelles – Plantes » qu'elle dirige, ainsi que Thierry Sévenet, directeur de recherche Émérite, pour ses nombreux conseils toujours avisés.

Figure 1

Montage de l'Institut de chimie des substances naturelles (ICSN) dans une forêt tropicale. Cette image représente la nature comme source infinie d'inspiration pour les chimistes pour synthétiser des molécules.

Figure 2

Il reste encore beaucoup à explorer dans la biodiversité de la nature, qui offre une infinie diversité chimique. A) Les micro-organismes représentent plusieurs millions d'espèces. Moins de 10 % des bactéries ont été étudiées, et moins de 5 % pour les champignons ; B) les plantes sont à ce jour estimées à environ 300 000 espèces, dont seulement 10 % ont été étudiées ; C) les organismes marins (éponges, algues, coraux...) sont estimés à 500 000 espèces, dont très peu ont été étudiées.

cette biodiversité très riche va conduire à une diversité chimique et structurale d'autant plus importante. Parmi les molécules isolées de tous ces organismes, des substances sont étudiées par les biologistes qui les utilisent dans leurs recherches pour déterminer par exemple les fonctions d'une protéine, et certaines de ces substances deviendront même des médicaments, comme l'aspirine et le taxotère, représentés sur la ***Figure 3***. Mentionnons que plus de 50 % des médicaments ont une relation avec la nature. Ainsi la nature est une source régulière de médicaments, qu'ils soient directement isolés du milieu naturel ou synthétisés à partir de molécules extraites de la nature.

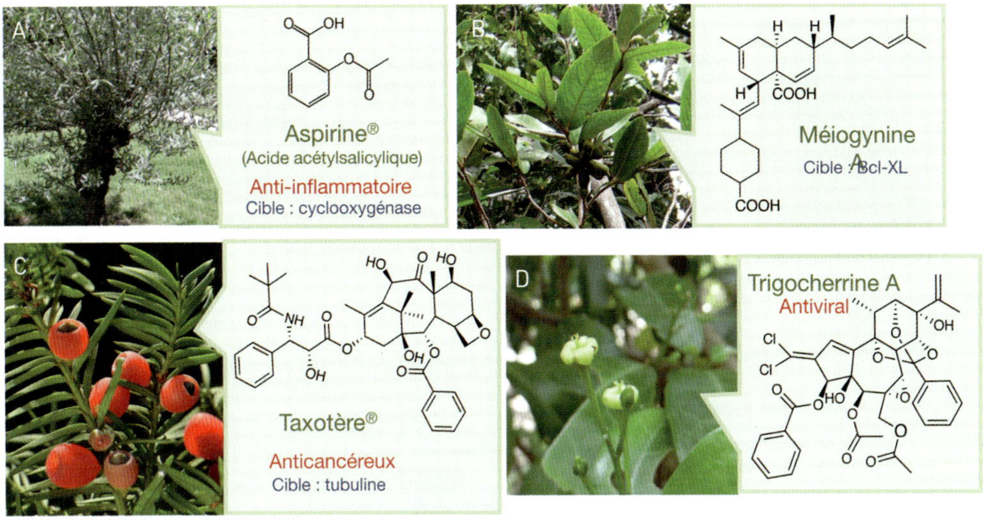

Figure 3

Exemples de substances naturelles bioactives, des plus simples aux plus complexes. La nature est une source régulière de nouveaux médicaments et de molécules originales.
A) L'acide acétylsalicylique (ou aspirine®) est dérivé de l'acide salicylique que l'on trouve dans l'écorce de saule ; B) la méiogynine A est isolée des écorces de Meiogyne cylindrocarpa *; C) le taxotère® (docetaxel) est synthétisé à partir d'un composé qui se trouve dans les feuilles d'if (*Taxus baccata*) ; D) la trigocherrine A est issue de l'arbuste* Trigonostemon cherrieri.

1.2. De la nature à la molécule bioactive : les chimistes à l'œuvre

Dans leur recherche de molécules bioactives parmi les substances naturelles, les chimistes ont plusieurs étapes à réaliser. Nous examinerons ici le cas des plantes (*Figure 4*) :

La première tâche est d'isoler le produit, actif ou non, à partir des plantes :

– en tout premier lieu doit être réalisée l'**identification botanique**. Il est important de caractériser de manière précise les plantes, objets de l'étude chimique ; elles possèdent toutes un nom de genre et un nom d'espèce ;

– on procède alors au **broyage** et à l'**extraction**, comme on le fait pour n'importe quelle plante comme le thé ou le café, afin d'obtenir un extrait contenant plusieurs centaines de molécules différentes, que l'on peut visualiser sur un diagramme (chromatogramme) obtenu par chromatographie liquide haute performance[2] (CLHP) : un amas de signaux apparaît correspondant aux différentes molécules. Il s'agit pour les chimistes de fractionner puis purifier le mélange pour aboutir à une substance pure, qui sera détectée sous forme d'un pic unique sur le chromatogramme. La structure de cette molécule est

2. La chromatographie en phase liquide à haute performance est une technique d'analyse basée sur la séparation sous pression des molécules d'un mélange par différence d'hydrophobicité (hydrophobe = peu soluble dans l'eau).

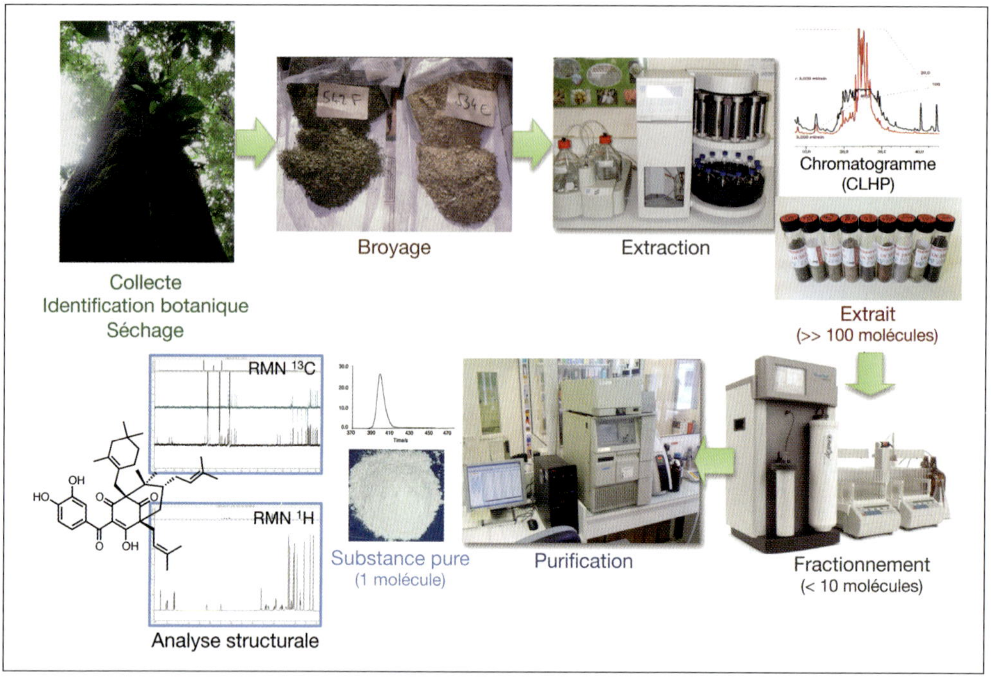

Figure 4

Les étapes de la plante à la molécule.

ensuite déterminée par spectroscopie de RMN du proton ^{1}H et du carbone ^{13}C (voir le Chapitre de M. Rohmer, ***Encart : « La résonance magnétique nucléaire (RMN), outil quotidien du chimiste pour étudier les molécules organiques »***).

Toutes ces étapes allant de la plante à la structure de la molécule font partie de l'étude phytochimique.

1.3. Comprendre les propriétés des molécules naturelles pour la recherche thérapeutique

L'objet de la **chimie médicinale** est ensuite d'étudier les propriétés structurales et biologiques de la substance qui a été isolée : elle sera considérée comme bioactive si, en interagissant par exemple avec une protéine (ou une enzyme), elle conduit à un effet biologique (***Figure 5***). Dans le modèle d'interaction qui est étudié, la substance naturelle (ligand) est comme une clé et la protéine (récepteur) est sa serrure : mieux la clé s'intégrera dans la serrure, plus l'activité biologique sera importante.

À partir de ce modèle, le chimiste étudie les relations qui existent entre la structure de la substance et l'activité biologique mesurée dans l'interaction avec la protéine. En menant ses recherches avec le biologiste, il étudiera également le mécanisme d'action de la molécule, ainsi que sa biodisponibilité, c'est-à-dire son devenir *in vivo*, en vue de la développer en tant que médicament.

Racontons maintenant l'histoire de quelques médicaments connus, sur la base de ce principe.

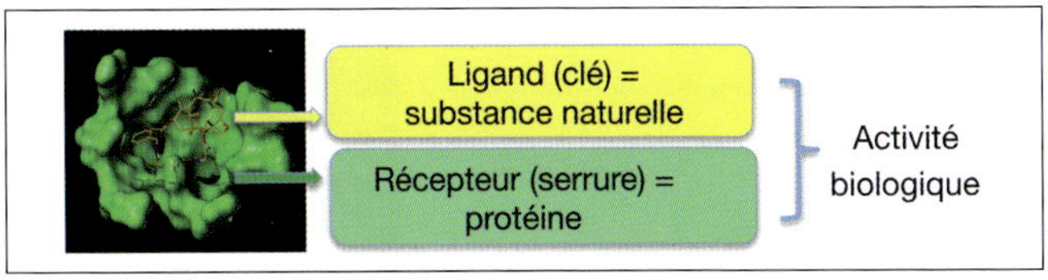

Figure 5

L'interaction d'un ligand avec son récepteur.

2 Histoire du développement de médicaments connus et découverte de nouvelles molécules actives

2.1. L'aspirine

2.1.1. La découverte

Faisons un petit retour dans l'histoire sur l'aspirine, ce médicament que nous connaissons tous (***Encart : « L'histoire de l'aspirine, en quelques dates »***, et voir la ***Figure 3A***). Sa découverte provient d'une observation de la nature : comme on constatait que le saule blanc poussait dans l'eau sans problème, il devait sûrement contenir des molécules intéressantes. Dans les temps anciens, Hippocrate conseillait bien déjà la tisane de feuilles de saule pour soulager douleurs et fièvre. Cela se poursuivit avec Edward Stone, qui conseillait quant à lui l'écorce de saule ; et il a fallu attendre les années 1825 pour que soit isolé, à partir des écorces de saule, le composé responsable de ces vertus thérapeutiques : la salicine (***Figure 6***). À la même époque, l'acide spirique est isolé de la Reine des prés, dont la structure est identique à celle de l'acide salicylique, présent aussi dans l'écorce de saule, et obtenu chimiquement à partir de la salicine.

L'HISTOIRE DE L'ASPIRINE, EN QUELQUES DATES

L'aspirine, sa découverte

–400 : Hippocrate conseille la tisane de feuilles de saule blanc pour soulager douleurs et fièvres

1763 : Utilisation de l'écorce de saule recommandée par Edward Stone pour soigner les fièvres

1825 et 1829 : Isolement de la salicine de l'écorce de saule par Francesco Fontana et Henri Leroux

1835 : Préparation de l'acide salicylique à partir de la spirée par Karl Jakob Lowig

L'aspirine, médicament anti-inflammatoire

1853 : Synthèse de l'acide acétylsalicylique par Charles Frederic Gehrard

1897 : Production industrielle de l'acide acétylsalicylique par la firme Bayer (Felix Hoffmann)

1899 : Mise sur le marché de l'aspirine par Bayer (Brevet)

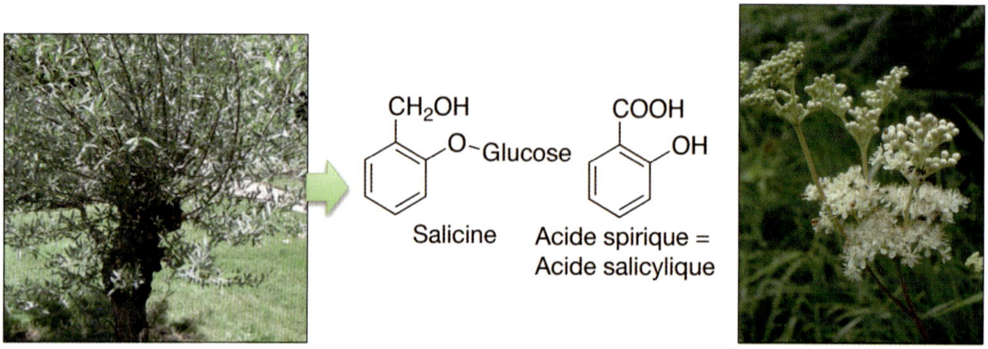

Saule blanc
Salix alba (Salicaceae)

Reine des Prés
Spirea ulmaria
(Rosaceae)

Figure 6

Le saule, la spirée... et l'aspirine.

2.1.2. Le développement du médicament

Là-dessus les chimistes ont pris le relais en trouvant une molécule encore plus active que l'acide salicylique : par une simple réaction d'acétylation sur le groupement hydroxyle, ils forment l'acide acétylsalicylique (**Figure 7**), commercialisé sous le nom d'aspirine.

Les études de son activité ont montré qu'elle présente des activités anti-inflammatoires en interagissant avec une enzyme, la cyclooxygénase.

2.2. Le taxol et le taxotère

2.2.1. La découverte

Le taxol est une célèbre molécule anticancéreuse qui a été isolée pour la première fois à partir de l'if du Pacifique *Taxus brevifolia*. Sa découverte a été un hasard dans les années 1960 et provient d'un criblage (test de nombreuses molécules) au National Cancer Institute, qui avait mis en place un important programme pour rechercher des molécules anticancéreuses. C'est ainsi que 108000 extraits avaient été préparés à partir de 35000 plantes puis évalués pour leur cytotoxicité sur des cellules cancéreuses. Parmi les extraits actifs se trouvait un extrait des écorces d'if du Pacifique. Après purification de cet extrait, on a trouvé le taxol cytotoxique et également actif *in vivo* (**Figure 8**).

2.2.2. Extraction à partir du milieu naturel

La **Figure 9** représente les différentes étapes qui ont été réalisées à partir des écorces de *Taxus brevifolia* : après extraction et purification, le taxol a été isolé avec un rendement très faible à partir d'écorces sèches.

2.2.3. Étude de l'activité biologique du taxol

Les études ont montré que le taxol agit sur la tubuline,

Figure 7

La réaction d'acétylation de l'acide salicylique conduit à l'acide acétylsalicylique, qui montre une activité anti-inflammatoire supérieure.

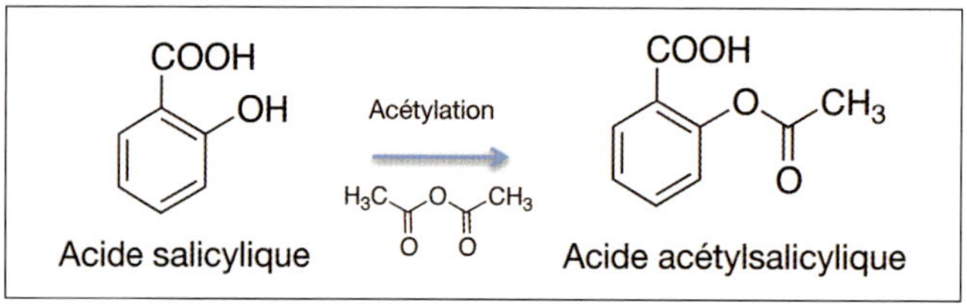

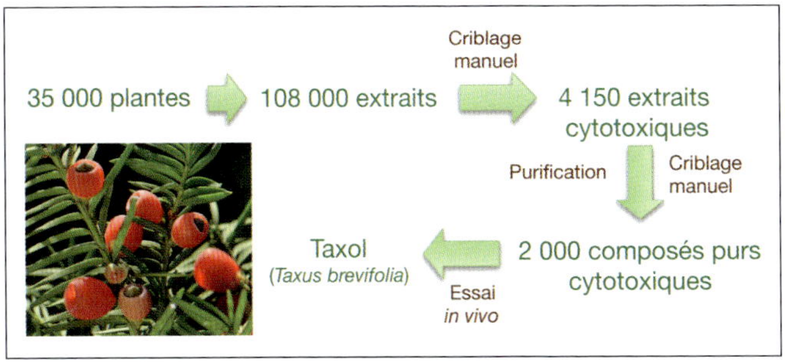

Figure 8

Découverte du taxol par criblage au cours de la recherche de molécules naturelles anticancéreuses (National Cancer Institute).

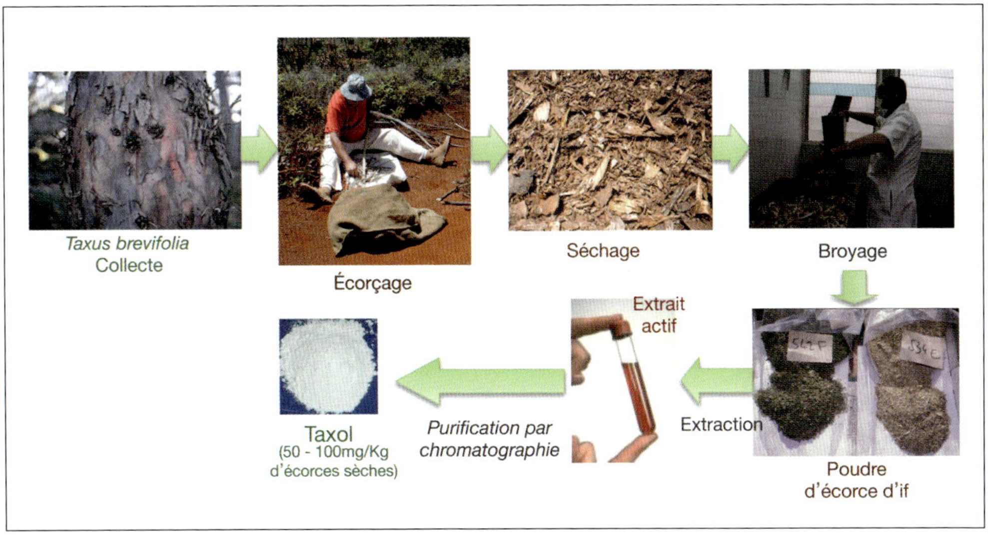

Figure 9

Extraction et purification du taxol à partir de l'if.

cette protéine qui forme les microtubules, fibres constitutives du cytosquelette des cellules (qui lui confèrent l'essentiel de ses propriétés mécaniques). Cette activité provoque l'inhibition de la division cellulaire, en particulier de cellules cancéreuses, ce qui en fait un anticancéreux.

2.2.4. Développement du taxol comme anticancéreux : vers la synthèse biomimétique

À l'époque où le taxol avait été découvert, la question de son approvisionnement était problématique, car l'if est un arbre protégé et à croissance lente, et les quantités de taxol extraites sont très faibles.

D'où les travaux importants des chimistes qui se sont penchés sur la possibilité de le synthétiser au laboratoire, évitant ainsi des déforestations massives. Les réflexions se sont dirigées vers une synthèse dite **biomimétique** de cette molécule complexe, c'est-à-dire en mimant ce qui est réalisé dans la nature quand elle la biosynthétise.

Ils se sont pour cela penchés sur la phytochimie de l'if, dans le but de trouver un précurseur au taxol. Il a donc fallu étudier toutes les différentes parties de l'if. C'est ainsi qu'à partir des feuilles a été isolé un composé, la 10-désacétylbaccatine III (DAB), de structure légèrement plus simple que le taxol, et, chose intéressante, isolable en quantités beaucoup plus importantes (***Figure 10***). La question est maintenant de voir comment passer de cette molécule DAB au taxol ?

Les chimistes ont réalisé plusieurs transformations du DAB par des réactions d'estérification, en premier lieu avec l'acide cinnamique (qui est aussi un produit naturel) conduisant à un ester cinnamique qui, par une réaction d'hydroxyamination, mène à un intermédiaire précurseur du taxol *via* les étapes finales de déprotection puis acylation (***Figure 11***). Cet intermédiaire a été appelé taxotère...

2.2.5. La surprise du taxotère

Au cours de ces travaux de synthèse chimique du taxol, les chimistes de l'équipe de Pierre Potier à l'Institut de chimie des substances naturelles ont eu l'idée d'évaluer l'activité de toutes les molécules intermédiaires obtenues au cours de la synthèse, et il s'est avéré que l'un d'entre eux, le taxotère, possédait également une activité sur la tubuline, même plus importante que pour le taxol ! C'est ainsi que le taxotère a fini par devenir un médicament (développé par les Laboratoires Rhône-Poulenc Rorer, devenus il y a quelques années Sanofi-Aventis).

Si l'on compare la voie de synthèse biomimétique du taxol avec celle réalisée dans la nature, on réalise bien que la

Figure 10

Réflexions sur la phytochimie du taxol en vue d'une synthèse chimique biomimétique.

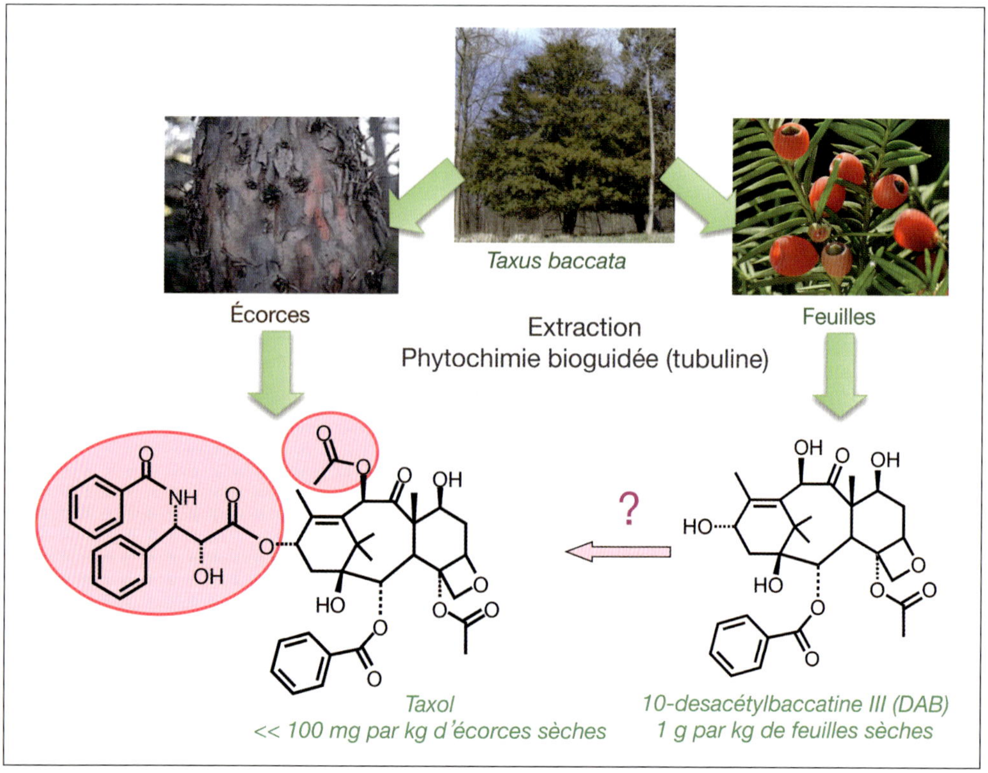

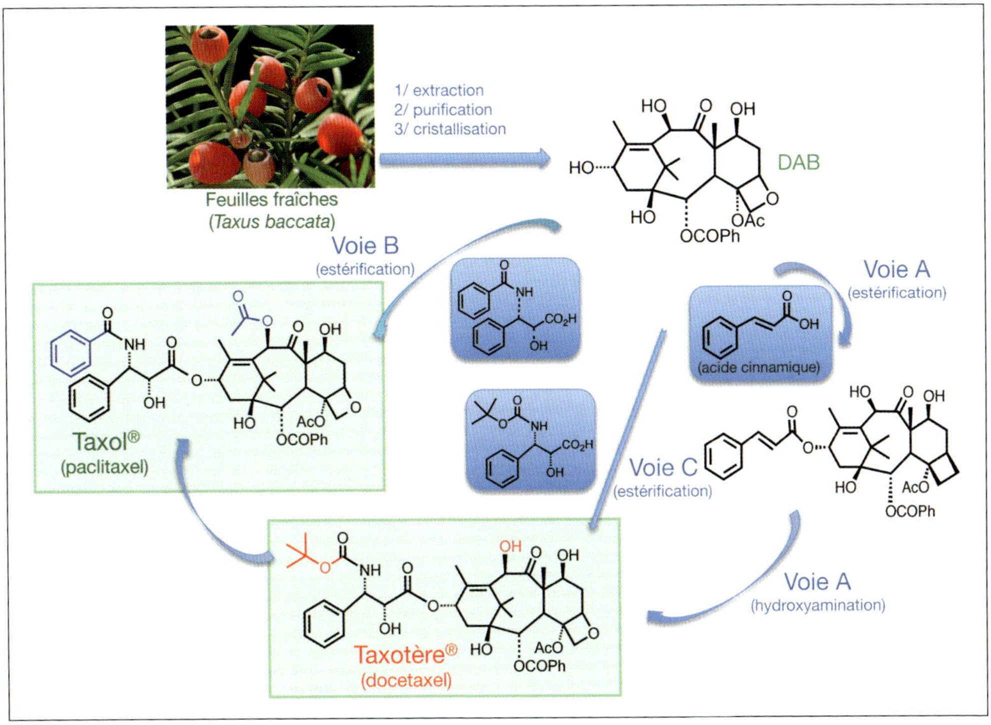

nature est sans conteste plus ingénieuse que le chimiste. Dans la structure de la DAB, on identifie un squelette à trois cycles, appelé le taxadiène (***Figure 12***), structure que la nature peut construire très simplement alors que le chimiste n'y parvient pas. Elle utilise pour cela des voies métaboliques faisant intervenir les isoprènes (voir le ***Chapitre de M. Rohmer***) : elle réalise l'addition de quatre isoprènes (élongation) qui conduit au géranylgéraniol diphosphate (GGP), lequel est transformé en tricycle taxadiène, le tout étant effectué par une seule enzyme, la taxadiène synthétase ! Il s'agit-là d'une transformation que le chimiste n'a pas encore réussi à réaliser. Dans la plante, le DAB et le taxol sont formés *via* plusieurs réactions d'oxydation enzymatique du taxadiène et d'estérification, respectivement.

2.2.6. Tests de l'activité du taxol

Au cours des études de chimie médicinale, la structure du taxol a été modélisée en trois dimensions (***Figure 13*** en haut à gauche). On constate sur ce modèle que les groupements I, II et III du taxol, qui semblent éloignés les uns des autres sur la formule développée, sont en fait très proches les uns des autres d'après le modèle ; c'est cette proximité qui s'avère importante pour contribuer à l'activité du taxol.

Pour vérifier cela, les chimistes ont cherché à placer une autre molécule que la DAB au niveau de l'enzyme-cible du taxol (la tubuline β) : il peut s'agir d'une molécule qu'ils auront synthétisée avec un squelette identique à celui du taxol, mais beaucoup plus simple, ou encore un ensemble de

Figure 11

Voies de synthèse chimique biomimétique du taxol et de son dérivé le taxotère.

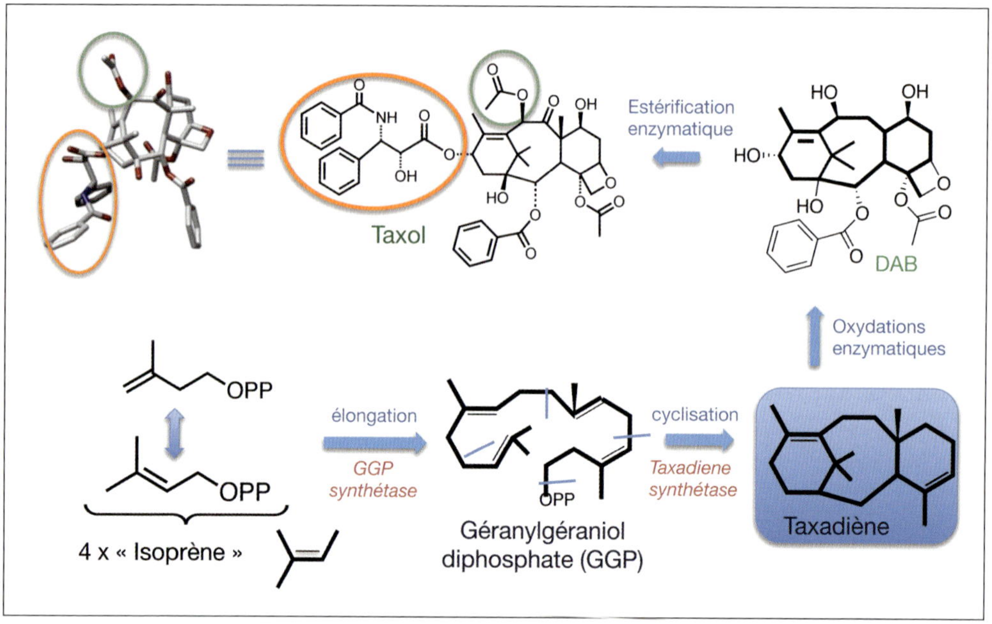

Figure 12

Biosynthèse du taxol via *la synthèse du taxadiène : la nature est plus « ingénieuse » que le chimiste !*

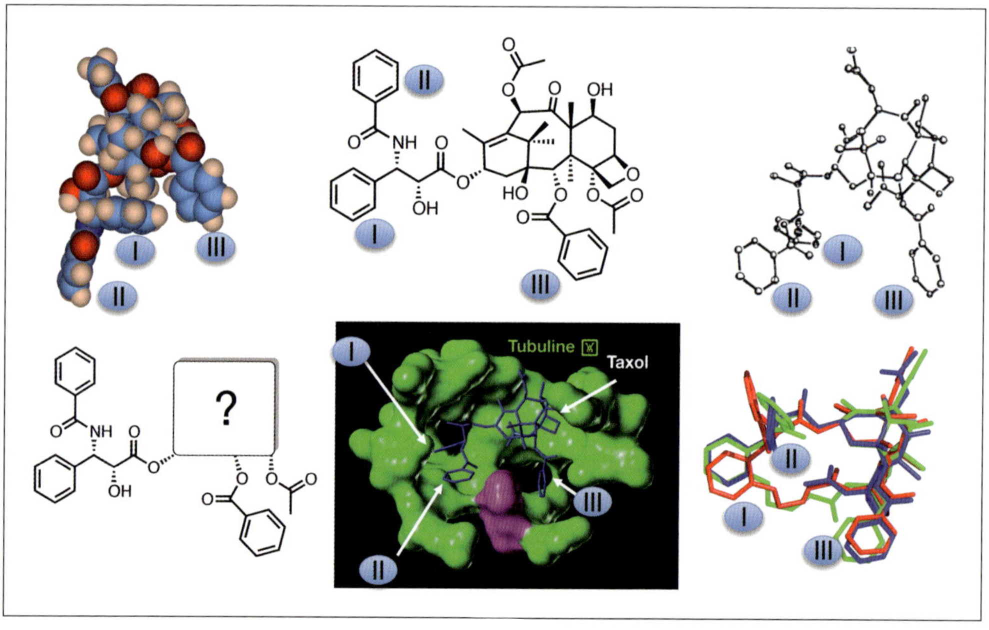

Figure 13

Étude en chimie médicinale de l'interaction du taxol et de modèles analogues avec la tubuline. La présence et la proximité des groupements I, II et III s'avère essentielle pour l'activité anticancéreuse du taxol.

groupements qui ont été liés entre eux pour les rigidifier et pour en optimiser l'activité (*Figure 13* en bas à droite) De nombreuses études ont été réalisées sur ce projet, et un grand nombre de produits se sont montrés effectivement très actifs sur la tubuline β.

2.3. La méiogynine

2.3.1. Étude de l'activité biologique

La méiogynine n'est pas un médicament à ce jour, mais elle a été étudiée récemment au laboratoire du fait qu'elle est l'une des rares molécules à interagir avec la protéine Bcl-xL, qui est anti-apoptotique[3]. L'équipe recherchait des molécules naturelles interagissant avec cette dernière, qui est surexprimée dans les cellules cancéreuses et qui peut se lier à une protéine pro-apoptotique BAK, l'ensemble des deux conduisant à l'arrêt de la division cellulaire, et donc à l'arrêt de la croissance de la tumeur.

L'idée était de trouver une molécule naturelle qui se mette à la place de la protéine pro-apoptotique et qui devienne donc un inhibiteur de l'interaction Bcl-xL/BAK, stimulant ainsi l'apoptose. Cette recherche a été effectuée sur la protéine Bcl-xL par criblage d'un ensemble de molécules naturelles, soit 6 400 extraits bruts issus de 3 200 plantes. Un extrait d'écorce de la plante *Meiogyne cylindrocarpa*, une plante de Malaisie appartenant à la famille des Annonaceae, répondait favorablement sur cet essai. Après purification de l'extrait, on a découvert cette nouvelle molécule appelée méiogynine, qui effectivement interagissait avec la protéine anti-apoptotique Bcl-xL (*Figure 14*).

Cependant, la méiogynine présente une activité plutôt modeste, et l'autre problème est qu'à l'endroit où elle avait été récoltée en Malaisie, une déforestation intense a eu lieu entre-temps. Entre alors en jeu le chimiste, qui cherche à synthétiser la molécule, voire à en modifier la structure en vue d'en optimiser l'activité.

2.3.2. Étude de la biosynthèse de la méiogynine

Tout comme le taxol, la méiogynine est un terpène ; les chimistes ont cherché à établir des hypothèses sur le mécanisme de sa biosynthèse dans la plante, afin de s'en inspirer pour en réaliser la synthèse chimique. Cette molécule pourrait provenir de la dimérisation de deux monomères, qui sont relativement semblables, et qui pourraient réagir par une réaction de Diels-Alder, comme nous savons qu'il existe dans la nature des enzymes capables de catalyser ce type de réaction (*Figure 15*). Cette hypothèse est confortée par le fait que

Figure 14

Recherche par phytochimie bioguidée d'inhibiteurs de la protéine anti-apoptotique Bcl-xL, surexprimée dans les cellules cancéreuses. Suite à de nombreux tests, la méiogynine s'est révélée capable d'inhiber l'interaction entre Bcl-xL et la protéine pro-apoptotique BAK.

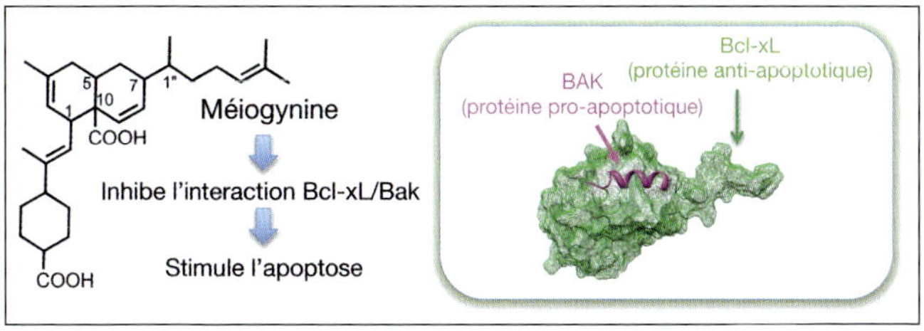

3. L'apoptose est la mort cellulaire programmée, un mécanisme naturel de destruction de cellules détériorées.

Figure 15

Hypothèse biogénétique pour la méiogynine en vue de sa synthèse biomimétique.

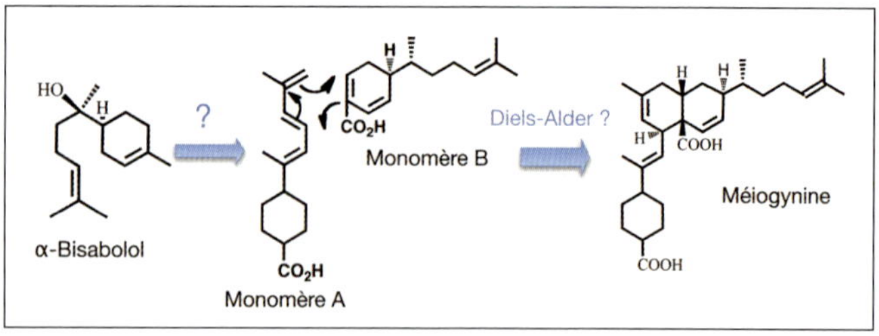

l'on a trouvé dans la plante la molécule α-bisabolol, qui serait peut-être un précurseur de ces monomères.

2.3.3. Synthèse chimique de la méiogynine

Partant de ces hypothèses, les chimistes ont entrepris la synthèse de la méiogynine, à partir de deux précurseurs naturels, le *R*-citronellal et le *S*-citronellal, deux molécules dites énantiomères car images l'une de l'autre dans un miroir, du fait des configurations opposées (*R*) et (*S*) de leurs carbones asymétriques : leurs propriétés chimiques sont identiques, mais leurs propriétés biologiques peuvent différer.

En quatre étapes, ces précurseurs ont été transformés en différents monomères B. Ces monomères ont ensuite été engagés chacun dans une réaction de Diels-Alder, et l'un d'entre eux a conduit avec succès à la méiogynine A (**Figure 16**).

Les trois autres monomères ont, quant à eux, conduit chacun à trois molécules qui diffèrent de la méiogynine A uniquement par la configuration des carbones asymétriques (les quatre molécules sont dites diastéréoisomères).

Figure 16

Synthèse biomimétique de la méiogynine A.

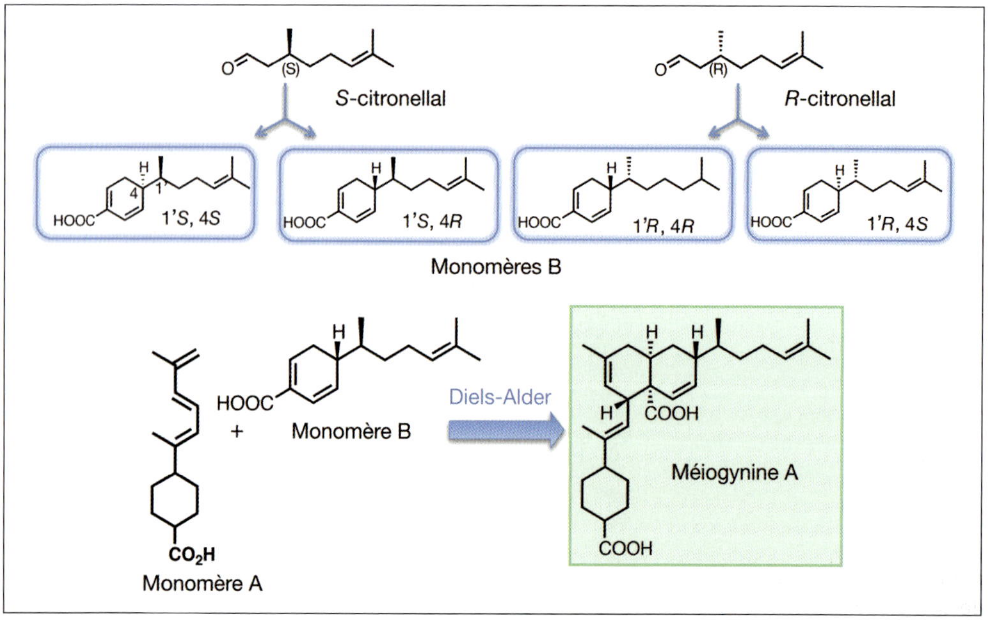

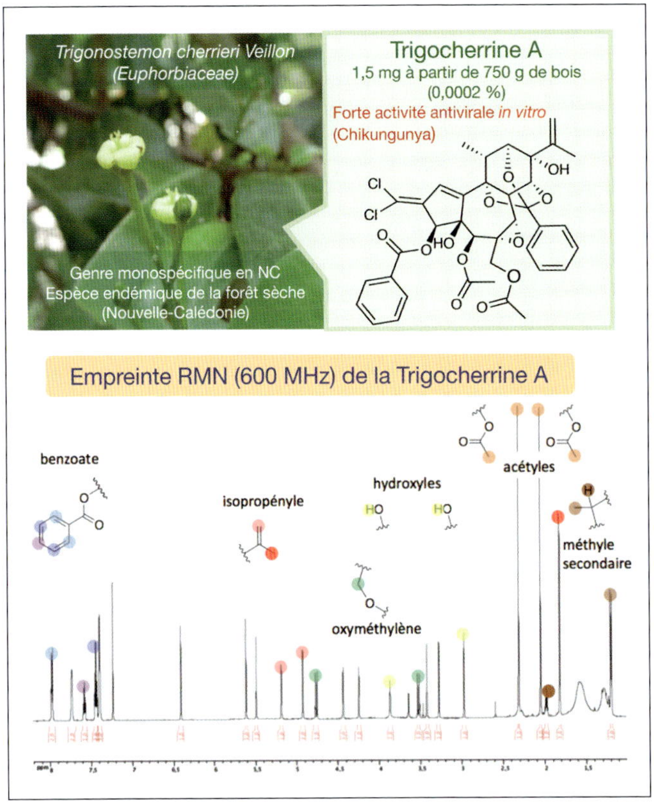

Figure 17

A) La trigocherrrine A a été extraite une fois à partir du Trigonostemon cherrieri*, espèce en voie de disparition selon la classification IUCN (International Union for Conservation of Nature) ; B) empreinte RMN de la trigocherrine A.*

2.3.4. Tests des activités biologiques

Les activités biologiques de ces quatre molécules ont été testées et l'une d'entre elles, qui n'a pour l'instant jamais été retrouvée dans la plante, a présenté une activité quatre fois supérieure à celle de la méiogynine A ! Ce qui montre bien l'importance de l'arrangement spatial des atomes dans l'activité biologique d'une molécule.

2.4. La trigocherrine

Un dernier exemple concerne une étude montrant que le botaniste et le chimiste peuvent apporter tous deux leur petite pierre à la préservation de la nature. Au Laboratoire de botanique de l'Institut de recherche pour le développement (IRD), J.-M. Veillon avait découvert par hasard en Nouvelle-Calédonie dans les années 1990 une espèce unique, *Trigonostemon cherrieri*, espèce endémique de la forêt sèche en voie de disparition aujourd'hui.

Les chercheurs ont voulu voir quels produits renfermait cette plante pour être capable de pousser dans la forêt sèche et résister à une multitude de micro-organismes entre autres. Une molécule a été trouvée en très faibles quantités : la trigocherrine A. Sa structure a pu être établie grâce à l'analyse par RMN, montrant que cette molécule est unique du fait qu'elle possède deux atomes de chlore sur une double liaison (*Figure 17*). Elle s'est par ailleurs avérée posséder une forte activité antivirale *in vitro*, et particulièrement sur le virus du Chikungunya.

Nous avions donc une nouvelle espèce et une nouvelle molécule. Il aurait été intéressant d'étudier toute cette famille de nouvelles molécules, mais la récolte de la plante n'est pas souhaitable puisqu'elle est protégée. Une fois de plus, l'intervention du chimiste en synthèse organique est essentielle pour contourner ce problème.

La nature, une source infinie de molécules et d'inspiration pour le chimiste

Nous l'avons vu, la biodiversité recèle encore d'immenses quantités de molécules inconnues des chimistes à ce jour, offrant un champ de recherche qui peut être considéré comme infini, tant que l'on peut continuer à l'explorer, à en extraire les molécules, à les caractériser et à en étudier les propriétés biologiques, ce travail allant de pair avec les progrès sans précédents de la biologie et de ses outils pour comprendre le fonctionnement du vivant, ses protéines, ses gènes, etc. (voir par exemple le ***Chapitre de P. Monsan***).

Ce champ de recherche est d'autant plus grand que le chimiste est capable de partir de structures connues de molécules naturelles, d'en réaliser des synthèses biomimétiques (au sujet du biomimétisme, voir aussi le ***Chapitre de C. Sanchez***), et souvent de les modifier à loisir pour en optimiser l'activité biologique recherchée, notamment dans la recherche de médicaments, produisant ainsi de nouvelles structures non encore identifiées dans la nature.

Au sujet des rapports existant entre le nombre de produits naturels et ce que le chimiste est capable de préparer, on a estimé qu'il existe environ deux cent mille molécules que la nature nous a offertes. Or, le nombre de molécules que l'on pourrait préparer avec onze atomes par exemple (en faisant abstraction des atomes d'hydrogène) a été évalué à plus de 26 millions, et en passant à treize atomes, on monte à 960 millions de molécules[4]. Parmi toutes ces possibilités, certaines pourraient devenir demain des médicaments efficaces contre des maladies comme le cancer ou encore la maladie d'Alzheimer...

Comme le nombre de structures de molécules offertes par la nature ou imaginables et synthétisables par le chimiste est quasi-infini, il est impératif de prendre en compte la gestion rationnelle des ressources naturelles pour permettre à la chimie de continuer à synthétiser des molécules à grande échelle. Pour faire face au problème de pénurie de ressources à venir d'ici une trentaine d'années, de nouvelles voies de recherche sont en cours, comme développé dans les ***Chapitres de P. Monsan, C. Rupp-Dahlem*** et ***J. Amouroux***. Nous y découvrons une nouvelle fois comment les chimistes interviennent en adoptant de nouvelles stratégies, et comment les collaborations pluridisciplinaires (biologie, physico-chimie, informatique, ...) se révèlent fécondes.

4. *Molécules virtuelles*, Journal Horizons du FNS, n°81, juin 2009.

Matériaux inorganiques et hybrides bio-inspirés

Clément Sanchez est professeur au Collège de France, directeur du Laboratoire Chimie de la matière condensée de Paris, une unité mixte CNRS-Université Paris VI-Collège de France, et membre de l'Académie des Sciences. Au cours de ses travaux, il observe en particulier les formes et structures des matériaux de la nature et s'en inspire pour développer de nouveaux matériaux.

Les approches modernes bio-inspirées et biomimétiques de la chimie des matériaux intègrent la « chimie douce » et des procédés d'élaboration chimiques et physiques très variés. Elles permettent de rendre compatibles les composantes organiques ou biologiques fragiles avec les composantes minérales plus robustes pour créer des matériaux hybrides à structures hiérarchiques totalement originaux.

Cette chimie des matériaux est une science d'interfaces particulièrement intéressante permettant non seulement de dépasser les dichotomies habituelles entre chimie, biologie, physico-chimie, physique et ingénierie, mais aussi de générer de nouvelles stratégies de synthèse basées sur un codage chimique de plus en plus précis.

Ces stratégies bio-inspirées sont en train de donner naissance à une véritable « chimie vectorielle » assemblant des édifices variés (nanoparticules, clusters, nanocomposites hybrides) dans des architectures hiérarchisées et multifonctionnelles de plus en plus complexes qui ouvriront sans aucun doute un jour la porte à des matériaux encore plus originaux, entièrement recyclables, autoréparables et pourquoi pas autoréplicables.

Dans cette science essentiellement pluridisciplinaire, il nous faut aborder les approches

Figure 1

À l'école de la nature, nous apprenons la créativité et la complexité de sa chimie pour s'en inspirer dans les développements des matériaux de la vie quotidienne :
A) profil du TGV Shikansen, inspiré du profil du martin-pêcheur ;
B) effet peau de requin utilisé pour des maillots de bain de compétition ;
C) bionic de Mercedes inspiré par le poisson-coffre.

« bio-inspirés » et « biomimétiques » des matériaux avec beaucoup d'humilité, car depuis 3,8 milliards d'années, la nature a acquis une expérience que nous n'avons pas. Elle nous donne des leçons de durabilité sur de nombreux aspects[1] :

- « elle n'utilise que l'énergie dont elle a besoin (sa source principale est le soleil) ;
- elle adapte la forme à la fonction ;
- elle recycle tout ;
- elle parie sur la biodiversité ;
- elle travaille à partir des expertises locales ;
- elle limite les excès de l'intérieur ;
- elle utilise les contraintes comme source de créativité ».

1. Ces aspects ont été cités dans l'ouvrage : Benyus J. (2011). Biomimétisme, ed. DD.

La nature nous donne clairement des leçons de multidisciplinarité qui sont une véritable source d'inspiration. Aujourd'hui nous apprenons « à l'école du vivant » comment développer une « chimie douce », biomimétique (partie 2) ou bio-inspirée (partie 3), afin de concevoir des matériaux hybrides originaux dont les propriétés d'usage envahissent peu à peu notre quotidien[2].

La nature nous donne des leçons de multidisciplinarité et d'humilité

2. Sanchez C., Belleville P., Popall M., Nicole L. (2011). Applications of Advanced Hybrid Organic-Inorganic Nanomaterials : from Laboratory to Market », *Chemical Society Reviews*, **40** : 696.

1 La chimie douce à l'école du vivant

1.1. Des matériaux quotidiens inspirés de la nature

Ce retour à l'école du vivant a permis de développer de nombreux matériaux biomimétiques ou bio-inspirés bien connus. Afin d'illustrer la réussite de ces approches, nous pouvons citer les exemples suivants, dont certains seront développés par la suite (***Figure 1***) :

– le profil du TGV Shikansen, inspiré du profil du martin-pêcheur pour diminuer les effets de choc lors de la pénétration dans un milieu différent (***Figure 1A***) ;

– l'effet peau de requin utilisé pour des maillots de bain de

Figure 1

(suite)
D) les cristaux photoniques inspirés des ailes de papillons ;
E) le velcro inspiré de la fleur de bardane.

compétition[3] dans lesquels les forces de frottement sont diminuées (*Figure 1B*) ;

- la forme du poisson-coffre qui a inspiré le bionic de Mercedes pour diminuer sa consommation énergétique (*Figure 1C*) ;
- les cristaux photoniques inspirés des structures géométriques des ailes de papillons responsables de leurs magnifiques couleurs (*Figure 1D*) ;
- les nanocomposites inspirés de l'os compact ou de la nacre des coquillages ;
- les hybrides auto-assemblés inspirés de la carapace du crabe (voir la *Figure 6*) ;
- les hybrides autoréparables inspirés du byssus des moules ;
- le velcro inspiré de la fleur de bardane (*Figure 1E*) ;
- les nouveaux adhésifs inspirés de la structure des pattes du lézard gecko (voir l'introduction d'*A. Lattes*) ;
- les diatomées avec leurs structures hiérarchiques poreuses intéressantes pour les capteurs et la catalyse ;
- le fil d'araignée intéressant pour ses extraordinaires propriétés mécaniques.

1.2. Des matériaux hybrides organiques et minéraux

Nous savons que les composantes minérales et les composantes organiques ou biologiques ont des propriétés très différentes :

- les céramiques, les verres ou la craie sont durs et cassants, alors que de nombreux composés organiques ou biologiques sont plutôt plastiques et élastiques ;
- ce qui est minéral a généralement une stabilité thermique et temporelle élevée. Cette stabilité est plus faible pour les composés organiques, mais il existe des processus d'autoréparation, et en particulier, la chimie organique et la biologie utilisent avec intelligence des processus de reconnaissance.

Les nombreux exemples cités nous montrent que la nature a su depuis longtemps effacer la dichotomie entre la chimie organique et la chimie minérale quand elle élabore ses matériaux. En effet, elle sait sans problème hybrider les propriétés antagonistes des composantes organiques et minérales quand elle élabore certains biomatériaux et des nanocomposites[4] **organo-minéraux**, qui sont particulièrement performants. Elle effectue la plupart des réactions à température ambiante et minéralise des assemblages organiques constitués de biopolymères (protéines, polysaccharides[5]), comme illustré dans les exemples suivants :

- les cuticules de crustacés (leurs couches externes), dans lesquelles la partie minérale est du carbonate de calcium $CaCO_3$ et la partie organique qui constitue le gabarit est

3. Voir aussi *La Chimie et le sport*, coordonné par M.-T. Dinh-Audouin, R.A. Jacquesy, D. Olivier et P. Rigny, EDP Sciences, 2010.

4. Un nanocomposite est une solide constitué de plusieurs phases dont au moins l'une des dimensions est plus petite que cent nanomètres (1 nanomètre = 10^{-9} mètre).

5. Un polysaccharide est une macromolécule polymère constituée de l'enchaînement d'unités d'« oses » (sucres), telles que le glucose, le fructose, le ramanose, etc.

principalement de la chitine, qui est un polysaccharide, et des protéines (voir le paragraphe 3.1 et la ***Figure 6***) ;

– l'os humain, qui pour l'essentiel est du phosphate de calcium associé à une protéine principale, le collagène.

1.3. L'hybridation des matériaux dans la nature : une approche ascendante

La nature élabore des matériaux hybrides, selon une **approche ascendante**. En effet, tous les processus d'assemblage démarrent à une petite échelle (moléculaire ou macromoléculaire), et génèrent des structures et textures organisées en deux et trois dimensions qui servent de moules ou de gabarits (« template » en anglais). Ces organisations supramoléculaires sont couplées à des processus de minéralisation qui ont lieu bien entendu à température ambiante, de manière à ne pas détruire ces assemblages et leurs constituants organiques ou biologiques fragiles.

Si nous voulons ainsi nous inspirer de la nature, il faut tenir compte de ces concepts simples et élaborer des matériaux *via* une **approche chimique douce**[6], permettant d'effectuer la minéralisation à des températures compatibles avec le monde organique et biologique. Ceci peut être réalisé en partant d'espèces moléculaires réactives et faciles à hybrider. La minéralisation peut avoir lieu par précipitation ou polycondensation de sels métalliques, ou de petites molécules telles que les alcoxydes métalliques et les alcoxydes organo-modifiés, comme les organosilanes (voir plus bas).

1.4. Place à la chimie douce

Un exemple de processus simple de synthèse chimique douce peut être donné dans l'hydrolyse et la condensation de systèmes organo-siliciques, où le groupement R-Si(OR)$_3$ (en bleu sur la ***Figure 2***) constitue le précurseur du réseau silicate, la partie minérale de l'hybride (en bleu, ***Figure 2***). Les groupements Si-OR du silicium réagissent avec l'eau à température ambiante pour former des groupements réactifs Si-OH, conduisant à des précurseurs à base d'acide organo-silicique (***Figure 2A***). Ces unités se condensent ensuite progressivement pour former des réseaux de silicates formés d'enchaînements de tétraèdres dont les connectivités sont proches de celles que l'on obtient dans les verres (***Figure 2B***). Si la polymérisation se poursuit, elle conduit à la formation de dispersions colloïdales[7] (sols), de gels ou de précipités qui peuvent être mis, par exemple sous la forme de poudres, de pièces monolithiques ou de films.

Il est ainsi possible de développer *via* cette chimie douce toute une série de polymères hybrides organo-minéraux possédant des structures et des fonctionnalités originales et très variées (***Figure 3***). Les

6. Voir : Livage J., *Vers une chimie écologique*, Le Monde, 26 octobre 1977.

7. Un colloïde dans un fluide forme une dispersion homogène de particules de dimensions nanométriques.

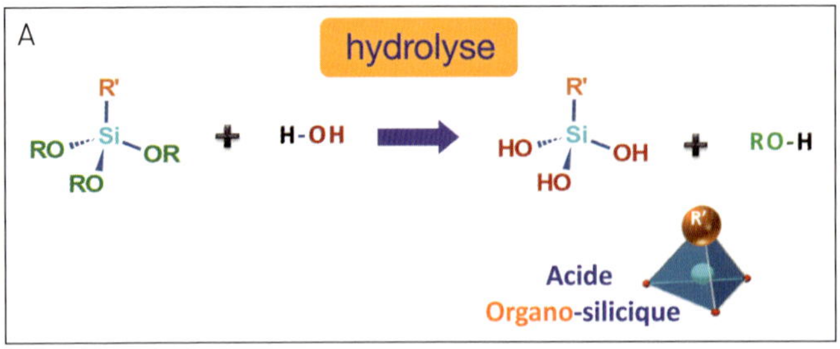

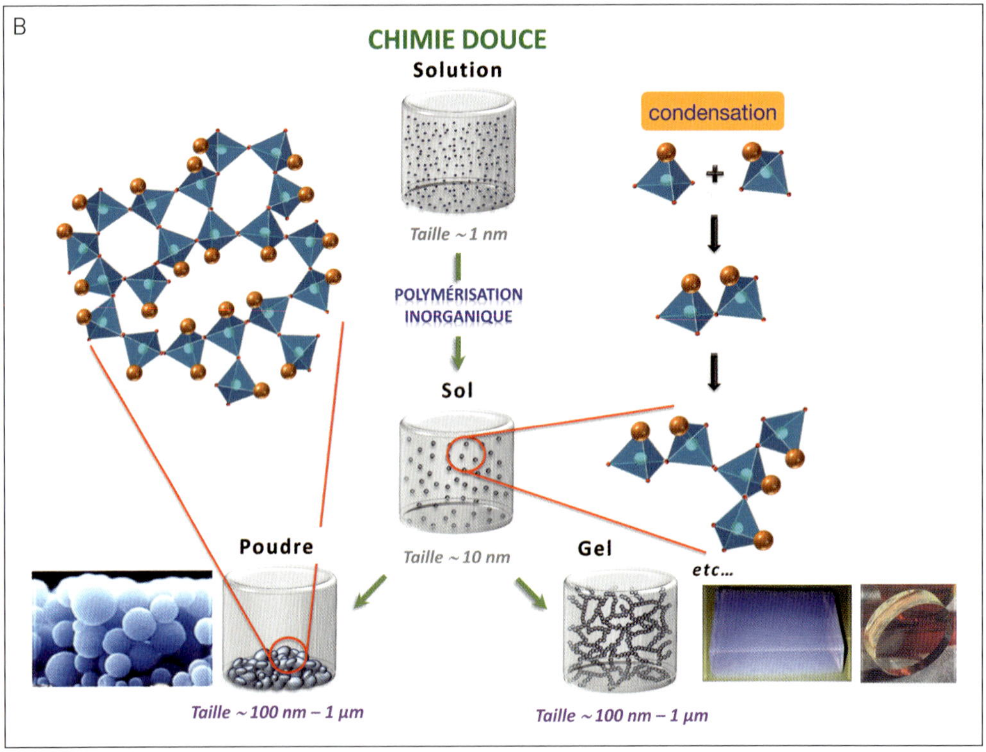

Figure 2

Chimie douce pour la formation de matériaux hybrides par hydrolyse et condensation de systèmes organo-siliciques.
A) Synthèse de précurseurs moléculaires hybrides organo-siliciques par hydrolyse dans l'eau (la partie organique est en orange et la partie minérale (silicique) est en bleu) ; B) polymérisation des précurseurs dans des conditions douces et formation de réseaux, conduisant à des matériaux hybrides organo-siliciques.

applications potentielles de ces polymères hybrides dépendent à la fois de la structure et composition du réseau minéral et de la nature des fonctions organiques R', que l'on peut choisir sur mesure. La ***Figure 3*** montre quelques exemples de groupements organiques dont la fonctionnalité a été ajustée de manière à répondre à des propriétés spécifiques. Ces fonctions R' peuvent aussi être des fragments biologiques, et la minéralisation doit être dans ce cas réalisée dans des conditions où les différentes composantes du système sont compatibles avec le milieu réactionnel, et en particulier le solvant.

Aujourd'hui, le chimiste des matériaux à l'école du vivant utilise trois principales stratégies d'élaboration :

– utiliser simplement le savoir-faire de la nature en

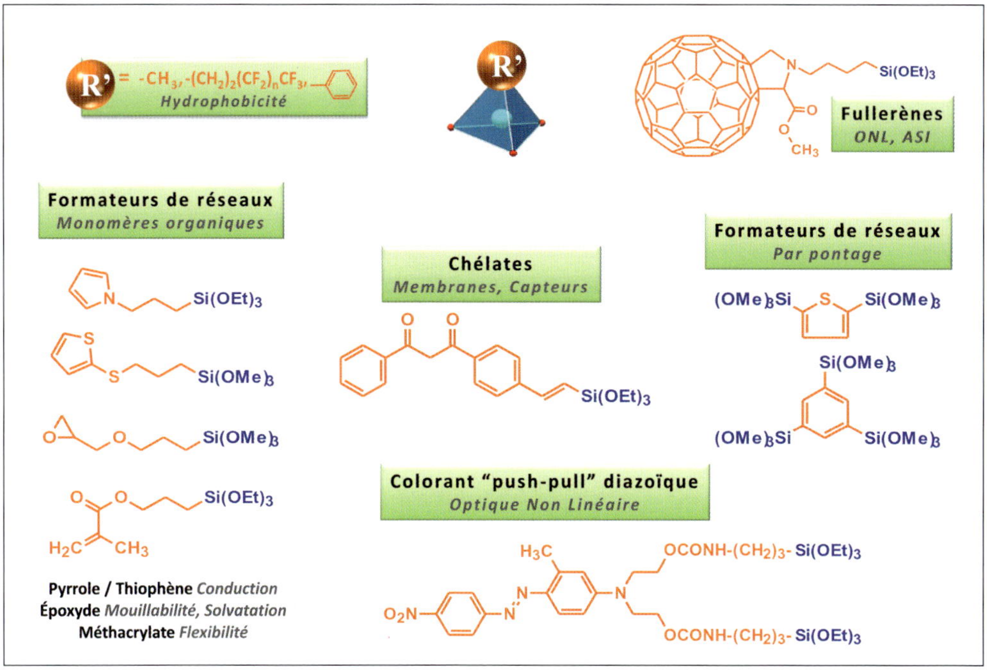

encapsulant une biocomposante dans une matrice minérale pour la stabiliser et la faire travailler avec un meilleur rendement (par exemple utiliser une enzyme comme biocatalyseur). On peut par exemple fabriquer du biodiesel grâce à ces biocatalyseurs à base de lipases encapsulées dans des monolithes de silice hybridée[8] ;

– suivre une approche biomimétique (partie 2) ou une approche bio-inspirée (partie 3).

8. Brun N. *et coll.* (2012). Enzyme-Based Hybrid Macroporous Foams as Highly Efficient Biocatalysts Obtained through Integrative Chemistry, *Chemistry of Materials*, **22** : 4555-4562 ; Brun N., Babeau-Garcia A., Achard M.-F., Sanchez C., Durand F., Laurent G., Birot M., Deleuze H., Backov R. (2011). Enzyme-Based Biohybrid Foams Designed for Continuous Flow Heterogeneous Catalysis and Biodiesel Production, *Energy Environ. Sci.*, **4** : 2840-2844.

2 Le biomimétisme, ou comment copier un concept pour obtenir la même finalité que celle de la nature

L'exemple le plus connu est celui de la feuille de lotus, que l'eau ne mouille pas. Ce non-mouillage est visualisé par des angles de contact sur les feuilles très élevés, supérieurs à 150° (***Figure 4A***). Cette propriété est le résultat de deux facteurs : une texture micronique particulière, bien agencée et associée à un revêtement hydrophobe (= qui n'aiment pas l'eau) (***Figure 4B***).

L'approche biomimétique pour fabriquer un tel matériau hydrophobe consiste à construire d'abord un réseau de plots, par exemple en verre (***Figure 4C***), en ajustant la distance entre les

Figure 3

Les chimistes sont capables de créer de multiples composés hybrides organo-minéraux avec une grande richesse de fonctionnalités organiques R' (en orange), pour conduire à diverses applications : place à l'imagination !

Figure 4

Le biomimétisme : copier un concept pour une finalité identique. Exemple de la feuille de lotus. A) Les feuilles de lotus ne sont pas mouillées par l'eau, du fait de leurs structures microniques et un revêtement hydrophobe (B, C). Les chimistes savent mimer ces structures avec un réseau de plots (D) en vue de développer des revêtements hydrophobes.

plots à l'échelle micronique afin de copier, même grossièrement, la texture de la feuille de lotus. Ce réseau de plots est ensuite recouvert de molécules organosiliciques R'Si(OEt)$_3$, où R' est une chaîne carbonée fluorée hydrophobe (**Figure 5**). Les fonctions alcoxyle (OEt) vont réagir avec le verre *via* des réactions d'hydrolyse et de condensation, tandis que la chaîne R' fortement hydrophobe et ne réagissant pas avec le verre va optimiser son énergie en se positionnant vers l'air.

Ces chaînes fluorées, greffées sur ces verres microtexturés, permettent de réaliser des revêtements biomimétiques hydrophobes qui forment avec l'eau des angles de contact de 160 à 170°, analogues à ceux observés sur les feuilles de lotus, ce qui est énorme comparé à ceux observés sur d'autres surfaces fortement hydrophobes comme celles des poêles en téflon où l'angle de contact n'est que de 107°.

Par ailleurs, la nature du groupe organique R' permet de moduler la fonctionnalité de la couche hybride : s'il contient des groupes hydrophiles comme des groupes amines, on obtient alors une surface hydrophile et des mouillages parfaits.

Le biomimétisme de l'effet lotus trouve des applications intéressantes. Ces verres traités peuvent en effet être utilisés comme pare-brise de voitures, les revêtements hydrophobes ayant des propriétés anti-pluie, tandis que les revêtements hydrophiles permettent d'obtenir des propriétés anti-buée.

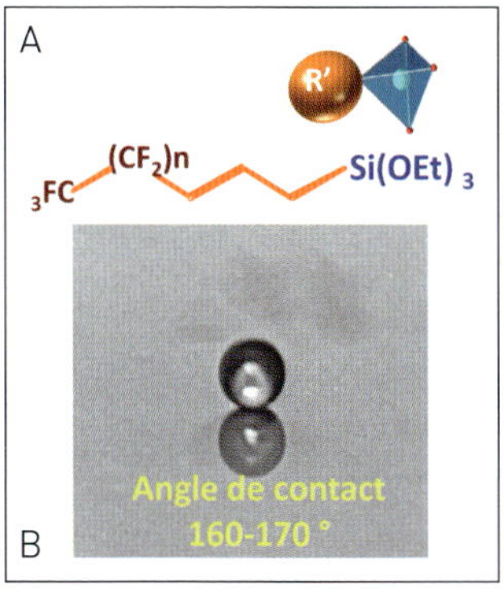

Figure 5

Hybride organo-silicique (partie organique R', en orange : chaîne carbonée fluorée) pour mimer l'effet lotus.

3 La bio-inspiration, ou comment utiliser un concept de la nature

Contrairement au biomimétisme, la bio-inspiration ne correspond pas à une copie proche mais au décodage d'un concept de construction utilisé par la nature, et à son extrapolation pour la fabrication de matériaux originaux présentant d'autres propriétés et applications, souvent différentes de celles développées par la nature.

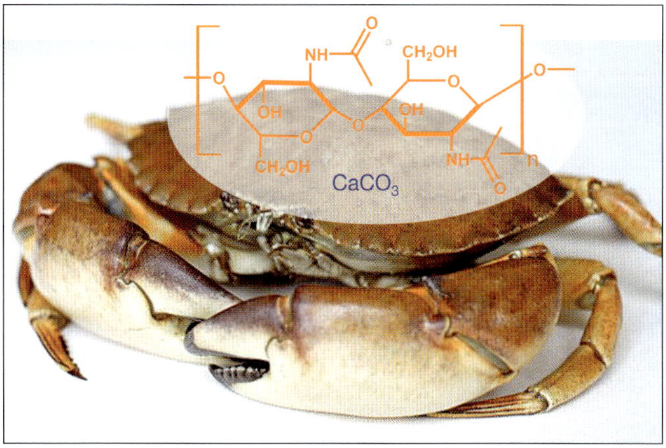

Figure 6

La carapace de crustacés tels que le crabe est un matériau hybride constitué de chitine (partie organique, en orange) et de carbonate de calcium $CaCO_3$ (partie minérale).

3.1. La carapace de crustacés un beau modèle pour la chimie bio-inspirée

Afin d'illustrer ce que peut être une **approche bio-inspirée**, prenons l'exemple du matériau constituant la cuticule des crustacés tels que le crabe (***Figure 6***). Cette carapace est constituée d'un nanocomposite hybride composé de biopolymères, principalement de la chitine et de quelques protéines, et de carbonate de calcium $CaCO_3$. La chitine (polyacétylglucosamide), le biopolymère, est produit par les cellules de l'épiderme. Les chaînes de chitine moléculaire s'associent par groupes d'environ vingt, pour former de longues unités cristallines d'un diamètre proche de 2 nm. Ces unités cristallines s'associent avec des protéines pour former des microfibrilles, qui à leur tour s'associent en structures tubulaires fortement anisotropes dont l'assemblage

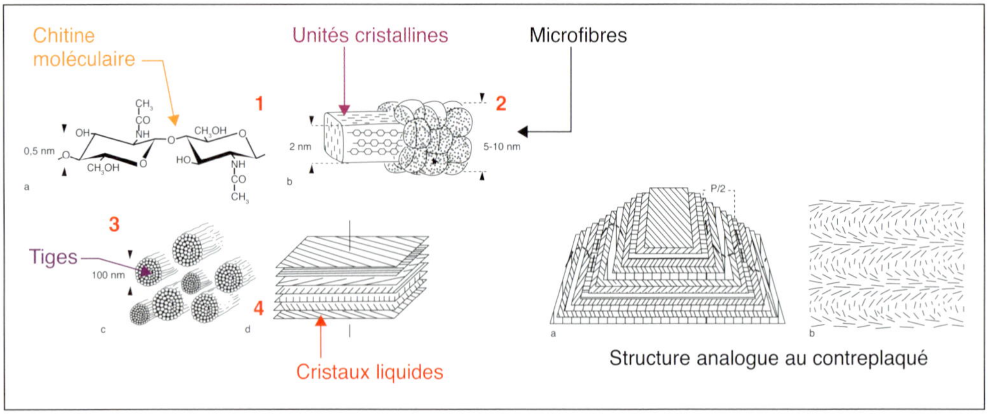

Figure 7

Auto-assemblage et hiérarchisation de l'hybride chitine/$CaCO_3$, en quatre étapes, pour former en contreplaqué : 1) assemblage de 18-25 chaînes de chitine moléculaire en longues unités cristallines de 2 nm diamètre ; 2) formation de microfibres de 5-10 nm de diamètre à partir des unités cristallines et de la chitine ; 3) assemblage de microfibres en tiges de diamètres 100 nm ; 4) assemblage des tiges sous forme de cristaux liquides.

génère des structures analogues à celles des cristaux liquides[9,10].

Les coupes obliques des tissus organiques déminéralisés observées par microscopie électronique mettent en évidence des structures nettement poreuses en forme d'arceaux emboîtés caractéristiques de structures de type contreplaqué, structures issues de l'empilement cristal liquide des microfibrilles de chitine. La chitine étant porteuse de carbones chiraux, les cristaux liquides obtenus s'organisent en phases cholestériques (arrangement périodique en hélices). C'est donc, à température ambiante, dans ce moule de chitine ou gabarit bio-organique obtenu par auto-assemblage et structuré sous la forme de cristaux liquides cholestériques (***Figure 7***), qu'a lieu le processus de biominéralisation, la croissance de nanocristaux de carbonate de calcium conduisant à la formation d'un nanocomposite hybride constituant la carapace des crustacés. La source de calcium vient de l'eau de mer alors que le carbonate est obtenu à partir du gaz carbonique.

Illustrons ce que peut être une démarche bio-inspirée. Reprenons quelques mots-clés de ce processus : température ambiante, auto-assemblage de molécules ou de macromolécules, formation de phase cristal liquide, processus de minéralisation et obtention d'une phase hybride nano-structurée. À partir de ce nano-composite, dans une seconde étape, une porosité peut être générée par retrait de l'une des composantes, c'est ce que nous voyons en microscopie dans les coupes des tissus déminéralisés (voir la ***Figure 7***).

Nous voyons ici que la déminéralisation conserve le gabarit organique, mais on peut aussi imaginer l'inverse : éliminer la matière organique et garder la matière minérale structurée et poreuse, ce qui va permettre de générer des propriétés très intéressantes.

9. Un cristal liquide est un état de la matière qui combine des propriétés d'un liquide conventionnel et celles d'un solide cristallisé.
10. Giraud-Guille M. M, p. 47, dans *Biomimétisme et Matériaux*, C. Sanchez coordinateur, OFTA, Arago 25, Tec et Doc, 2001.

3.2. Le savon forme des cristaux liquides

Les molécules les plus simples connues pour leurs propriétés d'auto-assemblage sont les tensioactifs tels que les savons, qui forment dans l'eau des micelles qui emprisonnent les graisses et permettent ainsi leur élimination. Un savon est une molécule amphiphile qui possède une partie qui aime l'eau, la tête polaire, et une partie qui n'aime pas l'eau mais qui aime la graisse/l'huile, la queue organique hydrocarbonée (*Figure 8A*). Ces molécules amphiphiles, en fonction de leurs structures, des surfaces et volumes occupés par la tête polaire et la queue non polaire, et de la concentration, s'auto-assemblent en agrégats micellaires qui exposent les têtes polaires vers l'eau, évitant le contact entre l'eau et la chaîne hydrophobe. Ces agrégats peuvent être sphériques, cylindriques, ou organisés sous la forme de structures cristal liquide bi- ou tri-dimensionnelles, lamellaires, hexagonales, cubiques, bi-continues... (*Figure 8B*). Par exemple lorsque la concentration augmente, les micelles cylindriques se rapprochent et s'auto-assemblent pour former des phases cristal liquide de structure hexagonale (*Figure 9*). C'est un phénomène bien connu de tous, et que l'on observe lorsque l'on force l'assemblage d'objets allongés. Une image qui nous est familière est celle de troncs d'arbres localement organisés flottant sur un plan d'eau (*Figure 10*). Nous possédons donc le premier élément du puzzle, « le gabarit organique » structuré en forme de cristaux liquides hexagonaux par exemple.

La seconde étape va donc consister à coupler ces phases cristal liquide avec

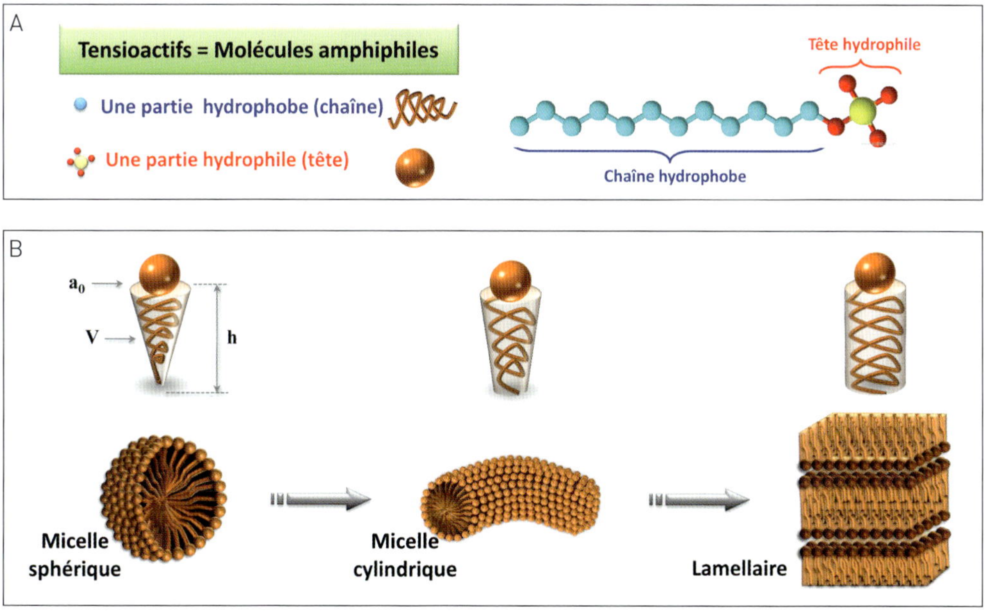

Figure 8

A) Les molécules amphiphiles sont constituées d'une chaîne hydrophobe et d'une tête hydrophile ; B) selon leur géométrie et leur concentration, ces tensioactifs s'auto-assemblent en différentes formes possibles de micelles.

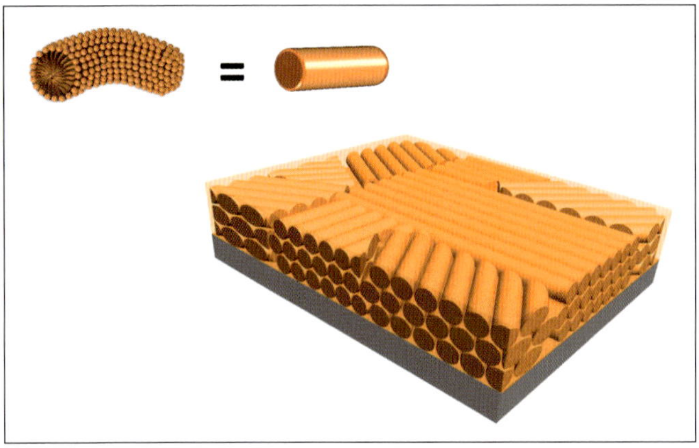

Figure 9

Organisation de micelles cylindriques en phase hexagonale de cristaux liquides.
Ces mésophases (intermédiaire entre liquide isotrope et solide cristallin) organiques vont servir de « gabarit (ou moule) supramoléculaire » dans lesquels une minéralisation peut avoir lieu.

Figure 10

Flottage du bois près de Port Gentil (Gabon), province Ogooué-Maritile.

un processus de minéralisation par précipitation ou polycondensation.

3.3. Des matériaux mésoporeux bio-inspirés

C'est un mode de construction analogue qui est utilisé dans la synthèse des matériaux mésoporeux nanostructurés, découverts dans les années 1990[11]. Détaillons rapidement quelques-unes des étapes de ce mode de synthèse. La mise en contact de précurseurs moléculaires de type alcoxyde et de tensioactifs (de savons) conduit, *via* un processus d'auto-assemblage coopératif, à la formation de cristaux liquides hybrides (***Figure 11***). La polymérisation minérale se développe à l'interface située entre les têtes polaires des molécules de savons constituant les micelles et l'eau. Cette minéralisation autour des micelles cylindriques conduit à l'obtention d'une phase hybride intermédiaire de structure bien définie, hexagonale dans l'exemple qui est illustré. Cette phase est composée d'un cœur mou constitué des micelles et d'une enveloppe continue qui durcit grâce à la polymérisation minérale. Dans une seconde étape, les micelles de savon peuvent être éliminées par simple lavage, révélant ainsi une porosité parfaitement calibrée emprisonnée par la charpente minérale. La taille des pores peut être calibrée entre de 2 à 20 nm et correspond environ au diamètre des micelles qui lui-même dépend de la taille de la molécule de savon ou plus généralement de la taille de la molécule ou macromolécule amphiphile sélectionnée pour construire le matériau. La phase finale obtenue peut être entièrement minérale, de la silice ou un oxyde métallique par exemple. Par contre, il suffit de changer la structure molécu-

11. T. Yanagisawa, T. Shimizu, K. Kuroda et C. Kato (1990) et C.T. Kresge, M.E. Leonowicz, W.J. Roth, J.C. Vartuli et J.S. Beck (1992).

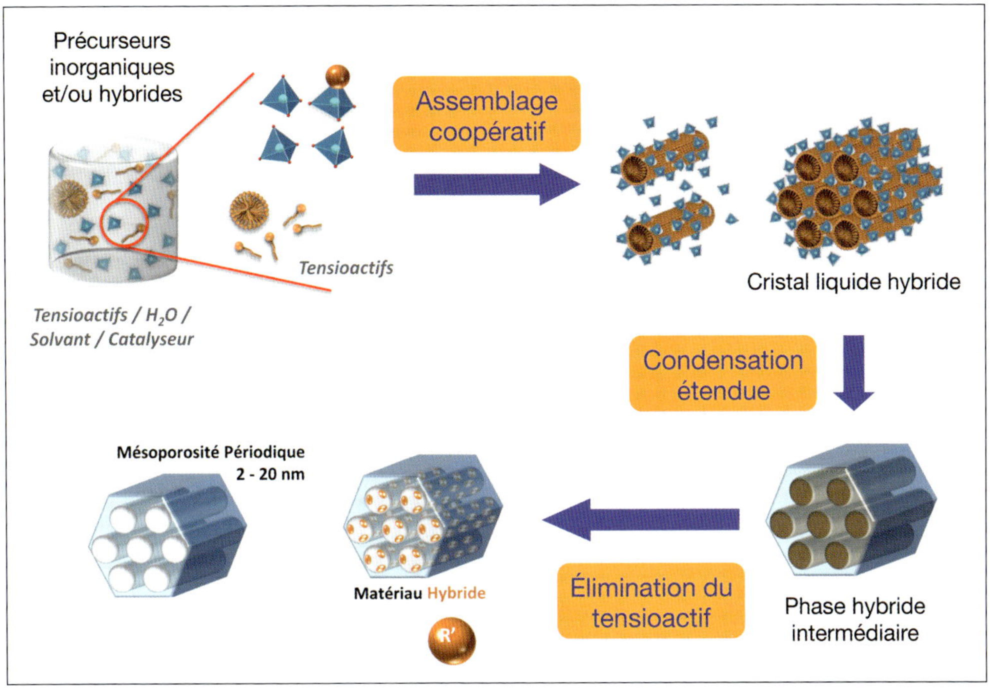

Figure 11

Processus de formation de mésophases hybrides dans les matériaux mésoporeux.

laire du précurseur de départ, en prenant par exemple, un organosilane porteur d'une composante organique sélectionnée, et l'on obtient un matériau mésoporeux hybride. Les structures résultantes étant périodiques avec une alternance de matière et de trous, les matériaux obtenus diffractent les rayonnements dont la longueur d'onde est de l'ordre de grandeur de la périodicité. Par conséquent ces matériaux, soumis à un rayonnement X, présenteront des diffractogrammes caractéristiques de la structure obtenue soit hexagonale, cubique, quadratique etc. La caractérisation des matériaux mésoporeux est souvent complétée par des isothermes d'adsorption de gaz et d'observations par microscopie électronique en transmission. Ces stratégies permettent d'accéder à une grande diversité de structures qui présentent des réseaux poreux avec des connectivités différentes[12].

Ces systèmes mésoporeux périodiques et bien organisés présentent des surfaces intéressantes. Ces surfaces peuvent selon les précurseurs de départ être totalement minérales ou partiellement fonctionnalisées avec n'importe quel type de fonction organique R', comme celles présentées en exemple dans la **Figure 3**.

La périodicité à l'échelle nanométrique de ces réseaux poreux peut être caractérisée

12. *Chimie des matériaux hybrides*, dans Chimie des matériaux hybrides, Paris, Collège de France/ Fayard (« Leçons inaugurales », 218), 2012 [En ligne], mis en ligne le 18 avril 2012, consulté le 02 mai 2012. URL : http://lecons-cdf.revues.org/493 ; DOI : 10.4000/ lecons-cdf.493).

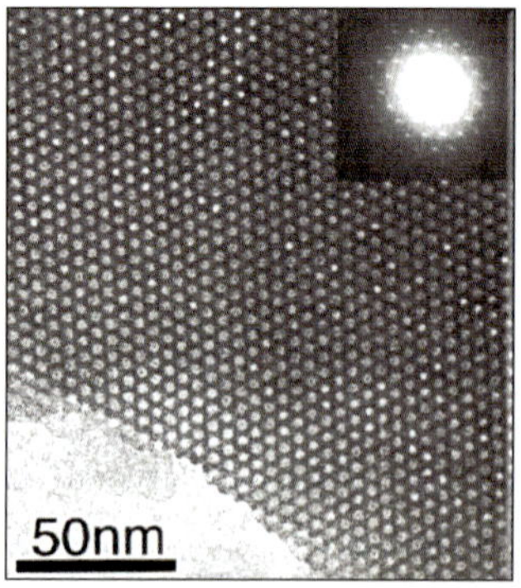

Figure 12

Vue d'un matériau mésoporeux par microscopie électronique : ce qui est plein apparaît en noir et ce qui est vide apparaît en blanc.

par diffraction des rayons X, et mieux encore par microscopie électronique (***Figure 12***). Les clichés de microscopie mettent clairement en évidence les structures régulières de mésopores (en clair) et de matière (en noir) (***Figure 12***).

À partir du moment où l'on crée des matériaux fortement divisés, que ce soit sous forme de petites particules nanométriques ou de solides nanoporeux, on génère de grandes surfaces et l'on exalte leur réactivité. Ces matériaux mésoporeux trouvent ainsi des applications dans de nombreux domaines tels que les membranes, les catalyseurs, les capteurs ou encore les absorbeurs.

Un exemple d'application peut être trouvé dans des hybrides mésoporeux organo-minéraux dont la composante organique peut servir de capteur. La Fonction de Reconnaissance sélectionnée (notée FR) est une β-dicétone aromatique (***Figure 13***), choisie pour être un complexant sélectif du trifluorure de bore BF_3, un gaz très toxique utilisé dans l'industrie micro-électronique, et qu'il est intéressant de pouvoir détecter pour des raisons de sécurité. Cette fonction de reconnaissance est tout d'abord greffée au précurseur. Après polycondensation de ce précurseur hybride en présence de micelles, puis lavage du savon, on obtient une réplique sous forme de film de silice hybride dont la structure mésoporeuse est illustrée par ce cliché de microscopie électronique. Ce matériau contient les fonctions de reconnaissance dans des pores de 3 nm de diamètre. À l'intérieur de cette porosité, les greffons hôtes sont prêts à accueillir la molécule invitée que l'on souhaite détecter. Dans le

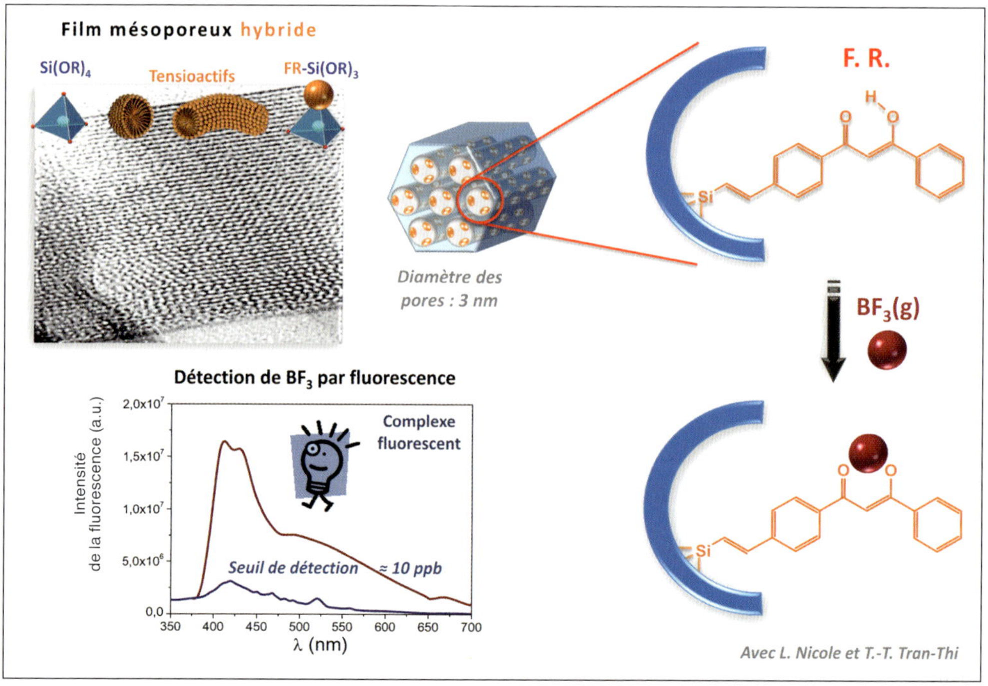

Figure 13

Utilisation d'un hybride mésoporeux comme capteur de molécules toxiques (BF_3).

cas présent, cette β-dicétone aromatique va émettre une information mesurable, une luminescence très nette, dès que le complexe fluoroboré se forme par réaction de la fonction de reconnaissance avec BF_3. Cette méthode simple permet, *via* le choix d'une fonction de reconnaissance adaptée au polluant ciblé, d'élaborer des capteurs optiques, sélectifs et très sensibles avec un seuil de détection de l'ordre de 10 ppb. Ce seuil de détection est suffisamment faible pour que cet ensemble constitue un capteur capable de détecter BF_3 à des concentrations inférieures au seuil de toxicité.

Les matériaux mésoporeux peuvent servir à bien d'autres applications. Par exemple, ceux qui ne comportent que des parties minérales résistent à des températures plus élevées. En particulier les matériaux mésoporeux à base d'oxyde de titane sont très connus et très utilisés. L'oxyde de titane est un semi-conducteur : on peut y générer des porteurs de charge par irradiation par un rayonnement électromagnétique dans les longueurs d'onde se situant dans la partie ultraviolette du spectre visible. Les porteurs de charge photogénérés sont très réactifs et peuvent conduire à des réactions d'oxydo-réduction ayant des applications intéressantes pour la dépollution[13]. Ce pouvoir photo-oxydant trouve aussi des applications dans les systèmes anti-salissures et anti-bactéries.

Citons par ailleurs l'exemple des vitrages autonettoyants de l'Opéra de Pékin. Ils sont à base d'oxyde de titane, non mésoporeux organisés dans ce cas, mais ont été mis en œuvre grâce aux méthodes de la chimie douce (***Figure 14***).

Enfin, notons que de nombreux matériaux du vivant présentent des structures poreuses hiérarchiques et multifonctionnelles. Un exemple est celui des diatomées, ces algues unicellulaires protégées par une coquille de silice présentant des porosités à plusieurs échelles (***Figure 15***). C'est le couplage de toutes ces fonctionnalités et de la structure hiérarchique qui permet souvent d'optimiser les propriétés d'usage des matériaux du vivant. En s'inspirant de ces

Figure 14

Vitrages autonettoyants du grand théâtre national de Pékin.

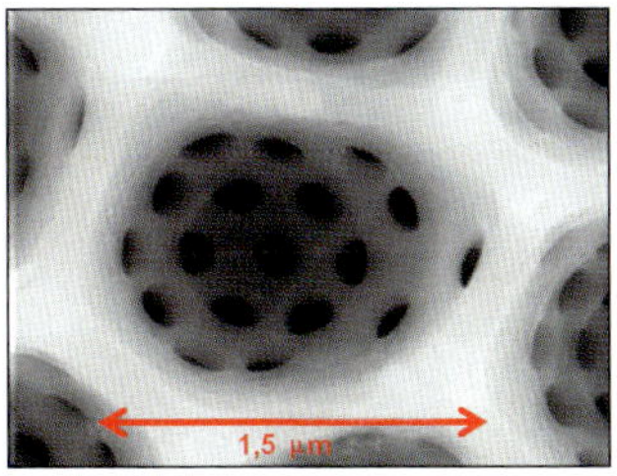

Figure 15

La porosité à plusieurs échelles des frustules des diatomés.
Les matériaux du vivant présentent des structures hiérarchiques et multifonctionnelles.

13. Voir aussi l'ouvrage *La chimie et l'habitat*, chapitre de M. J. Ledoux (sur la photocatalyse pour dépolluer l'air), coordonné par M.-T. Dinh-Audouin, D. Olivier et P. Rigny, EDP Sciences, 2011.

stratégies, des matériaux très originaux et de nouvelles applications devraient voir le jour.

4 Coupler la chimie et l'ingénierie pour préparer des nanocomposites hybrides organo-minéraux à structures hérarchiques

Les propriétés d'usage d'un matériau résultent fortement du couplage entre les propriétés chimiques de ses composants et l'ingénierie de sa fabrication.

Prenons le cas de la silice SiO_2 : le sable des dunes, les cristaux de silice, les vitrages et les diatomées correspondent tous au même composé, et pourtant les propriétés d'usage en sont fort différentes (***Figure 16***).

Le couplage entre la chimie et les procédés est une stratégie d'élaboration de matériaux efficace permettant d'accéder à des matériaux hybrides ou minéraux à structures hiérarchiques. Pour une même chimie basée sur une minéralisation par chimie douce couplée à un processus d'auto-assemblage, on peut obtenir des structures poreuses hiérarchiques très différentes selon que l'on utilise un procédé lithographique, un dépôt de films, un procédé basé sur une microémulsion, un procédé aérosol, ou un procédé basé sur l'impression jet d'encre (***Figure 17***). Dans ce dernier cas, on crée ainsi un système de plots, et à l'intérieur de ces derniers, la matière présente une organisation mésoporeuse à une toute petite échelle. Si l'on fonctionnalise différemment les plots, on pourra fabriquer des capteurs ou des nez artificiels avec des fonctionnalités complémentaires.

On peut aussi coupler cette chimie douce en présence d'auto-assemblages bio-inspirés avec un procédé d'extrusion électro-assisté pour obtenir des matériaux sous forme de fibres ; le mur de la fibre sera alors lui-même mésoporeux, méso-organisé et fonctionnel.

Figure 16

La silice dans ses formes multiples : sable, cristaux de quartz, vitrages, diatomées.

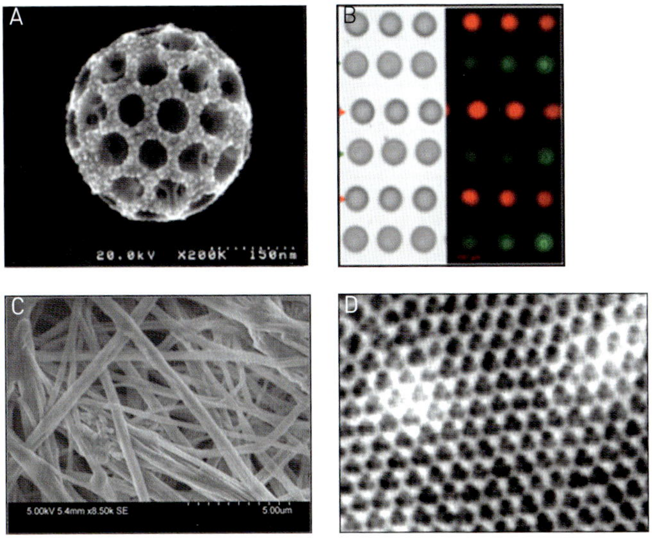

Figure 17

Le couplage de la chimie et des procédés permet, à partir d'un même processus, d'obtenir des structures très diverses. A) Procédé aérosol ; B) impression jet d'encre ; C) fibres par extrusion électro-assistée ; D) dépôt de films par trempage, centrifugation...

Les matériaux hybrides : de l'imagination de la nature à l'imagination du chimiste...

Aujourd'hui, la chimie douce bio-inspirée a donné naissance à de nombreux nouveaux matériaux hybrides et nanocomposites organo-minéraux présentant des applications dans des domaines très diversifiés[14]. Certains sont encore sous forme de prototypes, d'autres sont déjà sur le marché, beaucoup sont encore à découvrir.

Il en existe déjà un grand nombre dans les domaines de l'automobile, de l'emballage, des textiles et du bâtiment. La ***Figure 18*** montre quelques exemples dans les domaines de la micro-électronique, de la micro-optique et de la photonique. De même, un grand nombre de matériaux hybrides sont développés dans le domaine des revêtements fonctionnels anti-salissure, anti-rayure, anti-reflet, anti-corrosion

14. Sanchez C., Belleville P., Popall M., Nicole L. (2011). Applications of advanced hybrid organic-inorganic nanomaterials : from laboratory to market, *Chem. Soc. Rev.*, **40** : 696-753.

Figure 18

Application des matériaux hybrides et nanocomposites organo-minéraux en micro-électronique, micro-optique et photonique.

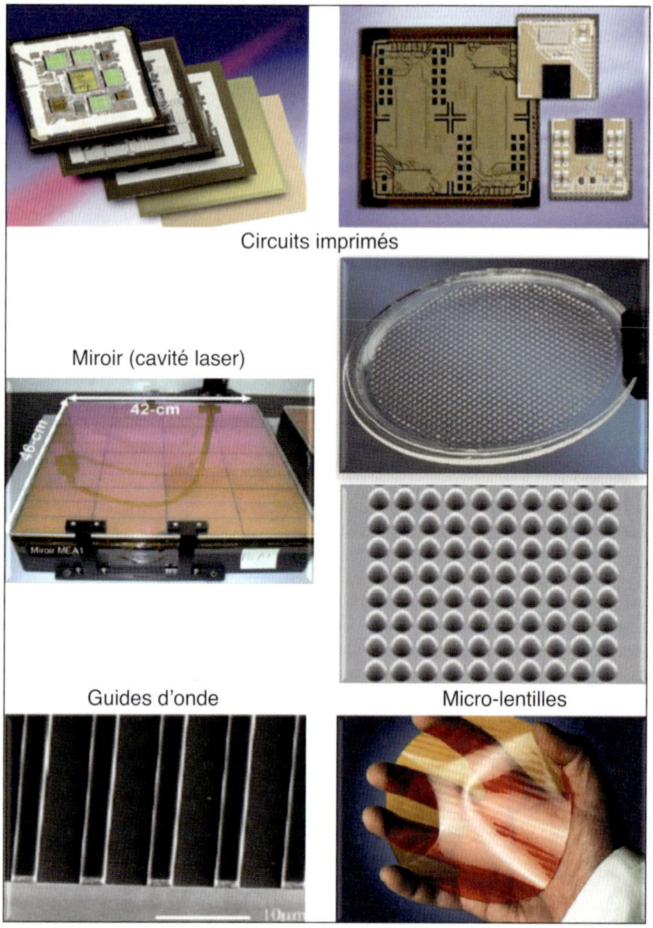

(**Figure 19**), et l'on trouve aussi déjà un grand nombre de matériaux commerciaux dans le domaine de l'environnement (**Figure 20**). Des applications commencent à naître dans le domaine de l'énergie, et d'ailleurs il existe déjà un certain nombre de prototypes utilisés pour les cellules photovoltaïques et les piles à combustible (**Figure 21**). Pour terminer, parmi les applications médicales et paramédicales les plus nombreuses concernent aujourd'hui les implants et résines dentaires, l'imagerie et la cosmétique (**Figure 22**). Les résines dentaires hybrides sont par exemple plus efficaces car mécaniquement plus robustes et moins toxiques que les implants précédents à base de polymères

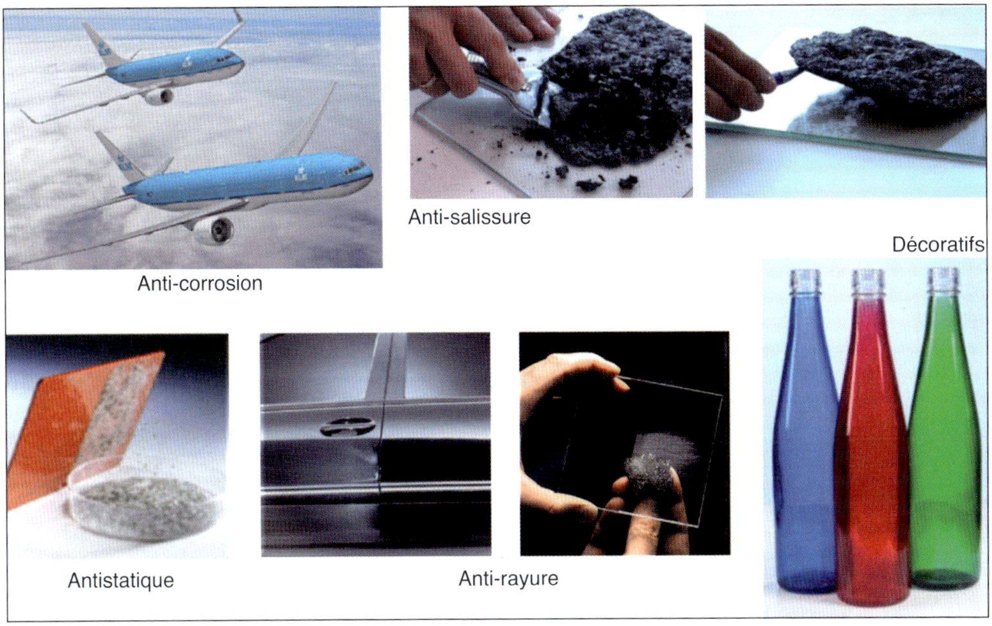

Figure 19

Application des matériaux hybrides et nanocomposites organo-minéraux dans des revêtements fonctionnels : anti-corrosion, anti-salissure, anti-rayure, auto-nettoyants, anti-reflets et décoratifs.

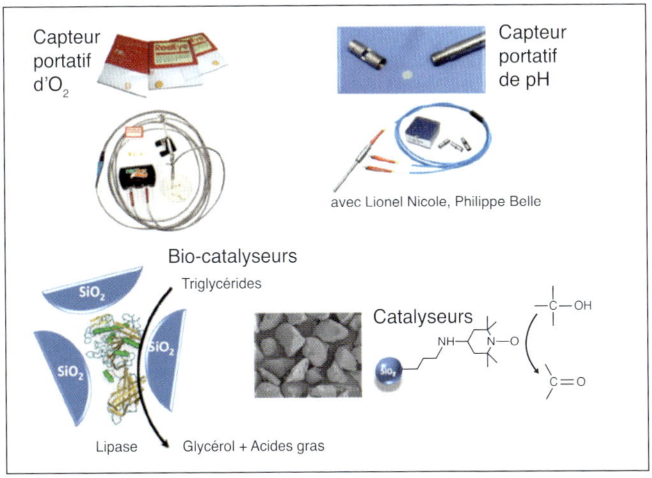

Figure 20

Application des matériaux hybrides et nanocomposites organo-minéraux dans l'environnement : capteurs, catalyses, membranes, adsorbeurs.

car elles évitent le relarguage de monomères. Les vecteurs thérapeutiques n'en sont encore qu'aux premiers balbutiements, mais c'est un champ d'investigation et d'application en plein développement. Aujourd'hui, il semble que les possibilités offertes par les nano-cargos poreux hybrides

Figure 21

Application des matériaux hybrides et nanocomposites organo-minéraux dans l'énergie : piles à combustible, cellules photovoltaïques, batteries...

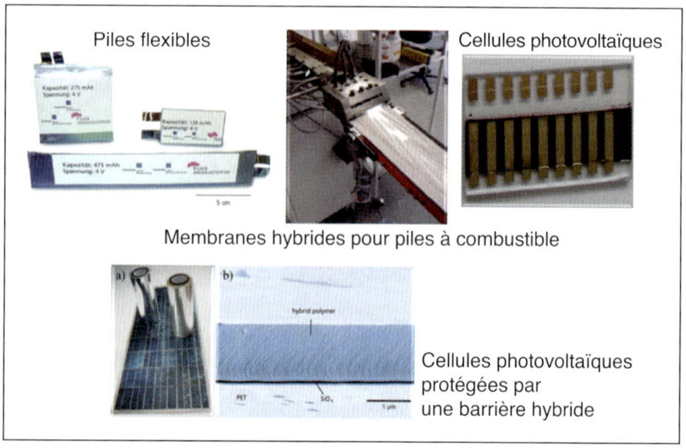

Figure 22

Application des matériaux hybrides et nanocomposites organo-minéraux dans la santé et la cosmétique : implants, imagerie, prothèses, vecteurs thérapeutiques, ciments dentaires, protection solaire, traitement anti-acnée...

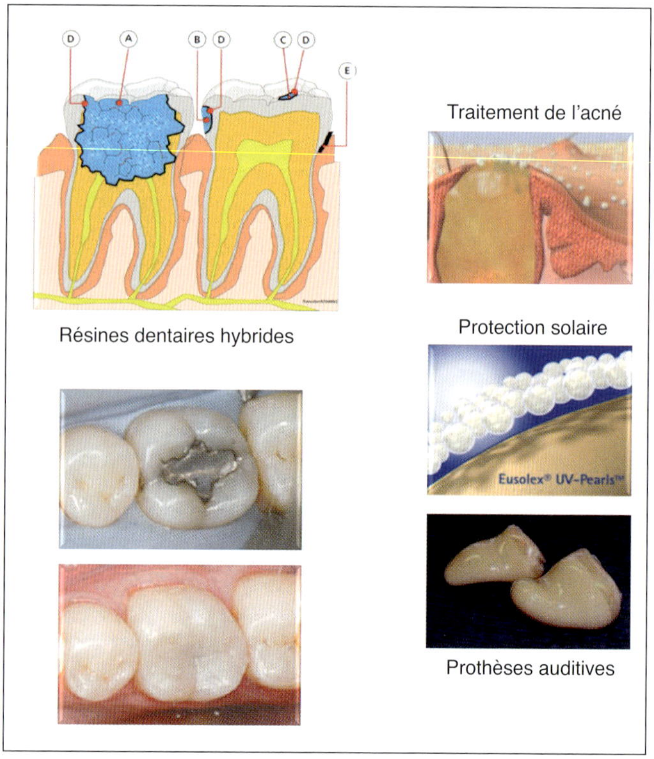

et fonctionnalisés doivent permettre de coupler : ciblage, furtivité, imagerie, radiothérapie ciblée, traitements thermiques et chimiques. Dans le futur, un seul vecteur intelligent permettra d'accéder à ce large ensemble de fonctionnalités.

L'ensemble des stratégies couplant chimie douce, chimie supramoléculaire, hybridation organo-minérale ou bio-minérale, physico-chimie au sens large avec ses composantes matière molle, étude des processus dynamiques et diffusionnels et l'ingénierie des procédés, sont à la base d'un fort courant de recherche et de pensée qui donne naissance à une chimie dite « intégrative » bio-inspirée. Cette chimie intégrative nourrit déjà une branche innovante de la science des matériaux, et ce domaine émergent et fortement multidisciplinaire ira très probablement bien au-delà d'une simple intégration et d'une simple somme, aussi bien au niveau des architectures accessibles que des propriétés et des applications résultantes. Le champ des applications à découvrir est encore vaste, voire infini, tant que la nature continuera à livrer ses secrets, tant que le chimiste aura de l'imagination et saura écouter la nature...

À la frontière de la chimie et de la biologie : biocatalyse et catalyse bio-inspirée

Marc Fontecave est membre de l'Académie des sciences et professeur au Collège de France, où il occupe la chaire de « Chimie des processus biologiques » et dirige le Laboratoire de Chimie des processus biologiques. Ses travaux se situent à l'interface entre la chimie et la biologie, en particulier dans le domaine de la catalyse bio-inspirée, comme nous allons le voir dans ce chapitre.

1 L'interface entre la chimie et la biologie

1.1. La créativité entre les deux rives…

L'interface chimie/biologie est un vaste domaine scientifique, dont nous n'illustrerons ici que certains aspects. Pour illustrer l'importance du travail à l'interface entre deux domaines scientifiques, on peut mettre en avant cette image du philosophe Michel Serres comparant les deux domaines scientifiques à deux rives d'un fleuve – pour nous, l'une est la chimie et l'autre la biologie –, affirmant que le travail utile et gratifiant est celui qui se fait au milieu du fleuve, bien plus que celui qui se fait sur les rives :

« *Le corps qui traverse apprend certes un second monde, celui vers lequel il se dirige, où l'on parle une autre langue, mais s'initie surtout à un troisième, par où il transite* », Michel Serres (Le Tiers-Instruit, 1991).

Cette image fait bien ressortir la difficulté du travail aux interfaces, peuplé de contraintes à la fois culturelles et institutionnelles, mais grâce auquel on peut

$$AgNCO + NH_4Cl \longrightarrow AgCl + \underset{\text{Urée}}{NH_2{-}Cl{-}NH_2}$$

Figure 1

Friedrich Wöhler (1800-1882), chimiste allemand qui a réalisé pour la première fois la synthèse de l'urée en 1828, déclarant : « Je dois vous informer que je suis en mesure d'obtenir de l'urée sans recourir à un rein animal ou humain *» (1828). Cette découverte a marqué le début de la chimie bio-organique.*

atteindre la plus grande créativité.

Dans le domaine qui nous occupe ici, l'interface a donné naissance à cette révolution de la biologie moléculaire, du vivant compris à l'échelle moléculaire, révolution qui est loin d'être terminée...

1.2. Une histoire de molécules

L'origine de cette approche, qui a conduit par de nombreuses étapes à la **chimie biologique moléculaire**, peut être reconnue dans le travail de F. Wöhler en 1828, qui a réussi la synthèse de l'urée, un produit naturel, par une méthode purement chimique (***Figure 1***), c'est-à-dire sans le recours à un rein, humain ou animal, jusqu'alors considéré comme obligatoire.

Le vivant est moléculaire. Comme le dit G. Whitesides, « *The nature of the cell is an entirely molecular problem* »[1] (***Figure 2***). Parmi les grandes étapes de cette révolution, on peut en extraire deux. La première a été la découverte par E. Buchner des enzymes, une sous-classe des protéines, responsables de la transformation de la matière vivante (***Figure 3***). La deuxième a été la découverte de la structure moléculaire de l'ADN en double hélice par Watson et Crick en 1953 (***Figure 4***). Cette découverte illustre la puissance de l'approche moléculaire puisque c'est de cette structure qu'est née la compréhension de la logique du stockage et de la conservation de l'information génétique, cette chimie de la matière informée.

Figure 2

Le chimiste américain George McClelland Whitesides (né en 1939), membre étranger de l'Académie des sciences depuis 2010, énonce la nature moléculaire de la cellule.

1. La nature de la cellule relève entièrement des molécules.

Figure 3

Le chimiste allemand Eduard Buchner (1860-1917) a reçu le prix Nobel de Chimie en 1907 pour ses travaux en biochimie et sa découverte de la fermentation non-cellulaire.

Figure 4

Les biologistes James D. Watson (1928-1963) et Francis H.C. Crick (1916-2004) ont découvert la structure en double hélice de l'ADN, ce qui leur a valu le prix Nobel de Médecine en 1962.

1.3. Une histoire de métaux

Mais la matière vivante ne repose pas exclusivement sur les molécules de la chimie organique : les éléments métalliques – alcalins, alcalino-terreux, métaux de transition – y jouent un rôle tout à fait indispensable, même s'ils n'existent qu'en quantités très inférieures aux autres éléments que sont l'hydrogène, l'oxygène, l'azote et le carbone. 40 % des systèmes enzymatiques ne fonctionneraient pas s'il n'y avait pas, fixé en un endroit bien précis de la chaîne polypeptidique, un atome métallique bien choisi pour ses propriétés chimiques.

Le métabolisme de l'oxygène donne quelques exemples de tels cofacteurs[2] métalliques essentiels : la porphyrine de fer, responsable dans l'**hémoglobine** de la fixation de l'oxygène de l'air ou bien, dans la **cytochrome oxydase**, en association avec un atome de cuivre pour assurer la réduction de l'oxygène en eau à la base du mécanisme de la respiration (***Figure 5***).

Très fondamentalement, l'interdépendance entre les organismes vivants et la nature n'existerait pas sans les

2. Les cofacteurs sont de petites molécules permettant le fonctionnement des enzymes. Il s'agit généralement d'ions métalliques ou de vitamines.

Figure 5

Le cycle d'interdépendance entre organisme vivant et nature, entre respiration et photosynthèse : il n'y a pas de vie sans métaux !

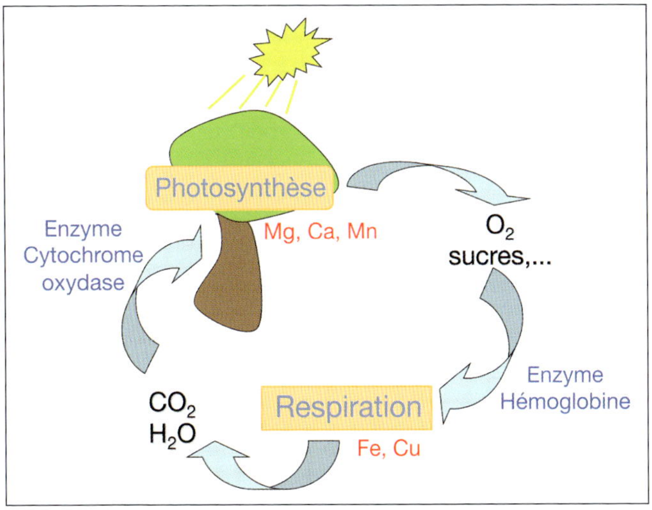

métaux : c'est grâce au magnésium, au calcium, au manganèse, que les plantes convertissent l'eau et le dioxyde de carbone en utilisant l'énergie solaire, par le fascinant mécanisme de la photosynthèse, en biomasse dont nous nous nourrissons, tandis que sans fer ni cuivre nous ne pourrions respirer redonnant l'eau et le dioxyde de carbone qui ferment le cycle.

1.4. Le vivant : un champ de recherche encore vaste pour les chimistes et biologistes

En fait, on ne connaît à l'heure actuelle qu'une toute petite partie du monde vivant à l'échelle moléculaire, une toute petite partie des micro-organismes présents sur Terre, des génomes, des petites molécules naturelles, et des métabolites secondaires (voir aussi les ***Chapitres de F. Guéritte*** et ***P. Monsan***). Il reste encore pour les chimistes un travail considérable à la recherche de ces petites molécules qui participent au fonctionnement des membranes, des protéines, des acides nucléiques, etc. Les nouvelles protéines dont on comprendra le fonctionnement permettront la mise au point de nouveaux médicaments par l'identification de nouvelles cibles thérapeutiques, de nouveaux assemblages moléculaires, de nouvelles réactions enzymatiques[3]. Les lignes qui suivent illustreront ces perspectives passionnantes.

2 La chimie et les systèmes moléculaires complexes

Les macromolécules de la biologie sont des polymères constitués par l'enchaînement de monomères, qui sont des molécules d'acides aminés pour les protéines (***Encart : « Structures et modélisation des protéines »***), d'acides nucléiques pour l'ADN (Acide DésoxyriboNucléique) et ARN (Acide RiboNucléique), de sucres pour les polysaccharides... Leur fonctionnement peut être décrit par les concepts et méthodes de la chimie moléculaire. Plus intéressant, des systèmes encore plus complexes sont à la portée des chimistes, qu'il s'agisse d'un récepteur membranaire avec son ligand, d'une enzyme avec un substrat macromoléculaire ou encore un supracomplexe protéique pour la biosynthèse d'un cofacteur essentiel. C'est ce que montrent les exemples qui suivent.

2.1. Les récepteurs membranaires du système adrénergique[4]

Le système adrénergique fait intervenir des récepteurs situés sur les membranes de cellules (neurones). Ces récepteurs ont comme fonction de reconnaître une petite

3. Voir aussi *La chimie et la santé, au service de l'homme*, coordonné par M.-T. Dinh-Audouin, R.A. Jacquesy, D. Olivier et P. Rigny, EDP Sciences, 2010.

4. Le système adrénergique fait intervenir des neurotransmetteurs comme la dopamine, l'adrénaline ou la noradrénaline, impliqués notamment dans la régulation de la fonction cardiaque en réponse à un environnement en évolution.

STRUCTURES ET MODÉLISATION DES PROTÉINES

Les protéines sont des molécules de grandes tailles jouant des rôles clés dans le fonctionnement des organismes vivants. Elles sont constituées de plusieurs chaînes polypeptidiques, qui sont des polymères d'acides aminés reliés entre eux par des liaisons peptidiques (***-CO-NH-***).

La structure primaire

Cet enchaînement dans un ordre précis d'acides aminés, parmi les vingt qui existent dans le monde vivant, forme la **structure primaire** de la protéine, de formule générale : HO_2C-$C(R_1)$H-***CO-NH***-···CHR_2-NH_2. Rappelons que cette structure primaire est issue de la traduction selon le code génétique de l'ARN messager, celui-ci résultant de la transcription d'un gène (molécule d'ADN).

La structure secondaire

Selon la nature des acides aminés et des interactions qui peuvent s'établir entre eux, des segments de protéines peuvent subir des repliements locaux, pour former des structures telles que des hélices, des feuillets ou des coudes (***Figure 6***), déterminant ainsi la **structure secondaire** de la protéine.

La structure tertiaire

L'ensemble adopte une structure tridimensionnelle complexe, constituant la **structure tertiaire**, et qui présente souvent un caractère globulaire (elle forme une sorte de pelote) doté d'un fort degré de rigidité en son centre et de chaînes flexibles à la périphérie (***Figure 6***).

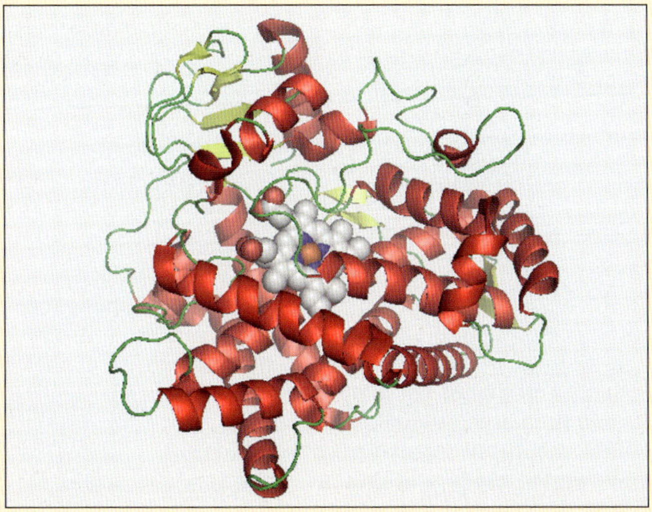

Figure 6

Une protéine, véritable pelote d'hélices, de feuillets et de coudes, constitués d'enchaînements d'acides aminés.

On détermine usuellement la structure tridimensionnelle des protéines par diffraction des rayons X, ou encore par résonance magnétique nucléaire (RMN : voir le ***Chapitre de M. Rohmer***), spectroscopie de masse, ou par simulation numérique. Dans le cas d'une enzyme, la région qui nous intéresse particulièrement est le **site actif**, situé au centre de la molécule, et qui forme une sorte de poche où se logent et se lient de petites molécules qui vont réagir au cours d'une réaction enzymatique, catalysée par l'enzyme.

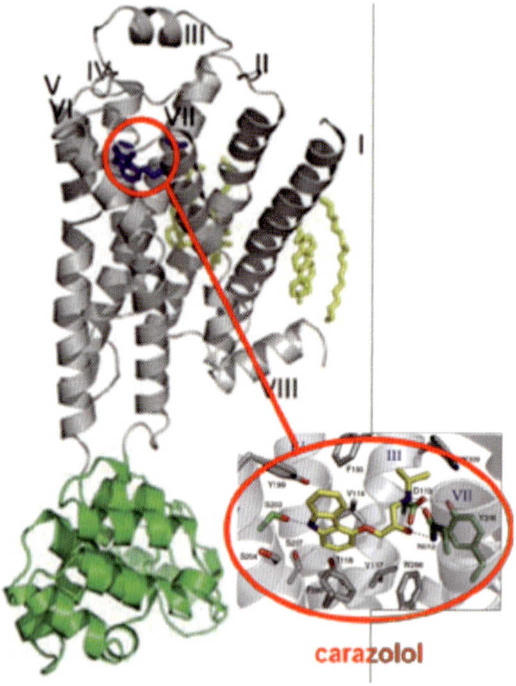

Figure 7

Complexe récepteur-ligand. Le récepteur (en gris) est le récepteur β2-adrénergique humain, et le ligand (en jaune) est le carazolol. Cette interaction est essentielle au fonctionnement du système adrénergique.

molécule et de le signaler à la cellule. La ***Figure 7*** représente l'un de ces récepteurs membranaires, auquel s'est liée une petite molécule, le carazolol, dont la présence est essentielle au fonctionnement. L'analyse structurale a permis d'identifier la position de fixation de ce ligand (le carazolol) sur la protéine et de comprendre à l'échelle atomique les déterminants de cette reconnaissance très spécifique ; c'est l'un des enjeux de la chimie supramoléculaire.

2.2. L'interaction entre une enzyme et l'ARN de transfert

La ***Figure 8*** montre l'association de deux grosses molécules, une enzyme de transformation d'un ARN de transfert (ARNt) avec son substrat ARNt[5]. Les approches de la biologie structurale et de l'enzymologie permettent de déterminer comment fonctionne un système complexe comme celui-là. On est capable de comprendre à l'échelle atomique comment l'ARNt est reconnu sélectivement et comment son interaction avec l'enzyme le positionne pour une réaction efficace et sélective avec une petite molécule, le DMAPP (diméthylallylpyrophosphate, également évoqué dans le ***Chapitre de M. Rohmer***), créant ainsi un nouveau nucléoside (***Figure 8***, molécule à droite).

2.3. La synthèse de l'ubiquinone

La ***Figure 9*** illustre la façon dont est réalisée dans un organisme comme la levure la synthèse de l'ubiquinone, une molécule indispensable au mécanisme de la respiration. La molécule de départ est l'hydroxybenzoate, qui subit ensuite des transformations successives : méthylations, hydroxylations, réactions de décarboxylation. En réalité,

5. Les ARN de transfert sont de courts ARN qui interviennent lors de la synthèse des protéines dans la cellule, en apportant l'un après l'autre les acides aminés au ribosome, qui est chargé de traduire l'ADN en ARN messager selon le code génétique, pour aboutir à la synthèse des protéines.

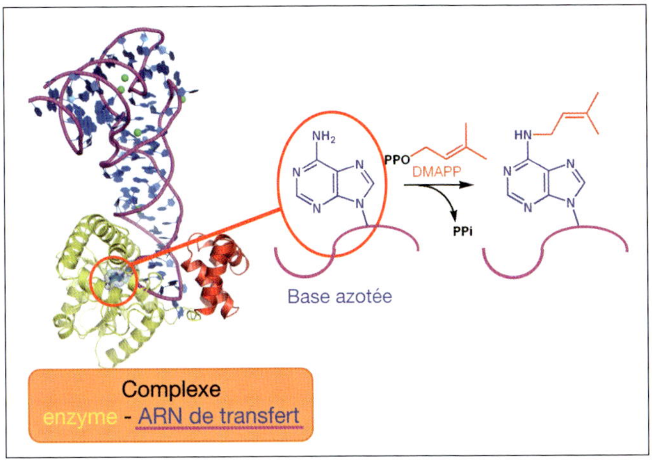

Figure 8

Le complexe formé par une enzyme (en jaune) et l'ARN de transfert (chaîne en violet avec les bases azotées en bleu). Dans le site actif de l'enzyme, une base azotée réagit sélectivement avec le DMAPP.

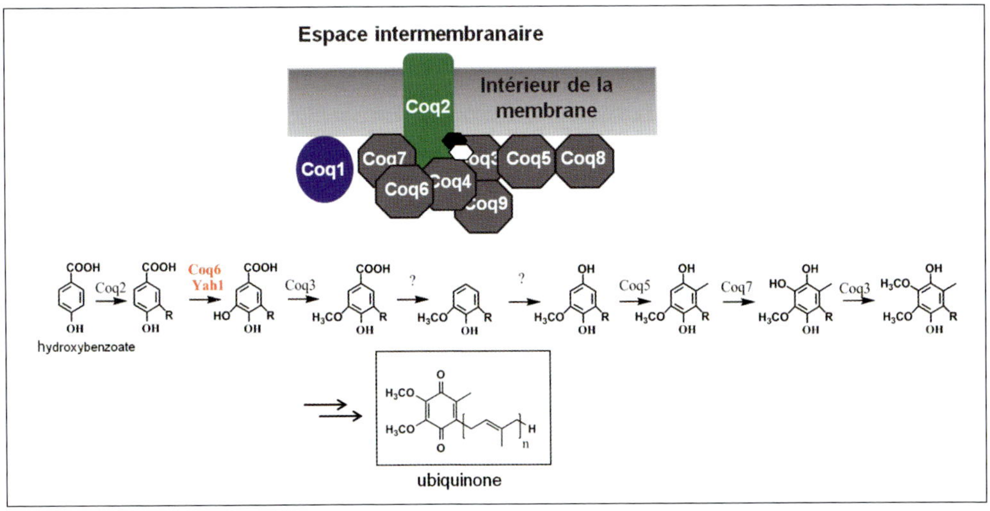

on sait peu de choses des enzymes catalysant chacune de ces étapes (appelée Coqn). On commence à établir seulement aujourd'hui la fonction de certaines des protéines impliquées, qui semblent fonctionner exclusivement en interdépendance au sein d'un complexe multiprotéique accroché à la membrane. Même si on atteint là sans doute la limite de ce que les chimistes peuvent étudier, ce type de systèmes doit être ciblé par la chimie moléculaire comme nous le faisons dans notre laboratoire.

Un tel projet ambitieux est prometteur d'applications en médecine par exemple. Depuis quelques années en effet, on a découvert des maladies dues à des défauts génétiques (mutations) qui empêchent la biosynthèse de l'ubiquinone et donc le fonctionnement normal des fonctions respiratoires. Les études au niveau moléculaire ont permis

Figure 9

Synthèse de l'ubiquinone à partir de l'hydroxybenzoate par un complexe multi-protéique membranaire utilisant toute une série de coenzymes Q-Ubiquinone (ou Coq).

d'identifier la fonction de l'enzyme déficiente et donc le groupe manquant sur le cycle aromatique. Dans le cas de mutations de l'enzyme Coq6, le groupe manquant est un méthoxyle en position 5. De façon très intéressante, nous avons pu démontrer que l'apport de vanilline, un analogue de l'hydroxybenzoate possédant un groupe méthoxyle en position 5, pouvait au moins partiellement restaurer la biosynthèse de l'ubiquinone. Ces travaux sont à l'heure actuelle conduits sur des levures utilisées comme systèmes modèles. Ces mécanismes moléculaires étant conservés chez tous les êtres vivants, les remèdes devraient se révéler utiles jusque chez l'humain.

Tous ces exemples montrent que des systèmes moléculaires extrêmement complexes, de par la taille et la diversité des structures qu'ils peuvent adopter, restent accessibles aux études des chimistes grâce à la puissance aujourd'hui atteinte par les moyens de la physico-chimie. On comprend ainsi que bon nombre des transformations chimiques sur lesquelles repose le fonctionnement du vivant se déroulent au sein de complexes protéiques, desquels les intermédiaires réactionnels ne sortent parfois jamais, ce qui maximalise l'efficacité et la sélectivité des réactions.

Une digression peut être faite à ce stade sur le nombre finalement relativement limité des molécules et des mécanismes qui sont à l'œuvre dans le monde vivant. Parmi les centaines de milliers de molécules que la chimie permet d'imaginer ou même de synthétiser, l'évolution a fait un choix très sélectif, ce qui donne au chimiste d'aujourd'hui un cadre où il peut exercer son art avec efficacité.

3 La découverte de la ribonucléotide réductase : mise en lumière sur les mondes aérobie et anaérobie

3.1. Ribonucléotide réductase et biosynthèse de l'ADN : une chimie radicalaire

L'ADN, cette molécule porteuse de l'information génétique, et en tant que telle souvent prise comme symbole de la vie, est constituée d'un assemblage de petites molécules, les désoxyribonucléotides. Ces dernières sont synthétisées au sein des cellules par réduction des ribonucléotides correspondants (la liaison C-OH est transformée en C-H, *Figure 10* en bas à gauche) et se polymérisent ensuite en chaînes d'ADN. Cette réaction est catalysée par une enzyme essentielle à la vie appelée ribonucléotide réductase (RNR). Chez les micro-organismes anaérobies, il existe une RNR particulière, très sensible à l'oxygène. Ce qui est unique ici c'est que la RNR, sous-unité α, n'est active, c'est-à-dire n'est capable de réduire les ribonucléotides en désoxyribonucléotides, que si une glycine de son site actif est transformée en radical glycinyle par une réaction d'arrachement d'un atome d'hydrogène (*Figure 10* en bas à droite). Ceci est possible grâce à l'intervention d'une deuxième enzyme, la sous-

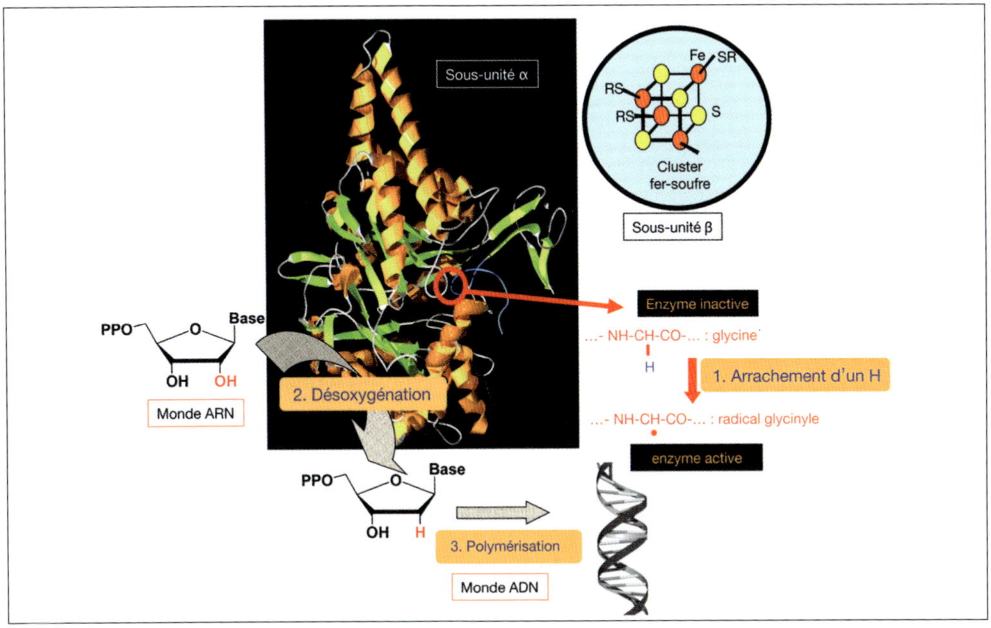

Figure 10

La biosynthèse de l'ADN dépend de l'enzyme ribonucléotide réductase. L'arrachement d'un atome d'hydrogène (H en bleu) à un acide aminé, la glycine, conduit à un radical glycinyle qui permet d'activer l'enzyme, lui permettant ensuite de désoxygéner les ribonucléotides (« monde ARN ») en désoxyribonucléotides (« monde ADN »). La vie d'un organisme aérobie dépend de cet atome d'hydrogène bien précis !

unité β, qui possède un centre fer-soufre (***Figure 10***, en haut à droite). Il est fascinant de penser que la vie de ces organismes dépend si étroitement d'un atome d'hydrogène ! Par ailleurs on peut penser que c'est grâce à l'apparition de ce mécanisme chimique sur la Terre qu'a été rendu possible le passage d'un monde vivant à ARN à un monde vivant à ADN, le monde actuel.

3.2. Une nouvelle classe d'enzymes, les radical-SAM

La ribonucléotide réductase anaérobie est représentative d'une nouvelle et immense classe d'enzymes qui vient d'être découverte, appelée « Radical-SAM ». Ces métalloenzymes, qui possèdent un centre 4Fe-4S capable de fixer la *S*-Adénosylméthionine (SAM), partagent les mêmes caractéristiques structurales fondamentales (***Figure 11***) et fonctionnent avec les mêmes mécanismes chimiques fondamentaux : elles utilisent la SAM comme source de radicaux (***Figure 12***).

Le séquençage des génomes a mis en évidence plusieurs milliers de protéines appartenant à cette famille et responsables d'une très grande variété de réactions biologiques (***Tableau 1***), dans des voies de biosynthèse (désoxyribonucléotides mais aussi antibiotiques, vitamines, alcaloïdes,

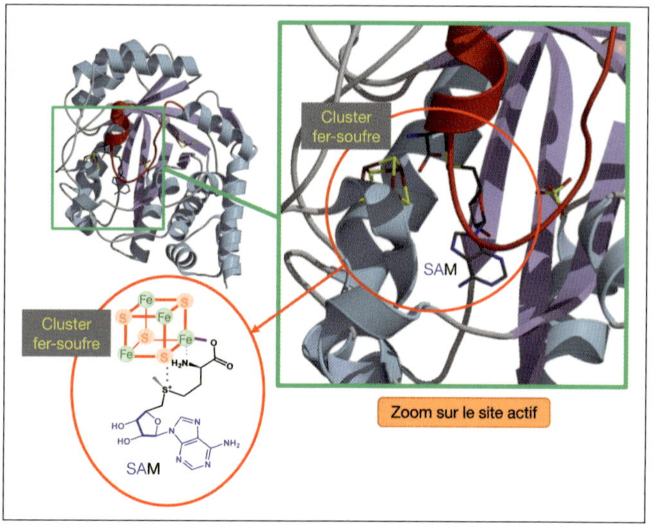

Figure 11

Structure tridimensionnelle d'un membre représentatif de la famille enzymatique « Radical-SAM », avec son cluster fer-soufre, interagissant avec la S-Adénosylméthionine (SAM) pour former des radicaux en milieu anaérobie.

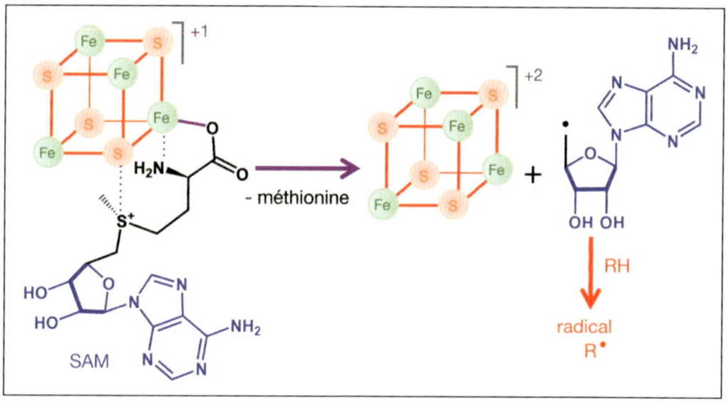

Figure 12

Mécanisme de formation de radicaux par les enzymes de la famille Radical-SAM. Dans cette famille, les enzymes comportent dans leur site actif des clusters contenant du fer et du soufre interagissant avec la S-Adénosylméthionine (SAM) pour générer un radical.

Tableau 1

Une même chimie pour des milliers de réactions biologiques.

Biosynthèse de :	Métabolisme de :	Réparation
Cofacteurs (lipoate, PQQ, molybdoptérine, ...) Antibiotiques (desosamine, mitomycine, fosfomycine, ...) Vitamines (biotine, thiamine, ...) Alcaloïdes Chlorophylle Désoxynucléotides	Sucres Acides aminés Hydrocarbures Modification de ARN de transfert Enzymes (hydrogénase, nitrogénase,...)	ADN

chlorophylle, cofacteurs, et dans des processus métaboliques (sucres, acides aminés, hydrocarbures, ...) et de transformation de grosses molécules (ARN, ADN, etc.). Certaines de ces réactions jouent un rôle important dans des processus pathologiques comme l'ont montré récemment nos travaux sur le gène CDKAL1, un gène de susceptibilité au diabète de type 2, et dont nous avons montré que la protéine codée correspondante est une enzyme « radical-SAM » impliquée dans une transformation d'ARNt essentielle à la biosynthèse de l'insuline.

4 Chimie verte, toxicologie et catalyse bio-inspirée

4.1. L'émergence de la chimie verte

Les réactions chimiques à l'œuvre dans le monde vivant sont innombrables et sont menées par des méthodes extraordinairement efficaces et perfectionnées depuis l'émergence de la vie par l'évolution des espèces. Il n'est donc pas surprenant que celles développées par les activités humaines aient beaucoup d'enseignement à tirer de l'étude de la chimie du vivant.

Aujourd'hui, l'industrie chimique s'efforce de devenir « verte », ainsi que l'on désigne l'ensemble des objectifs qui visent à économiser les ressources et l'énergie, et à respecter l'environnement et le bien-être des consommateurs (***Figure 13***).

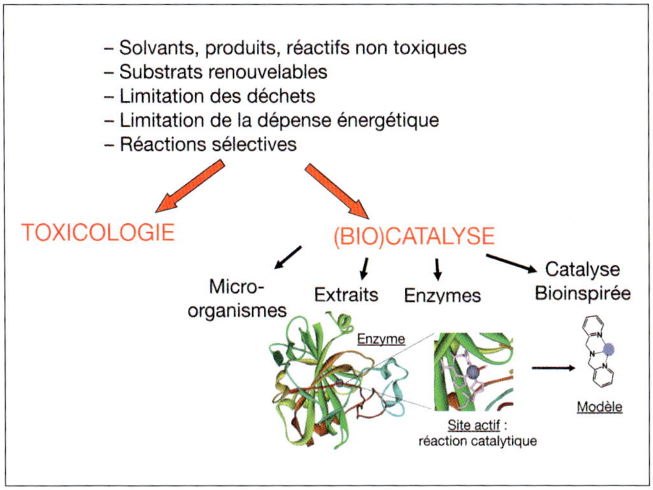

Figure 13

La chimie « verte » développe de nouvelles synthèses chimiques en favorisant la catalyse et en s'inspirant des processus naturels pouvant aider à optimiser les ressources et l'énergie, et en accompagnant les développements d'études toxicologiques.

4.2. Les nouveaux besoins en toxicologie

Cet objectif général pose des questions scientifiques qui sollicitent le domaine de la chimie « pour le vivant »[6]. La toxicologie en est un exemple, qui cherche à prévoir l'effet de petites molécules sur la santé. Au niveau moléculaire, il s'agit de comprendre comment de petites molécules interagissent avec les macromolécules des cellules en particulier (protéines, acides nucléiques, ...) et en affectent le fonctionnement. Cette connaissance devrait permettre de prévoir les effets toxiques potentiels de toute nouvelle molécule. Il est clair qu'aujourd'hui, la toxicologie moléculaire est une discipline qui mérite d'être beaucoup plus développée.

6. Voir *La chimie et la santé, au service de l'homme*, chapitre de D. Mansuy « La chimie *du* et *pour* le vivant », coordonné par M.-T. Dinh-Audouin, R.A. Jacquesy, D. Olivier et P. Rigny, EDP Sciences, 2010.

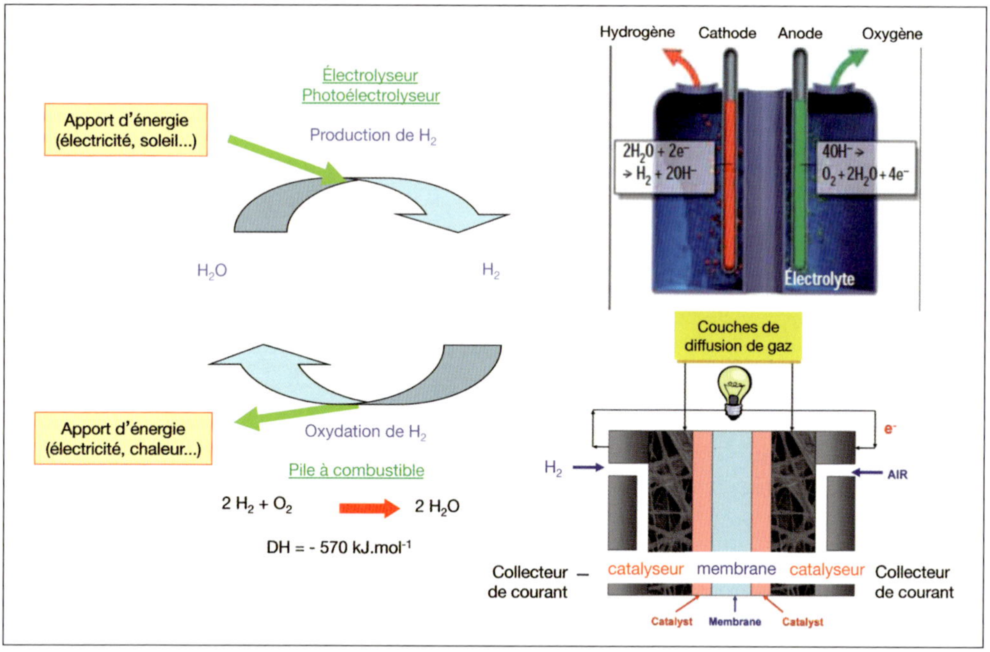

Figure 14

Les catalyseurs utilisés aujourd'hui pour la synthèse d'hydrogène par électrolyse de l'eau reposent sur l'emploi de métaux précieux.

4.3. La catalyse bio-inspirée : exemple de la production d'hydrogène

La biocatalyse est une autre branche scientifique qui peut et doit être mise à profit par l'industrie. Il peut s'agir d'utiliser les micro-organismes, comme c'est déjà largement le cas, ou des extraits d'enzymes qui y sont actives, pour adapter aux grandes échelles voulues par l'industrie les réactions à l'œuvre dans le vivant (voir aussi le ***Chapitre de P. Monsan***).

Il peut par ailleurs aussi s'agir de « copier » la nature en développant des catalyseurs moléculaires qui reproduisent les sites actifs d'enzymes, mais en les adaptant à des objectifs industriels : c'est ce qu'on appelle la catalyse « bio-inspirée »[7], dont nous allons donner un exemple, celui des catalyseurs de production d'oxydation de l'hydrogène.

Il s'agit d'un problème de grande envergure du fait des perspectives d'épuisement des ressources énergétiques fossiles (pétrole, gaz). L'idée est de tirer partie de l'énergie dégagée par la réaction entre l'hydrogène et l'oxygène qui conduit à l'eau, réaction qui est très exothermique. Un « monde hydrogène » pourrait alors être envisagé (***Figure 14***). Ceci suppose que l'on soit capable de produire l'hydrogène dans des conditions économiquement bien meilleures que ce que l'on sait faire aujourd'hui. Les catalyseurs utilisés aujourd'hui reposent sur l'emploi de métaux précieux et ce seul fait interdit une exploitation industrielle des procédés.

7. Au sujet de la chimie bio-inspirée, voir le ***Chapitre de C. Sanchez*** de cet ouvrage.

Or, on trouve dans le monde vivant des catalyseurs merveilleux pour la synthèse et l'oxydation de l'hydrogène : ce sont les enzymes dénommées hydrogénases, qui convertissent l'eau en hydrogène ou inversement, et le font à de très grandes vitesses (une dizaine de milliers de cycles par seconde).

Les hydrogénases sont des enzymes très riches en métaux, fer et nickel. Ces métaux sont organisés en clusters (***Figure 15***). Plus précisément, dans la première classe d'hydrogénases (***Figures 15A*** et ***15B***), le site actif comporte deux atomes, un de fer et un de nickel, dont l'entourage est constitué de quatre atomes de soufre et, chose étonnante, le fer est coordonné par des molécules de monoxyde de carbone (CO) et de cyanure (CN). L'étonnement vient du fait de trouver à cet endroit des groupes chimiques connus pour leur extrême toxicité. La vérité est que les systèmes biologiques peuvent vouloir utiliser ces composés chimiques et ont mis en œuvre des mécanismes chimiques pour les produire et s'en protéger, une problématique passionnante.

Dans la deuxième classe (***Figure 15C*** et ***15D***), le site actif est constitué de deux atomes de fer, et le monoxyde de carbone comme le cyanure sont encore présents comme ligands. On note également la présence d'un atome d'azote au sein d'une dithiométhylamine, ligand pontant, l'atome d'azote jouant un rôle est très important pour le transfert ds protons. Autre caractéristique : dans tous ces systèmes, le site actif est profondément enfoui au sein de la protéine et connecté à l'extérieur par une chaîne de clusters fer-soufre, favorisant la circulation des charges électriques (électrons).

L'acte catalytique primaire se produit au niveau des atomes métalliques, tandis que le reste de la protéine est là pour assurer la disponibilité et le positionnement du catalyseur, afin d'assurer le transport du gaz, des protons et des électrons, mais sans jouer de rôle direct sur la réaction catalytique. Le chimiste qui veut s'inspirer du système naturel s'attache

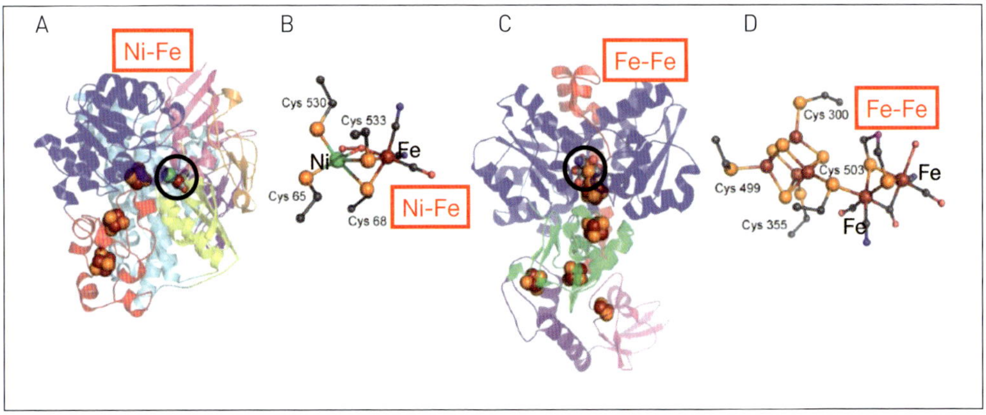

Figure 15

Les hydrogénases, enzymes contenant du fer et du nickel.

avant tout à reproduire les éléments catalytiques indispensables, c'est-à-dire le site actif, en utilisant de préférence les mêmes métaux et des ligands, qui sont de petites molécules accessibles par synthèse chimique (*Figure 16*). Les catalyseurs bio-inspirés les plus actifs, à base de nickel et de cobalt, possèdent, comme l'enzyme, un hétéroatome (azote ou oxygène) qui facilite les transferts de protons.

En dernier lieu, il est apparu comme nécessaire de greffer le meilleur catalyseur bio-inspiré sur une structure conductrice, comme un nanotube de carbone, qui mime en quelque sorte le rôle conducteur des chaînes fer-soufre des protéines (*Figure 17*). Le système de pile bio-inspirée qui vient d'être décrit a été réalisé dans notre laboratoire du CEA ; le fonctionnement tient toutes ses promesses, mais pour être utile, il faut réussir à ce qu'il produise un courant plus élevé. Les travaux d'amélioration sont en cours.

Figure 16

Exemples d'hydrogénases, des catalyseurs bio-inspirés.

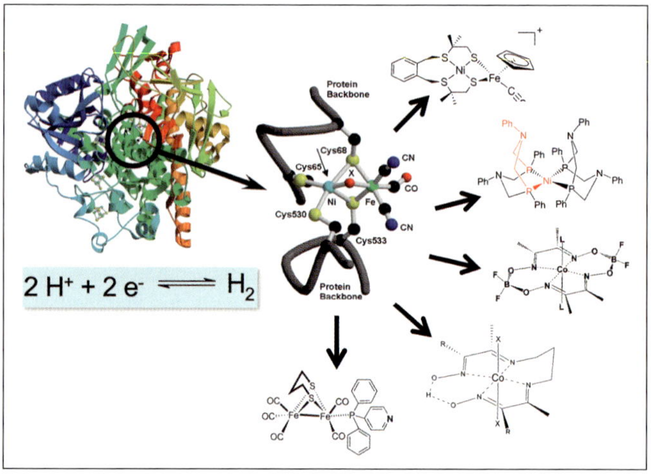

Figure 17

Des enzymes aux nanocatalyseurs bio-inspirés.

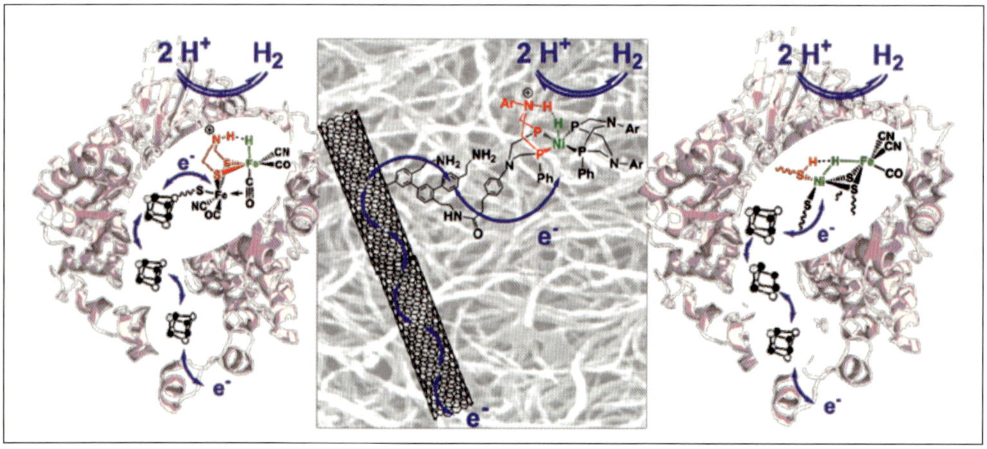

Travailler aux frontières et au-delà des frontières : vers de nouvelles compréhensions de la vie

Les frontières de la chimie et de la biologie, on le voit, emmènent le scientifique vers des chemins divers, plus encore qu'on a pu le faire sentir ici. On pourrait, de façon encore plus ambitieuse, s'intéresser aux origines chimiques de la vie ou encore à la chimie moléculaire du cerveau comme nous y appelle la dernière phrase de l'ouvrage « La Souris, la mouche et l'homme » du biologiste français François Jacob, prix Nobel de Physiologie ou Médecine en 1965 :

« *Nous somme un redoutable mélange d'acides nucléiques et de souvenirs, de désirs et de protéines. Le siècle qui se termine s'est beaucoup intéressé aux acides nucléiques et aux protéines, le suivant va se concentrer sur les souvenirs et les désirs. Saura-t-il résoudre de telles questions ?* »

Le chimiste doit contribuer aussi à la compréhension des mécanismes à l'origine des souvenirs et des désirs, car, à n'en pas douter, il s'agira aussi d'une histoire de molécules.

Partie 3

La chimie pour protéger la nature et ses ressources

Phytoremédiation des sols contaminés

Des plantes pour guérir… les sols

Jean-Louis Morel est professeur à l'École nationale supérieure d'agronomie et des industries alimentaires (ENSAIA) et dirige le laboratoire Sols et Environnement de l'Université de Lorraine et de l'Institut national de la recherche agronomique (INRA).

La région Lorraine a connu une activité industrielle importante qui a été suivie d'une très forte déprise pendant les années 1970-1980, laissant derrière elle une importante surface de friches dont une partie contient des pollutions et n'a pas encore fait l'objet de revalorisations. Un travail est aujourd'hui consacré à la reconquête de ces friches, avec un investissement scientifique conséquent depuis une vingtaine d'années, notamment dans le cadre du Groupement d'intérêt scientifique sur les friches industrielles (GISFI[1]).

Le terme de « phytoremédiation » est apparu dans les années 1980[2]. Mais il a fallu attendre les années 1990 pour voir apparaître les premières publications d'équipes tentant de traiter les sols pollués en utilisant des plantes.

Comment fonctionne une telle méthode et quelles réponses peut-elle nous apporter face aux enjeux planétaires, notamment pour la gestion de la ressource en sols ?

1 Pourquoi faut-il remédier les sols ?

1.1. Une ressource naturelle limitée pour la production alimentaire

La ressource en sol est fondamentale pour la production agricole et donc pour la production alimentaire ;

1. www.gisfi.fr
2. Chaney, 1983.

Figure 1

Nourrir la population mondiale : enjeu phare de l'humanité, en croissance continue.

il faut prévoir de nourrir une population mondiale qui tend vers neuf milliards d'habitants d'ici trente ans (***Figure 1***). Disposer de terres en quantité suffisante est un véritable défi, si l'on s'attache en particulier à des pays comme la Chine, dont la population est très importante mais dont la surface agricole est très réduite. À l'échelle du globe, seuls 11 % des sols peuvent être cultivés sans intervention majeure, le reste de la surface étant trop humide, trop sec, trop superficiel, trop pollué, etc. (***Figure 2***).

1.2. Des sols pollués récupérables

De plus, comme souligné dans le ***Chapitre de J.-F. Soussana***, les sols sont l'objet d'une gamme de menaces, telles que l'érosion, la perte de matière organique, la compaction, l'acidification, la salinisation, l'artificialisation… et la contamination.

L'enjeu est donc non seulement la préservation des sols pour la production agricole destinée à une population qui s'accroît, mais aussi la récupération des sols dégradés et contaminés. Il faut ainsi disposer d'outils et de méthodes de remédiation des sols malades de la pollution.

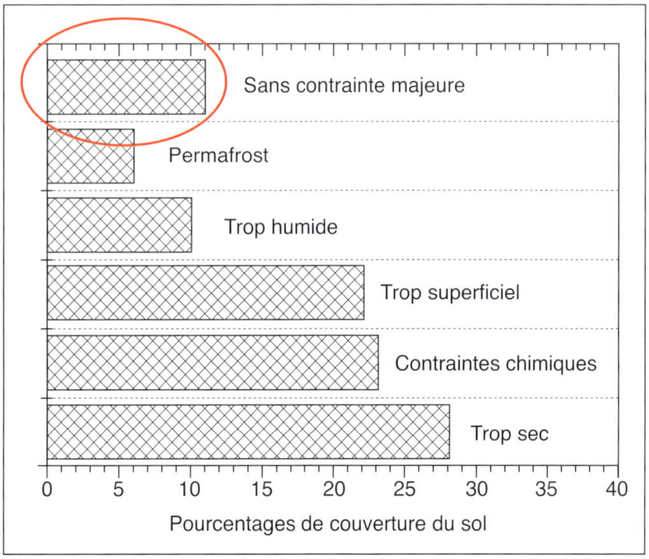

Figure 2

Seulement 11 % des sols du globe sont cultivables sans intervention majeure (irrigation, etc.).

2 Étude des sols pollués

2.1. Composition des sols

Quels sont les polluants des sols ? Ils sont analogues à ceux trouvés dans l'eau (voir les ***Chapitres d'É. Blin*** et de ***M. Coquery/S. Martin Ruel***) et sont issus des activités agricoles, industrielles ou urbaines. Ils sont classés en polluants organiques et polluants inorganiques, dont les comportements sont différents (***Encart « Quels sont les polluants des sols ? »***). On y trouve des hydrocarbures aliphatiques et aromatiques et des produits organiques synthétisés par l'industrie chimique (produits phytosanitaires, solvants chlorés, PCB,

QUELS SONT LES POLLUANTS DES SOLS ?

Les polluants des sols (***Figure 3***) sont issus des activités agricoles, urbaines et industrielles.

Activités agricoles

Produits phytosanitaires, éléments en traces, phosphore, azote...

Activités urbaines et industrielles

– Polluants organiques : hydrocarbures pétroliers (supercarburant, gasoil, kérosène, white spirit), hydrocarbures aromatiques polycycliques (HAP), benzène, toluène, éthylbenzène, xylène, polychlorobiphényles (PCB), solvants halogénés ;

– Éléments en traces : métaux (cuivre, chrome, fer, manganèse, molybdène, nickel, zinc, cadmium, mercure, plomb, ...), non-métaux (bore, sélénium, arsénic, ...), radionucléides (américium, césium, néodyme, nickel, neptunium, plutonium, strontium, technétium, uranium...).

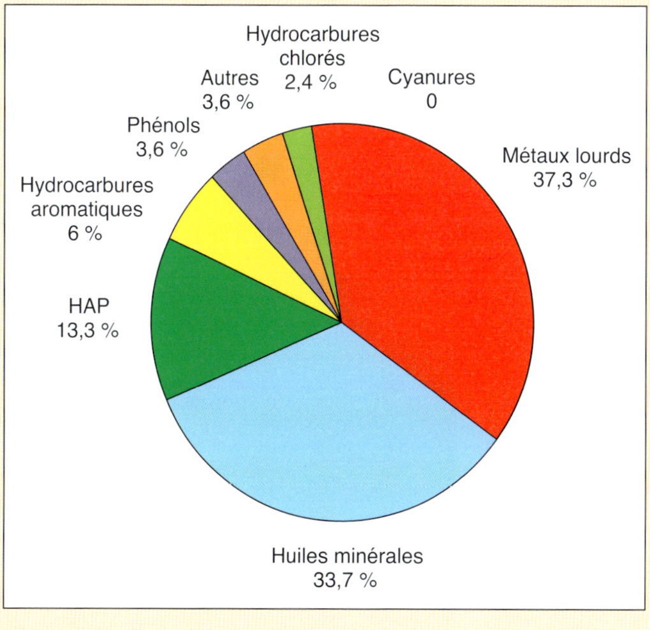

Figure 3

Composition des sols en polluants.

hydrocarbures aromatiques), des métaux et toute une gamme de radionucléides, qui sont autant illustrateurs de l'importance du problème de la complexité de la pollution des sols. Tous ces polluants sont très fortement associés à la matrice des sols, ce qui les rend difficiles à éliminer. Ainsi, nettoyer un sol est bien plus compliqué que nettoyer de l'eau ou de l'air.

2.2. Des sols pollués à travers le monde

En parcourant la planète, on relève de nombreux sites où la pollution des sols est importante, pour des raisons très diverses : industrie lourde, industrie minière, déchets urbains, agriculture, etc.

2.2.1. Des pollutions ponctuelles et massives : les friches industrielles

La **Figure 4** montre la photo d'un site sidérurgique lorrain avant 1980 (à gauche), puis après 1980 (à droite), après le départ de l'industrie : les sols peuvent contenir des hydrocarbures, des métaux lourds, de l'arsenic, des cyanures... Ce sont des Technosols (***Figure 5***), à savoir des groupes de sols qui contiennent des matériaux technologiques en grande quantité ; lorsqu'ils contiennent des polluants, ils représentent une menace pour la ressource en eau et pour la biosphère.

2.2.2. Des pollutions diffuses

Un autre exemple de sol pollué peut être trouvé en Chine (**Figure 6**). Des effluents provenant d'un site minier, contenant du cadmium, du plomb, du zinc et un ensemble d'autres éléments métalliques, ont gagné les terres agricoles entraînant une très forte contamination (**Figure 6B**) : on y trouve dix à cent fois plus de métaux que dans un sol normal. Certaines parcelles agricoles sont devenues stériles (**Figure 6C**), tandis que sur les autres, qui ne sont pas phytotoxiques, il existe un risque majeur de transfert des éléments toxiques comme le cadmium dans les plantes destinées à la consommation humaine.

Citons des exemples en France : à Noyelles-Godault,

Figure 4

Photos d'un site en Lorraine : avant 1980 (à gauche) et après 1980 (à droite).
Le site a laissé derrière lui de nombreux polluants tels que des hydrocarbures et des métaux lourds.

Figure 5

Des technosols (sols contenant des matériaux technologiques). Lorsqu'ils sont pollués, ils peuvent gravement menacer la ressource en eau.

dans le Nord-Pas-de-Calais, l'activité métallurgique (Metaleurop) a entraîné d'importantes contaminations par les métaux (e.g. cadmium, plomb) qui peut s'étendre très loin au-delà des usines. Ces dizaines de milliers d'hectares contaminés représentent un défi difficile à relever pour en éliminer les éléments toxiques.

Un autre exemple de pollution est lié à la viticulture : la vigne nécessite beaucoup de traitements, notamment par de la bouillie bordelaise[3]. Les mesures de concentration en

3. La bouillie bordelaise est un pesticide (algicide et fongicide) fabriqué par neutralisation d'une solution de sulfate de cuivre par de la chaux éteinte : $CuSO_4 + Ca(OH)_2$.

Figure 6

Pollution de terres agricoles chinoises par des effluents miniers (à Dabao Shan).
On relève la présence des métaux suivants : zinc (1 427 mg/kg), cadmium (7,46 mg/kg), plomb (4 110 mg/kg).

Figure 7

Les localisations des sols pollués par le cuivre correspondent aux régions où l'on cultive la vigne.

cuivre des sols français montrent que la carte obtenue reflète bien les régions de culture de vignes (***Figure 7***) ! Sachant que la teneur limite est de cent milligrammes de cuivre par kilogramme de sol, on atteint bien souvent les cinq cents.

On trouve un autre exemple aux Antilles françaises, où la pollution par l'insecticide chlordécone constitue un problème majeur. Cette molécule, qui contient dix atomes de chlore (***Figure 8***), est très stable mais aussi très toxique. Utilisé dans le passé pour lutter contre le charançon du Bananier (*Cosmopolites sordidus*), le chlordécone a contaminé 16 000 hectares aux Antilles. Il s'accumule notamment dans la nano-porosité des andosols[4] (voir la ***Figure 8C***), mais n'y est pas séquestré définitivement et peut donc en ressortir pendant des dizaines d'années, voire des centaines et gagner le milieu marin.

Un dernier exemple concerne les sols de jardins privés. Une étude réalisée sur une centaine de sols de jardins du nord de la Lorraine a permis de mesurer les concentrations en métaux (cadmium, nickel, cuivre, plomb, zinc) et de comparer les résultats obtenus aux concentrations mesurées dans 18 000 sols agricoles[5]. On découvre que la concentration en métaux (en dehors du nickel) y est deux fois plus importante, en relation avec la culture intensive des sols de jardins et les dépôts de déchets de diverses natures (***Tableau 1***).

4. Les andosols sont des sols humides de montagne comportant une roche mère d'origine volcanique et une couche riche en matière organique.

5. Schwartz C., Fetzer K.D., Morel J.L. (1995). Factors of contamination of garden soils by heavy metals. In : Prost, R. (ed.), CD-Rom, *Contaminated Soils, Third International Conference on the Biogeochemistry of Trace Elements*, Paris.

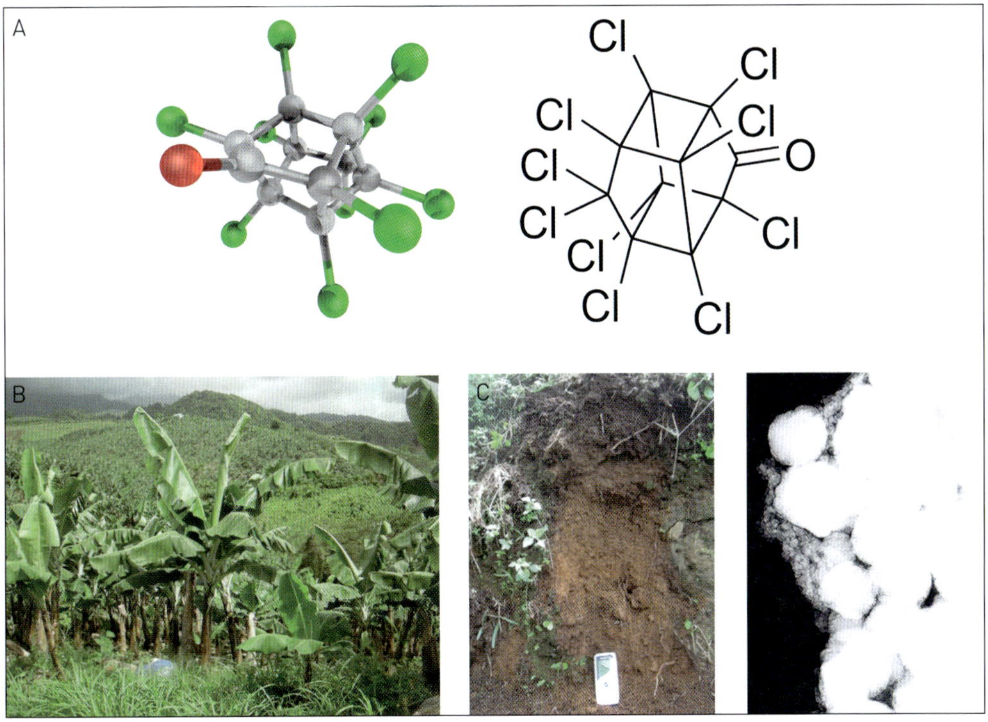

Figure 8

Le chlordécone (ou képone®) (A) est un insecticide organochloré utilisé entre 1971 et 1993 pour traiter les bananiers (B) contre le charançon. Toxique et persistant, il est transféré dans les chaînes alimentaires en s'accumulant dans les andosols (C) où des polluants sont séquestrés dans les nano-porosités.

2.3. Conséquences de la pollution des sols

La ***Figure 9*** représente le cycle des polluants dans le système sol-plante, donnant une vue générale de leurs transformations avant d'atteindre des cibles telles que les eaux souterraines, les plantes, les eaux superficielles, et *in fine* l'homme. La chaîne alimentaire est contaminée par différentes voies : *via* le transfert sol-plante, puis la consommation de la plante par les animaux, suivie de la consommation

Tableau 1

On trouve deux fois plus de métaux dans les sols de jardins que dans les sols agricoles.

105 sols de jardins Moselle - Est (France) (Schwartz *et coll.*, 1995)					
	Cd	Cu	Ni	Pb	Zn
Moyenne	1,0	27	19	59	138
Maximum	0,2	4	4	1	37
Minimum	5,3	181	56	340	518
18 000 sols agricoles Allemagne (Größman *et coll.*, 1992)					
	Cd	Cu	Ni	Pb	Zn
Moyenne	0,4	15	15	36	67

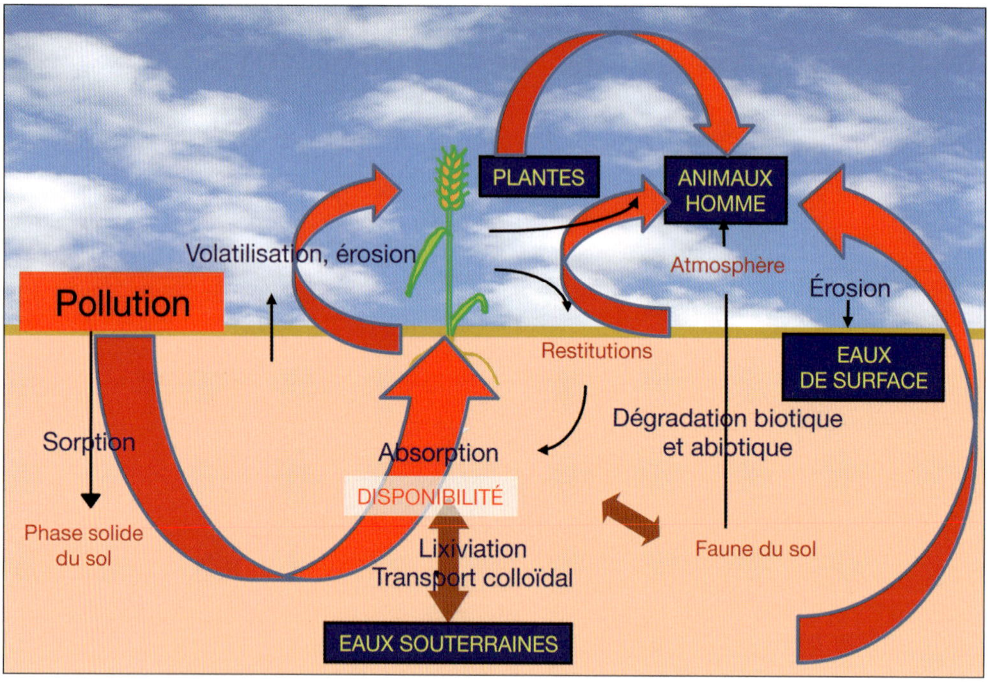

Figure 9

Cycle des polluants dans le système sol-plante. Par différentes voies de transformation, on aboutit à une contamination de la chaîne alimentaire.

par l'homme (ou directement par l'homme). Il peut aussi y avoir la contamination directe des plantes par dépôt sur les parties aériennes et la contamination des eaux. Aussi, dès lors qu'un sol est contaminé, il représente une menace pour la sécurité alimentaire, non seulement du fait de l'absorption par les plantes mais aussi parce que les polluants peuvent suivre d'autres voies de transfert.

Un exemple de suivi du devenir d'un type de pollution tel qu'un métal lourd montre toute la complexité du cheminement des polluants (***Figure 10***). Prenons un métal quelconque qui se trouve dans le sol en présence d'une phase solide importante et réactive, constituée par exemple d'oxydes, d'argiles, de carbonates et de matière organique. Tous ces composés vont interagir avec le métal et lui faire prendre des formes chimiques particulières ; cet ensemble de réactions conduit à la distribution du métal entre une fraction dite non-disponible pour la plante, qui ne pourra pas être absorbée au cours de sa croissance, et une fraction disponible (en bleu, ***Figure 10***), dans laquelle la plante va puiser le métal durant sa croissance. La fraction bleue est la quantité qu'il faut analyser dans les sols, car si l'on sait mesurer cette disponibilité, on saura apprécier le risque de transfert sol-plante du contaminant.

Les nombreux exemples cités montrent que les polluants des sols, non dégradables (métaux) ou très faiblement dégradables (HAP, PCB...), persistent dans l'environne-

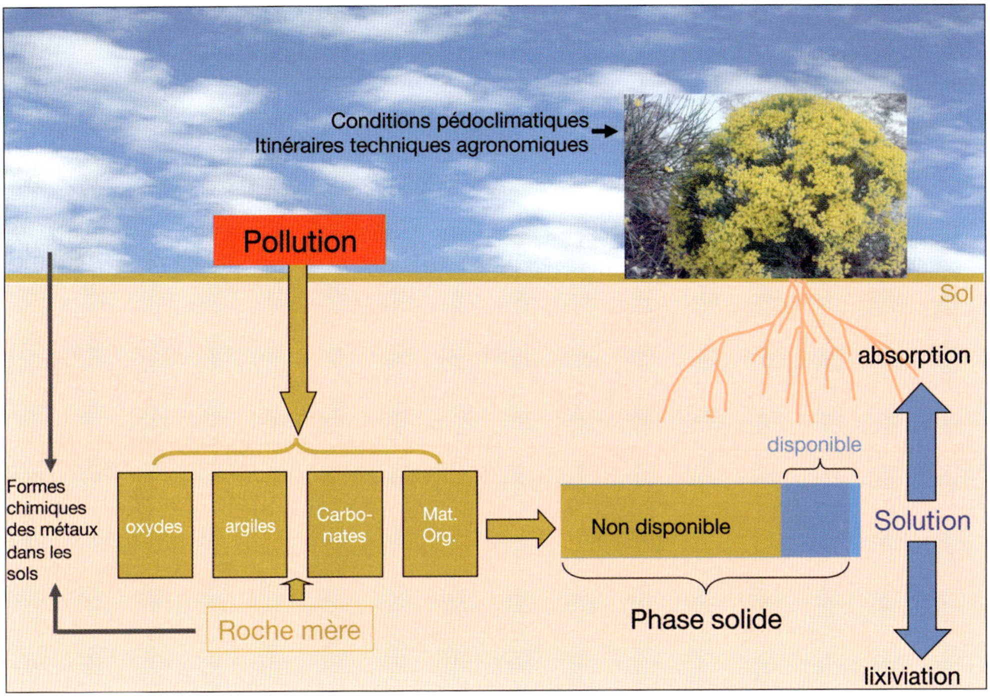

Figure 10

Devenir de métaux lourds dans les sols.

ment et peuvent être transférés vers différentes cibles, et ce, sur de grandes surfaces.

Ainsi, il est crucial de traiter ces sols pollués pour éviter les transferts vers les cibles environnementales. Les moyens à envisager doivent être technologiquement et économiquement faisables, au vu des surfaces importantes, qui peuvent parfois atteindre des dizaines de milliers d'hectares.

3 Principe général de remédiation des sols contaminés

Les différentes stratégies de remédiation des sols qui ont été développées suivent l'un des trois principes suivants, voire deux à la fois : **immobilisation**, **destruction** ou **extraction** du polluant. Il existe deux voies générales (***Figure 11***) :

– le traitement *ex situ*, qui consiste à excaver le sol, puis à lui faire subir différents types de traitements : désorption thermique, oxydation ou dégradation biologique, etc. La terre traitée est ensuite réutilisée sur place ou transférée dans un centre de stockage ;

– le traitement *in situ* : le sol pollué reste en place et on lui applique des procédés chimiques (oxydation, réduction, lixiviation) et/ou biologiques (atténuation naturelle, phytoremédiation). Par exemple, les polluants organiques peuvent être éliminés en injectant dans le sol des oxydants puissants (procédé Oxysol développé dans le cadre

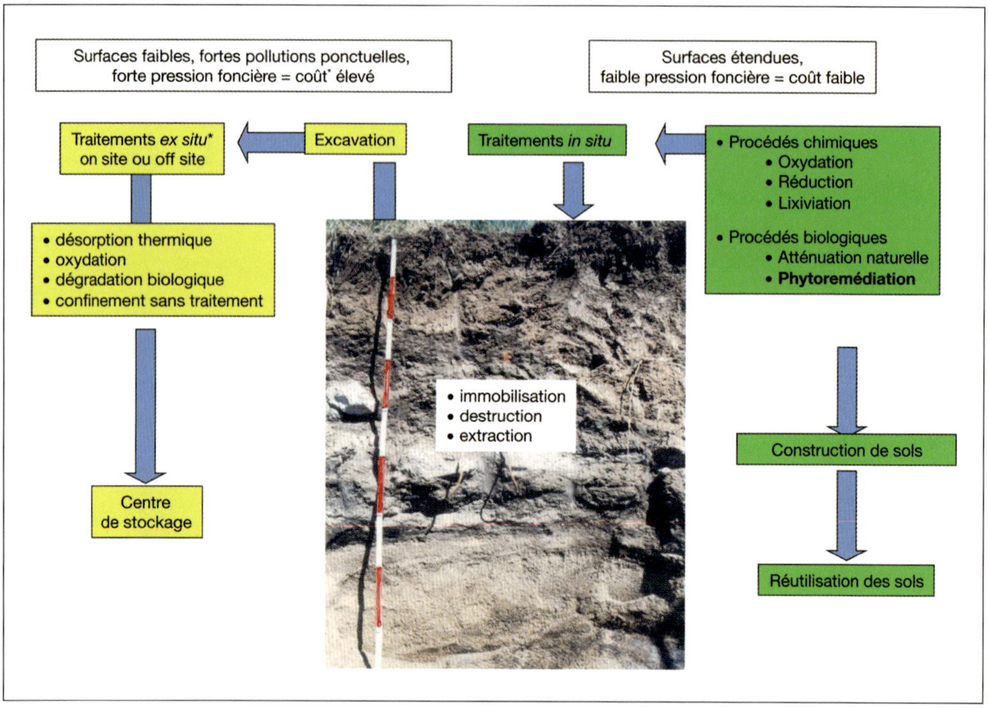

Figure 11

*Les différentes stratégies de remédiation des sols pollués. *Énergie, ressources naturelles, impacts.*

d'un programme[6] de l'Agence nationale de la recherche, ANR). On peut aussi décider de laisser faire la nature tout en contrôlant l'évolution : c'est l'atténuation naturelle. On peut même utiliser le potentiel des plantes pour réduire le risque lié aux contaminations : c'est la phytoremédiation. Elle représente aujourd'hui l'une des voies possibles pour traiter de grandes surfaces contaminées, et faire passer la friche à une surface traitée qui peut être ensuite utilisée pour d'autres objectifs.

4 La phytoremédiation

La phytoremédiation est un concept très large qui recouvre une gamme de technologies relativement différentes, mais toutes basées sur l'utilisation des plantes pour réduire les risques écotoxicologiques liés à la contamination des sols. On devrait parler des phytoremédiations.

4.1. Le rôle primordial de la rhizosphère

La phytoremédiation pourrait aussi s'appeler « rhizoremédiation » car le travail est principalement réalisé par les racines. Les parties aériennes de la plante jouent un rôle important, dans la mesure où elles captent l'énergie solaire et assurent les flux de polluants par la transpiration, mais c'est dans l'environnement racinaire que se

6. www.oxysol-anr.org

passe l'essentiel des processus, représentés sur la *Figure 12*. Le système racinaire peut développer une très grande surface (plusieurs mètres carrés) qui constitue le lieu des interactions avec le sol. Si l'on examine ce qui se passe au niveau de l'extrémité d'une racine (l'apex), on constate que beaucoup de composés organiques, appelés exsudats, y sont libérés. Ils servent de substrats aux micro-organismes présents, de sorte qu'autour de la racine on observe une activité biologique particulièrement intense.

Une racine se comporte donc comme un puits d'eau, de solutés et d'oxygène, et comme une source de dioxyde de carbone et de composés organiques, qui stimulent la croissance et le développement des micro-organismes, lesquels vont alors se multiplier autour de la racine et constituer ce que l'on appelle la **rhizosphère**.

4.2. Les procédés de remédiation. Vue d'ensemble

La phytoremédiation regroupe quatre modes d'action différents (*Figure 12*), dont chacun sera décrit plus en détail dans la partie suivante :

– la **phytostabilisation** : c'est le premier effet observé dès lors qu'une surface est cultivée. Elle est ainsi protégée contre des phénomènes de dégradation comme l'érosion, ce qui limite le transport de particules chargées en polluants par l'eau et le vent. Lorsqu'on implante un

Figure 12

Mode d'action des plantes sur les polluants des sols, au niveau du système racinaire. La phytoremédiation est fondée sur les interactions sol-racine-polluants. L'effet rhizosphère correspond à une stimulation de la croissance microbienne.

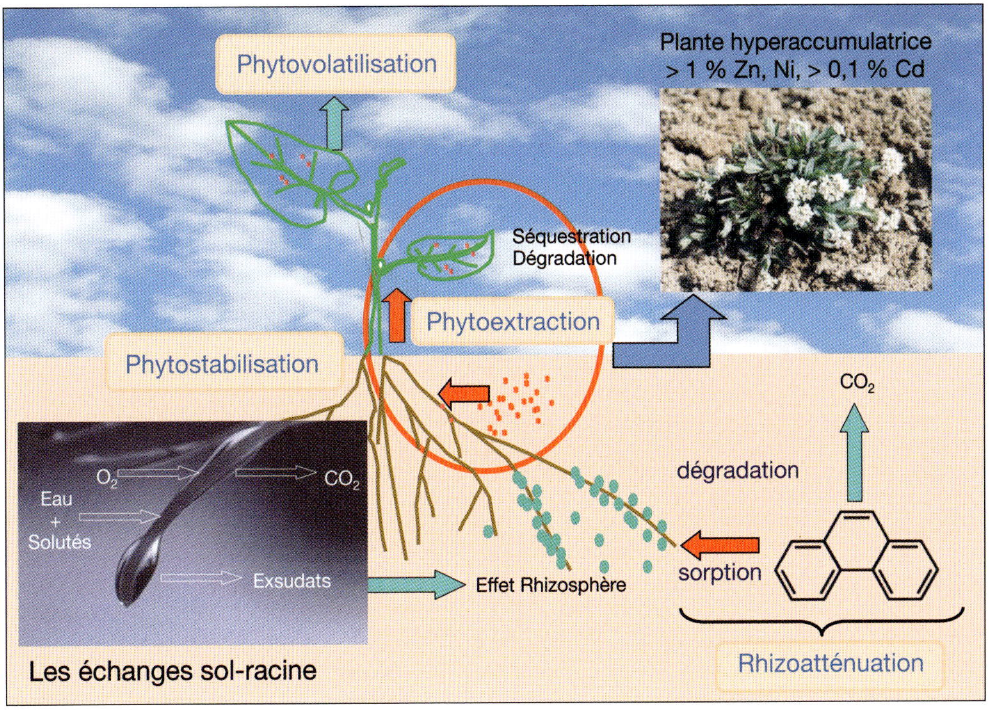

couvert végétal, quel qu'il soit, on stabilise le sol. Ce procédé est largement utilisé par le génie civil pour stabiliser les ouvrages, comme, par exemple, les talus routiers. Au-delà des effets mécaniques, les plantes contribuent aussi à stabiliser les polluants ;

– la **rhizoatténuation** : ce processus intervient dans la rhizosphère, résultant en premier lieu de la stimulation de l'activité biologique, qui peut contribuer à la dégradation des polluants organiques (dans la ***Figure 12***, le polluant est un HAP), avec production *in fine* de dioxyde de carbone, mais aussi de produits intermédiaires ; les racines contribuent aussi à transformer les polluants organiques. Le programme ANT Multipolsite mené sur des sols de cokerie de la station expérimentale du GISFI étudie les processus de rhizoatténuation des polluants organiques de type HAP ;

– la **phytoextraction** : c'est le principe de l'aspirateur. La plante prélève les polluants par ses racines (les polluants figurent en rouge sur la ***Figure 12***). Ils sont transférés dans les parties aériennes où ils sont séquestrés dans les feuilles. Pour les métaux, des plantes particulières, décrites plus loin, sont dites hyperaccumulatrices : elles sont capables d'absorber jusqu'à mille fois plus de métaux que les autres espèces végétales ;

– la **phytovolatilisation** est le prolongement de la phytoextraction, dès lors que la plante est capable de métaboliser les polluants. Ces derniers, comme les polluants organiques de type solvants chlorés très volatils, peuvent alors être volatilisés. Les plantes peuvent aussi transformer des éléments traces comme le sélénium, le mercure ou l'arsenic, qui prennent alors des formes chimiques volatiles.

5 Les procédés de remédiation

5.1. La phytostabilisation (*Figure 13*)

Certaines plantes comme le peuplier sont utilisées pour stabiliser les polluants. Un exemple est le développement de l'utilisation des peupliers pour les sols pollués par des métaux dans le cadre du programme ANR Phytopop[7]. Le peuplier prélève beaucoup d'eau par ses racines et contribue ainsi à diminuer les flux de polluants vers la profondeur du sol, De plus, les racines des plantes peuvent réduire la disponibilité des polluants par absorption ou par adsorption sur les surfaces. Cette diminution de la biodisponibilité des polluants s'accompagne d'une réduction de la contamination de la chaîne alimentaire et de celle des autres cibles environnementales. Sur des sols très contaminés par les métaux lourds, par exemple des sites miniers, l'utilisation d'espèces végétales tolérantes permet l'installation d'un couvert végétal

7. http://www.phytopop.uhp-nancy.fr.

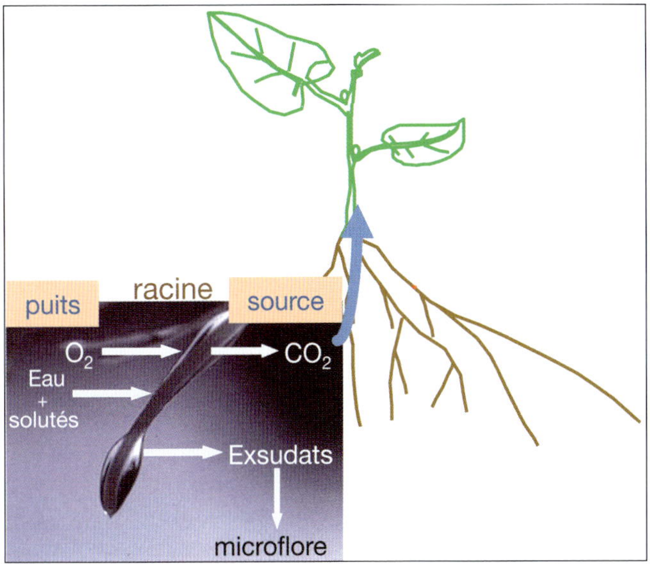

Figure 13

Processus de phytostabilisation. Au niveau de la plante, se produit la transpiration ; au niveau des racines : absorption/adsorption ; au niveau de la rhizosphère : précipitation, réduction de la biodisponibilité. On assiste à une réduction des transferts dans la chaîne alimentaire (transferts par érosion éolienne ou hydrique, par lixiviation...).

et l'initiation de nouveaux écosystèmes dans lesquels les flux de polluants sont diminués.

5.2. La phytovolatilisation (*Figure 14*)

Dans les années 1990, des chercheurs américains ont étudié le devenir du sélénium sur de larges zones californiennes contaminées – avec des problèmes écologiques importants –, suite à une irrigation par des eaux fortement chargées en sélénium. Ils ont montré que cet élément peut être accumulé sous une forme chimique par certaines plantes du type *Astragalus* : par une suite de réactions, ces plantes transforment le sélénium en diméthylsélénide, qui est un composé volatile qui passe alors dans l'atmosphère. Ces transformations de méthylation sont aussi réalisées naturellement dans les sols par les micro-organismes. Globalement, la présence de plantes conduit à une élimination du sélénium du sol mais aussi à un déplacement de la pollution vers l'atmosphère. Il n'en demeure pas moins que beaucoup de recherches se développent actuellement sur cette voie intéressante, en

Figure 14

Processus de volatilisation par des plantes du type Astragalus.
Le sélénium (Se) est transformé en diméthylsélénide (DMSe) au niveau des cellules végétales par des micro-organismes de la rhizosphère. Le DMSe est ensuite volatilisé via *les feuilles vers l'atmosphère.*

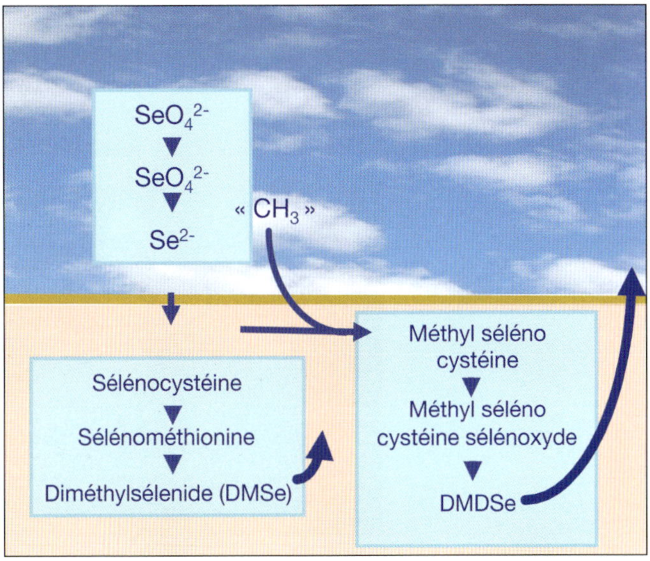

vue de s'attaquer à la pollution des sols par des métaux lourds comme l'arsenic ou le mercure.

5.3. La phytoextraction

5.3.1. Les deux voies de la phytoextraction

Il existe deux voies principales pour la phytoextraction :

– la voie qui utilise des **plantes accumulatrices à forte production de biomasse**, comme par exemple *Brassica juncea* (ou moutarde indienne), dont la taille compense le faible pourcentage d'accumulation ;

– la voie qui utilise des plantes de biomasse parfois plus faible, mais qui sont capables d'hyperaccumuler les éléments en traces. Découvertes dans les années 1930, ces plantes étaient considérées comme des curiosités botaniques jusqu'aux années 1990. Depuis, plus de quatre cents espèces ont été identifiées, capables d'extraire le nickel (*Alyssum murale*), l'arsenic (*Pteris vittata*, une fougère), le cadmium ou encore le zinc (*Arabidospis halleri* ou arabette de Haller, *Noccaea caerulescens* ou tabouret calaminaire) (***Figure 15***). Ce sont des plantes extraordinaires, capables d'absorber des quantités d'éléments inhabituelles chez les végétaux dont les concentrations peuvent atteindre le même ordre de grandeur que les éléments majeurs comme l'azote, le phosphore et le potassium. Parfois même, on trouve davantage de nickel dans la plante que d'azote !

Figure 15

Les plantes hyperaccumulatrices réalisent le processus de phytoextraction.
Fougères (A), arabettes de Haller (B), tabouret calaminaire (C)… ces plantes sont capables d'absorber d'impressionnantes quantités de métaux comme le nickel, l'arsenic et le cadmium.

Tableau 2

Activités hyperaccumulatrices des quatre cents espèces connues (d'après Baker, 2000).

Métal	Concentration (feuilles % matière sèche)	Nombre d'espèces	Nombre de familles
Cadmium	0,01	3	2
Cobalt	> 0,1	26	12
Cuivre	> 0,1	24	11
Nickel	> 1	> 300	35
Plomb	> 0,1	5	3
Manganèse	> 1	8	5
Zinc	> 1	18	5

5.3.2. Caractéristiques des plantes hyperaccumulatrices

Le **Tableau 2** donne les caractéristiques pour l'ensemble des quatre cents espèces hyperaccumulatrices actuellement connues, dont les plus nombreuses sont hyperaccumulatrices du nickel ; on les trouve en Nouvelle Calédonie, au Brésil, à Cuba ou encore en Europe.

Examinons par exemple les caractéristiques des plantes hyperaccumulatrices de cadmium. Sur la ***Figure 16*** sont comparées les activités accumulatrices de toute une gamme de végétaux, pour une même concentration en cadmium dans le sol, et dans les mêmes conditions de croissance. Les plantes à usage alimentaire présentent une très grande variété de réponses : les laitues et le tabac sont des accumulateurs de cadmium, mais avec le tabouret calaminaire (***Figure 15C***), on a une véritable rupture d'échelle puisque l'absorption de cadmium atteint 3 000 mg/kg, alors que la plupart des espèces en dehors du tabac n'en retiennent que des concentrations inférieures à 10 mg/kg. Cette espèce, connue depuis 1865, est particulièrement intéressante car elle est capable d'hyperaccumuler plusieurs métaux comme, par exemple, le nickel, le zinc et le cadmium. Souvent réputée de faible taille et de croissance faible, elle offre des spécimens à biomasse importante

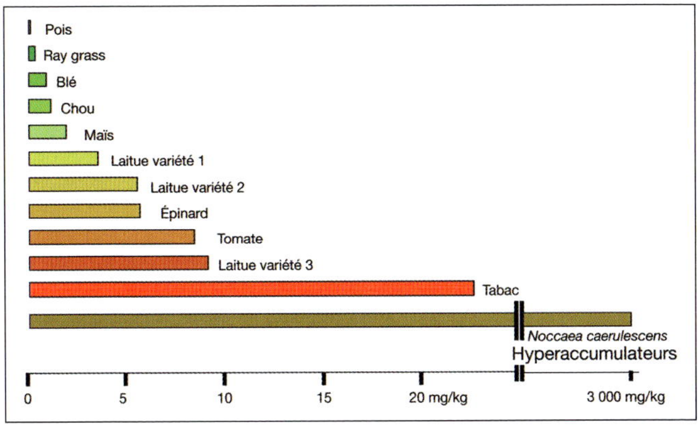

Figure 16

Comparaison des activités accumulatrices de plantes hyperaccumulatrices, mesurées en concentrations de cadmium dans les feuilles.

Figure 17

Plantes hyperaccumulatrices en nickel (exprimés en % de matière sèche).
A) Psychotria douareii *(Nouvelle Calédonie) : > 3 % dans les feuilles ; B)* Sebertia acuminata *ou sève bleue (Nouvelle Calédonie) : 25 % dans la sève ; C)* Berkheya codii *(Afrique du Sud) : > 1 % : D)* Alyssum murale *(pourtour méditerranéen) : 3 %.*

dans le milieu naturel. Nous avons prospecté de nombreux sites en France[8], et découvert une population qui accumule plus de 3000 mg/kg de cadmium[9].

Examinons maintenant les plantes hyperaccumulatrices en nickel[10]. On en trouve notamment en Nouvelle Calédonie, comme le *Psychotria douareii* (**Figure 17A**) ; cette espèce peut contenir plus de 3 % de nickel dans ses feuilles. On y trouve également l'espèce *Sebertia acuminata*, appelée sève bleue (**Figure 17B**) du fait de la couleur de sa sève, qui peut contenir 25 % de nickel. Cette plante est une curio-

8. Reeves R., Schwartz C., Morel J.L., Edmonson J. (2001). Distribution and metal-accumulating behaviour of *Thlaspi caerulescens* and associated metallophytes in France, *International Journal of Phytoremediation*, **3** :145-172.
9. Schwartz C., Sirguey C., Peronny S., Reeves R.D., Bourgaud R., Morel J.L. (2006). Testing of outstanding individuals of *Thlaspi caerulescens* for cadmium phytoextraction, *International Journal of Phytoremediation*, **8** : 339-357.

10. La prospection botanique de ces plantes hyperaccumulatrices en nickel utilise notamment le diméthylglyoxime, qui forme un complexe fortement coloré avec le nickel. Avec un papier imprégné de ce complexant, il est rapide de tester si une plante contient de fortes quantités du métal.

sité de la nature, tout autant qu'une source potentielle de connaissances pour comprendre comment une plante peut contenir autant de nickel dans son latex ! On trouve par ailleurs en Afrique du Sud une autre espèce intéressante, le *Bekheya codii* (**Figure 17C**) : cette grande plante de 1,5 mètre peut contenir plus de 1 % en nickel. Enfin, l'*Alyssum murale* (**Figure 17D**), qui est très abondant sur tout le pourtour méditerranéen, y compris en Corse, peut contenir au-delà de 3 % de nickel dans les parties aériennes.

5.3.3. Comportement des plantes hyperaccumulatrices

La culture de ces plantes sur des sols de natures différentes a montré que l'activité hyperaccumulatrice des plantes dépend beaucoup du sol (**Figure 18**). Ainsi, il existe une relation étroite entre la capacité de la plante à prélever le métal et la quantité de métal disponible dans le sol : si le métal est peu disponible, la plante aura beaucoup de mal à l'extraire et à l'accumuler. Par exemple, l'accumulation est plus forte dans un sol de serpentine, riche en nickel total et disponible.

Nous avons réalisé une expérience dans les années 1990 avec le tabouret calaminaire, cultivé dans des dispositifs (rhizotrons) permettant d'inclure dans un sol non contaminé des taches de sol fortement contaminé par des métaux (**Figure 19**). La plante s'est très bien développée, et, au contact des zones contaminées, elle a montré un système racinaire très dense. Ce phénomène traduit une réaction spécifique de la plante en présence de concentrations

Figure 18

Réponses d'hyperaccumulateurs de nickel en fonction de la nature du sol (deux barres affectées de la même lettre ne sont pas significativement différentes au seuil de probabilité de 5 %).

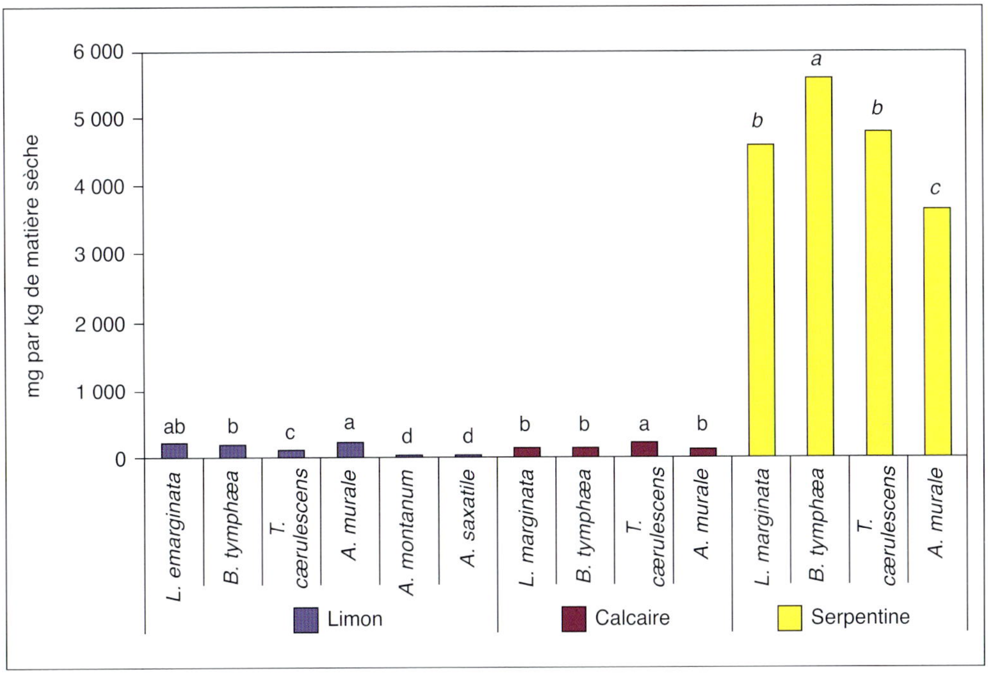

Métaux (en mg/kg)	Cadmium Cd	Plomb Pb	Zinc Zn
Fonderie de Zn	16	260	1 300
Sol agricole	0,1	23	40

Figure 19

Expérience montrant le développement préférentiel des racines de Noccaea caerulescens *dans les zones contaminées du sol.*
Les feuilles contiennent plus de 1% en zinc et 0,1 % en cadmium.

élevées de métaux. Cette plante a un besoin interne en zinc et possède une capacité très élevée à séquestrer ce métal et à le rendre indisponible pour elle-même.

Dans tous ces phénomènes décrits dans les sols et les plantes, c'est la chimie qui opère continuellement. Examinons-la de plus près, comprenons grâce à elle ce qui se passe précisément dans les sols et les plantes, et comment on peut ainsi optimiser les procédés de traitement des sols pollués pour conduire à leur guérison.

5.3.4. La chimie de la phytoextraction

Le pH de la rhizosphère

L'interface sol-racine, ou rhizosphère, est un milieu dans lequel l'activité chimique et biologique est intense. Les réactions chimiques qui s'y déroulent sont nombreuses, complexes et encore mal connues. Par exemple, le pH du sol est modifié par la présence de racines vivantes. La ***Figure 20A*** montre sur une racine de maïs une diminution d'une unité de pH au voisinage de la racine. Ce changement dans l'acidité de la rhizosphère

Figure 20

A) pH de la rhizosphère de jeunes racines de maïs dans un sol contenant 20 mg/kg de cadmium et 3 300 mg/kg de zinc ; B) pH de la rhizosphère de jeunes racines de Noccaea caerulescens *dans un sol contenant 19 mg/kg de cadmium et 1 500 mg/kg de zinc.*

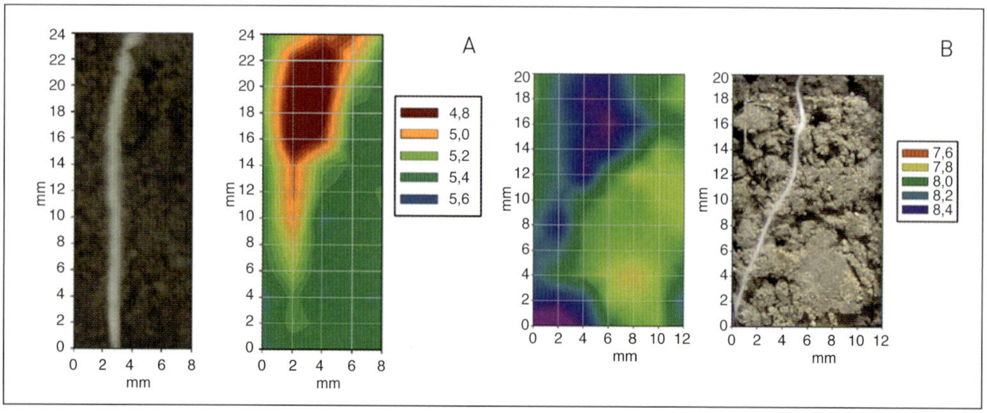

contribue à modifier les réactions chimiques (réactions d'échange, d'oxydo-réduction, de complexation, de solubilisation), et, par conséquent, la solubilité des éléments et leurs transferts vers les surfaces des racines. Ces variations de pH dépendent de la plante et de son environnement physico-chimique, comme la forme de la nutrition azotée, la concentration en éléments nutritifs. Par exemple, nous avons montré des comportements différents pour l'hyperaccumulateur *Noccaea caerulescens* et le maïs, ce dernier entraînant une augmentation de pH au voisinage de la racine (***Figure 20A***).

Les métaux dans les plantes hyperaccumulatrices

Les métaux absorbés par les plantes hyperaccumulatrices sont soumis à des processus de transport puis de séquestration dans les parties aériennes, les feuilles en particulier. La ***Figure 21*** montre des résultats d'analyses spectroscopiques par microPIXE d'une coupe de feuille d'un hyperaccumulateur de nickel, *Senecio coronatus* (***Encart : « La spectroscopie par micro-PIXE »***). Le nickel a tendance à se localiser dans les cellules de l'épiderme des feuilles. Chez d'autres espèces et avec d'autres métaux tels que le zinc, les cellules de l'épiderme assurent une part importante de la séquestration.

D'autres études montrent par ailleurs que dans les cellules végétales, les métaux sont généralement séquestrés sous une forme complexée. Le nickel, qui a été le plus étudié,

Figure 21

A) Localisation du nickel dans l'épiderme des feuilles de Senecio coronatus *(B), hyperaccumlateur de nickel (Afrique du Sud) ; C) analyse par MicroPIXE (les couleurs chaudes correspondent aux concentrations élevées).*

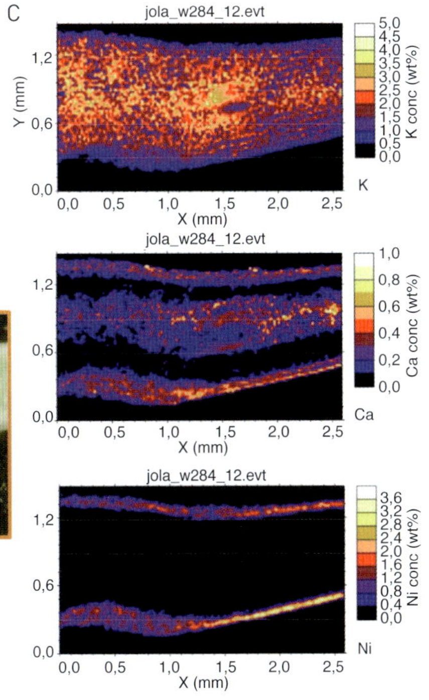

LA SPECTROSCOPIE PAR MICROPIXE

Rappel sur la methode PIXE*

PIXE (*Particle Induced X-ray Emission* ou émission de rayons X induite par des particules chargées) est une technique d'analyse spectroscopique puissante et non-destructive utilisée pour mesurer la composition d'échantillons en éléments chimiques majeurs, mineurs, et même sous forme de traces. Elle repose sur le principe suivant : quand un matériau est exposé à un faisceau d'ions, ses atomes sont stimulés et émettent un rayonnement X, caractéristiques de chaque élément chimique, que l'on peut alors détecter.

La microPIXE

La microPIXE est une extension récente de la PIXE où sont utilisés des faisceaux très ciblés (jusqu'à 1 micron), apportant une capacité supplémentaire à l'analyse. Elle peut être utilisée pour déterminer la distribution des éléments traces pour une large gamme d'échantillons. Il est possible d'y associer la technique PIGE (*Particle Induced Gamma-ray Emission*) afin de détecter des éléments légers.

* Voir aussi l'application de PIXE à l'étude des œuvres d'art dans : *La chimie et l'art, le génie au service de l'homme*, Chapitre de P. Walter, coordonné par M.-T. Dinh-Audouin, R.A. Jacquesy, D. Olivier et P. Rigny, EDP Sciences, 2010.

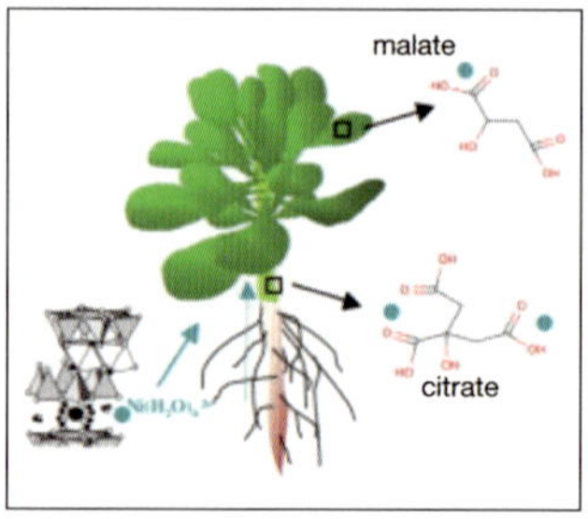

Figure 22

Modes de séquestration des métaux dans un hyperaccumulateur de nickel : Leptoplax emarginata.

forme des complexes avec le citrate, le malate ou encore l'histidine. Par exemple, nous avons montré que l'hyperaccumulateur *Leptoplax emarginata*, fréquemment rencontré dans les Balkans, la tige contient préférentiellement du citrate et les feuilles du malate (***Figure 22***).

5.3.5. Le procédé de phytoextraction

La ***Figure 23*** illustre l'approche générale pour la phytoextraction des métaux dans des sols pollués. Les plantes sont cultivées, récoltées, séchées et éliminées en centre de stockage. Afin de compenser l'énergie dépensée, il est possible d'utiliser la biomasse comme source d'énergie voire comme source de métaux pour des applications industrielles, comme nous allons le voir plus loin (paragraphe 5.4 la phytomine).

Pour évaluer le potentiel de phytoextraction en conditions naturelles, nous avons fait ap-

Figure 23

Approche générale pour la phytoextraction des métaux par les plantes.

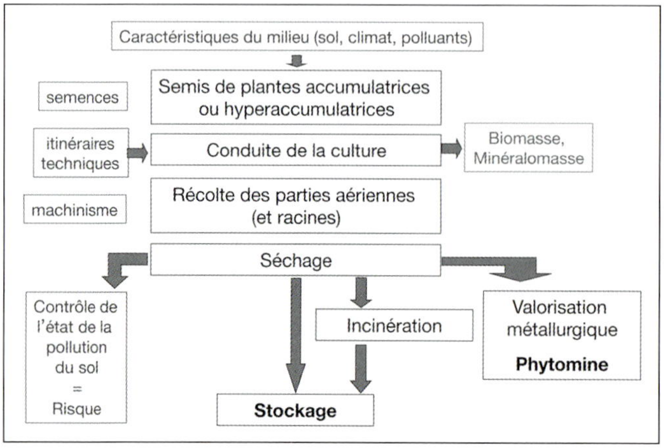

pel à une pelouse métallicole dans le Nord-Pas-de-Calais (*Figure 24*). Les plantes poussent naturellement sur ce sol pollué par le zinc, le cadmium et le plomb et, parmi elles, des hyperaccumulateurs. À partir de coupes des végétaux, on a pu mesurer la concentration métallique dans la biomasse ainsi récupérée et la contribution de chaque espèce au prélèvement du zinc. L'extrapolation des résultats obtenus aboutit à une extraction de 10 kg de zinc par hectare, ce qui, en valeur absolue, n'est pas négligeable. Cependant, le rendement de phytoextraction, calculé par rapport au zinc présent dans le sol n'est que de 0,13 %. Dans certaines situations, les expériences ont montré qu'il était envisageable d'abaisser la charge totale en métaux avec moins de dix années de culture.

Mais c'est la diminution de la fraction disponible qui reste le principal atout de ce procédé. En effet, avec des plantes hyperaccumulatrices, on peut, en une seule culture sur des sols très contaminés, obtenir une réduction allant jusqu'à plus de 20 % de la fraction métallique disponible dans

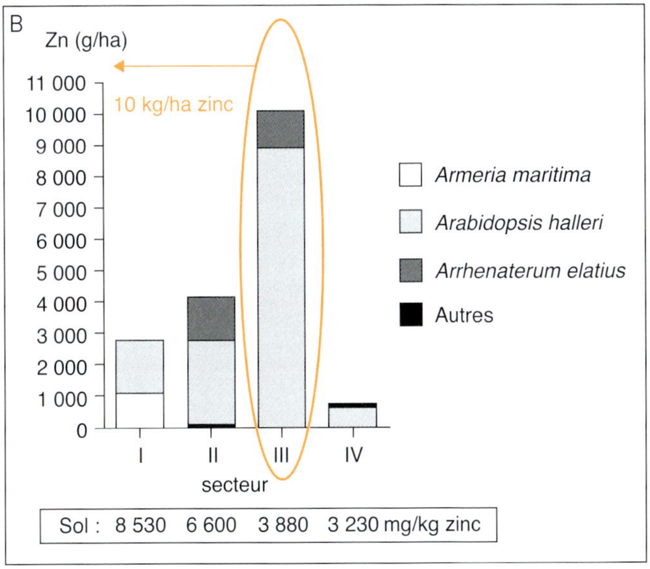

Figure 24

Quantification de la phytoextraction naturelle. A) Des étudiantes en thèse prélevant des coupes d'1 m² d'un sol sur le site d'une ancienne fonderie de zinc, afin d'étudier la quantité de zinc extrait par les plantes ; B) rendement mesuré de la phytoextraction du zinc. Au bilan, on trouve 7760 kg/ha en zinc dans le sol, soit un rendement d'extraction de 0,13 % : dans cette situation de très forte contamination, la dépollution est irréaliste !

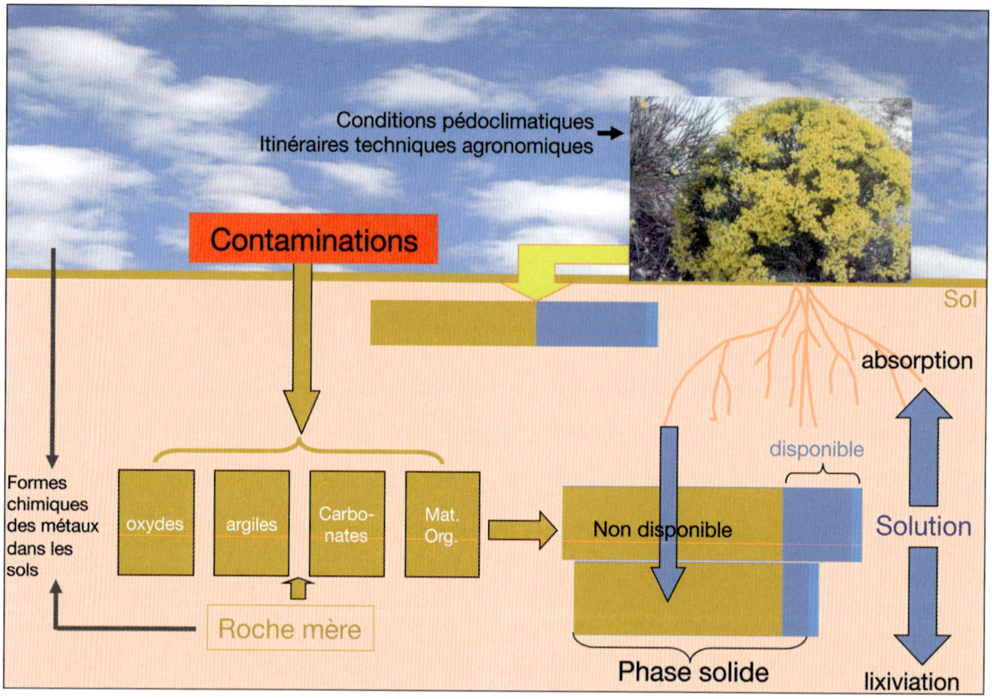

Figure 25

Phytoextraction : influence des hyperaccumulateurs sur le cycle et la biodisponibilité des métaux. Une seule culture peut réduire de plus 20 % la taille du compartiment disponible !

les sols. En agissant sur le compartiment disponible, les plantes hyperaccumulatrices contribuent ainsi à abaisser le risque environnemental et le transfert vers les cibles environnementales et la chaîne alimentaire (***Figure 25***).

Des expérimentations conduites en Chine sur le site pollué présenté précédemment (***Figure 6***) ont montré que la co-culture du maïs et d'un hyperaccumulateur de zinc et de cadmium, le *Sedum alfredii*, apportait une amélioration importante : alors qu'en l'absence de plante hyperaccumulatrice, la concentration en cadmium mesurée dans le maïs est de 0,32 mg/kg, elle descend à 0,20 mg/kg en présence d'hyperaccumulateur, ce qui réduit donc significativement le risque de contamination des populations (***Figure 26***).

5.4. La phytomine : une fonctionnalité émergente de l'agriculture

Dans le cadre d'une collaboration internationale, nous avons développé depuis 2004 un programme de recherche (France, Albanie, Canada, États-Unis) afin de valoriser le potentiel de la phytoextraction des métaux, programme qui associe des compétences en botanique, agronomie, chimie et génie des procédés. Ce programme vise à développer une nouvelle fonctionnalité de l'agriculture : les filières agro-métallurgiques pour récupérer des métaux à forte valeur ajoutée présents dans le sol à l'état dispersé. Il s'agit de la phytomine (***Encart : « Les phytomines, ou comment utiliser des plantes pour la métallurgie »***). On retrouve bien entendu dans cette phytométallurgie toutes les étapes de

Figure 26

A) Sols contaminés par des eaux de mine de plomb, zinc et cadmium à Guandong (Chine) ; B) association de maïs et de Sedum alfredii *(hyperaccumulateur de zinc et cadmium). On observe une réduction du transfert du cadmium.*

LA PHYTOMINE, OU COMMENT UTILISER DES PLANTES POUR LA MÉTALLURGIE

- Origine de la phytomine : Baker *et coll.* (1994)
- Premier brevet : Chaney *et coll.* (1998)
- Filière pour valoriser : zones ultramafiques peu fertiles, zones polluées par le nickel (ou autre métal), valorisation des stériles miniers, premiers essais en Europe (2004, Albanie)
- Principe de la phytomine : ***Figure 27***

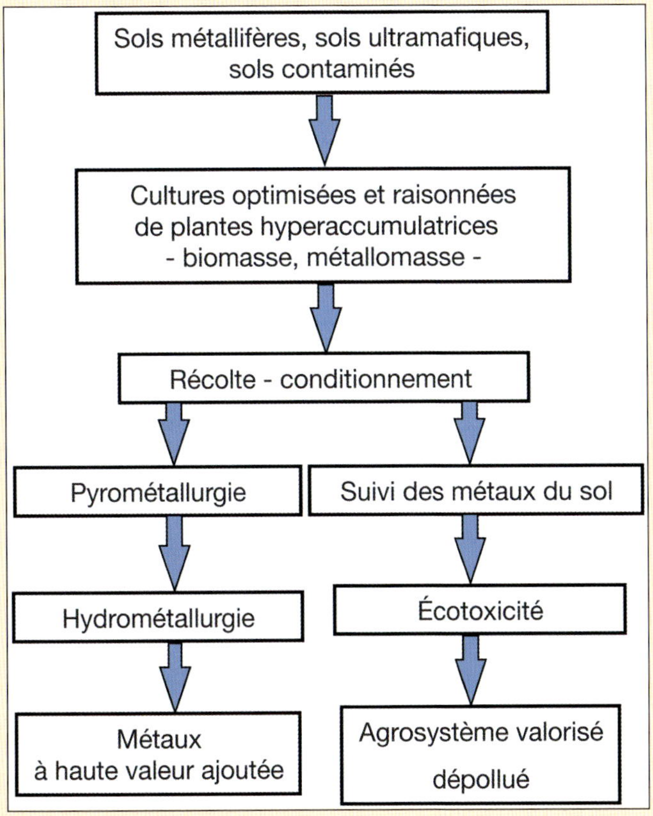

Figure 27

Principe de la phytomine.

la phytoextraction, auxquelles s'ajoutent de l'hydrométallurgie ou de la pyrométallurgie en vue d'obtenir des métaux à haute valeur ajoutée capables d'apporter un revenu aux agriculteurs. Simultanément, cela permet un suivi écotoxicologique du milieu.

Dans le programme, le métal d'intérêt est le nickel, mais des réflexions sont en cours pour étendre cette application à des métaux rares. La plante choisie est *Alyssum murale* (voir la **Figure 17D**), cette plante aux fleurs jaunes accumulatrice de nickel, de la famille des Brassicaceae, qui se développe particulièrement bien sur les sols de serpentine, riches en nickel et peu profonds comme dans les Balkans. Les expérimentations ont été menées en Albanie, dans une zone où la culture est localisée sur les sols alluviaux, et où les pentes des collines constituées de sols ultramafiques (qui sont des sols magmatiques très pauvres en silice) sont occupées par une rare végétation (**Figure 28**). Sur ces sols peu profonds et peu fertiles, *Alyssum murale* se développe très facilement.

Les résultats obtenus sont très encourageants. Les essais réalisés en plein champ ont montré que le nickel est particulièrement abondant dans la plante à l'époque de la floraison, stade de récolte idéal pour l'extraction du nickel. Une fertilisation augmente fortement la quantité de nickel extraite (**Figure 28**). De même, l'utilisation d'herbicide qui élimine les plantes concurrentes augmente aussi les rendements jusqu'à obtenir 100 kg/ha de nickel (**Figure 29**).

Actuellement, on peut espérer un potentiel de 200 kg de nickel par hectare en optimisant tous les volets de l'extraction, ce qui devient économiquement intéressant.

Après récolte de la biomasse (**Figure 30**), il est possible d'appliquer soit un traitement pyrométallurgique pour récupérer directement

Figure 28

Sols alluviaux profonds dans des régions méditerranéennes (Balkans).
> 2 000 mg/kg de nickel ; 10 % de la surface de l'Albanie.

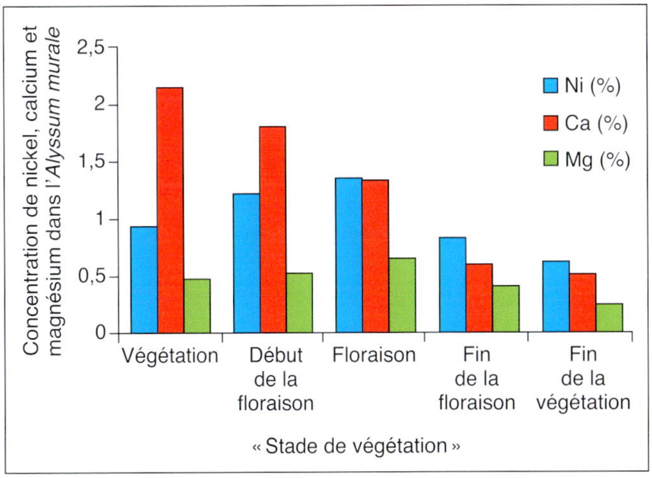

Figure 29

Résultats d'essais de phytomine en plein champ, avec Alyssum murale, *sur des sols ultramafiques en Albanie. Fertilisation NPK (azote, phosphore, potassium), contrôle des adventices, suivi des stades phénologiques, définition de la période de récolte, mesure de la biomasse et de la concentration du nickel dans les parties aériennes. On constate qu'une fertilisation augmente fortement la quantité de nickel extraite par la plante.*

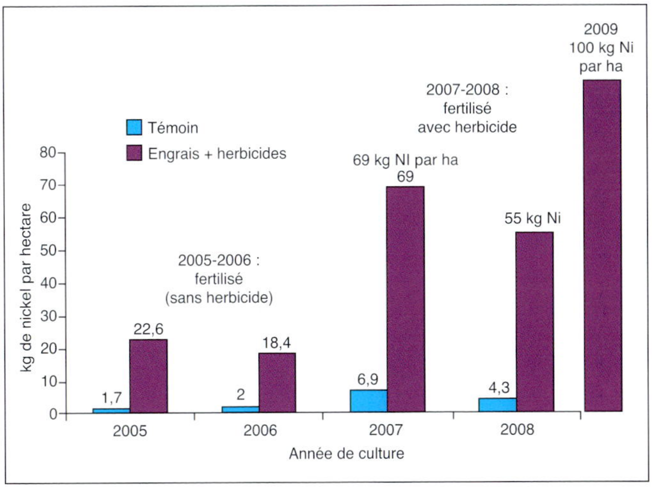

Figure 30

Rendement de phytomine Potentiel ? 200 kg Ni par ha ?

le nickel métal, soit un traitement hydrométallurgique (*Figure 31*) qui permet d'élaborer des composés du nickel à plus forte valeur ajoutée que le nickel métal. Nous avons déposé un Brevet qui permet de produire un sel double de nickel et d'ammonium *via* cette chaîne de procédés. Les expérimentations sont maintenant au stade pilote.

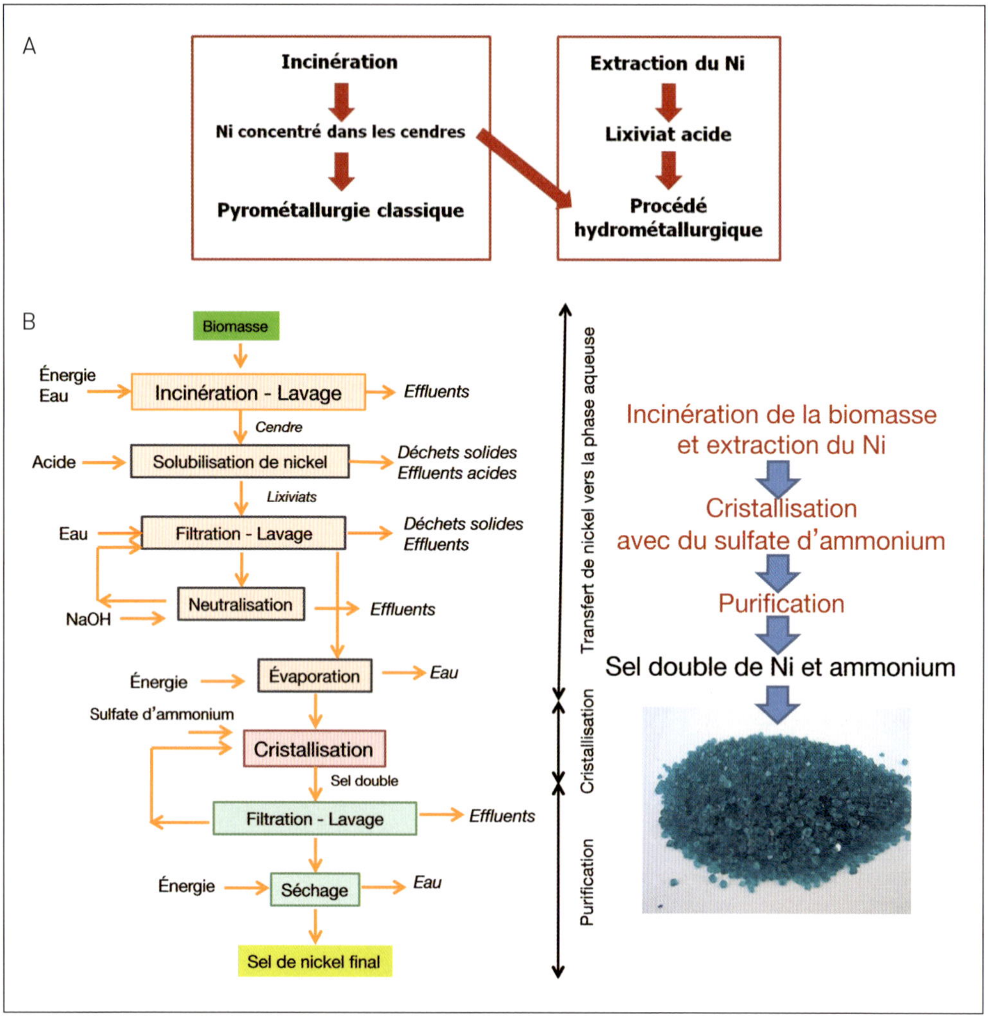

Figure 31

A) Traitement de la biomasse (Barbaroux, 2010) ; B) Synthèse d'un sel double de nickel (Mercier, Smonnot, Barbaroux et coll.*, Brevet 2011).*

La phytoremédiation : des perspectives pour un développement durable

La phytoremédiation recouvre une large gamme de procédés agro-écologiques. Générée par l'énergie solaire et sans altération de la fertilité du sol, elle répond aux critères du développement durable. Elle peut donc s'appliquer à de très grandes surfaces et à des contaminations superficielles, et c'est une approche efficace pour abaisser les risques liés aux sols contaminés. Elle permet d'élaborer un tampon entre les zones polluées et la biosphère.

La phytoremédiation comporte néanmoins des limites, qui sont d'abord agronomiques : il faut sélectionner les meilleures plantes, disposer de semences et appliquer des itinéraires techniques appropriés. De plus, l'application de ces procédés à la dépollution des friches industrielles et des sols urbains contaminés implique une acceptation au plan technologique par les entreprises et les donneurs d'ordres, qui opposent souvent le temps nécessaire pour privilégier d'autres techniques de traitement.

Au-delà de la dépollution, les procédés de phytoremédiation doivent permettre désormais la valorisation des milieux pollués ou naturellement très chargés en métaux. Ainsi, dans le cas de la phytoextraction, le procédé est maintenant intégré dans des filières à intérêt socio-économique telles que la production alimentaire – comme nous l'avons vu dans la co-culture de maïs et de plantes hyperaccumulatrices en Chine –, ou encore dans les cas où la production de biomasse comporte un intérêt industriel comme dans la phytomine, où l'on peut coupler la phytostabilisation des sols à la phytoextraction pour récupérer des métaux à haute valeur ajoutée. Cette métallurgie verte encore expérimentale reste pour le moment limitée aux métaux pour lesquels il existe des plantes hyperaccumulatrices, comme le cadmium, le nickel, l'arsenic et le zinc.

Les perspectives de développement de la phytoextraction sont, d'une part, d'augmenter la gamme d'éléments pouvant faire l'objet de la phytomine en s'appuyant sur les plantes accumulatrices à forte production de biomasse et, d'autre part, d'augmenter la biodisponibilité des métaux par un contrôle des processus rhizosphériques et l'addition de composés appropriés, comme des agents complexants dans les sols. Dans le cas du nickel, nos travaux ont démontré que la phytomine constitue une filière offrant un rendement économique analogue à celui des cultures de céréales. Il y a là une perspective très encourageante pour les agriculteurs et pour le développement de procédés d'extraction minière innovants et répondant aux critères de développement durable.

De la chimie des écosystèmes et des cocktails...

Éric Blin est responsable du Centre de Compétence Milieux aquatiques de la Lyonnaise des Eaux[1], à la Direction de la Protection de l'Environnement.

1 Généralités sur la pollution des eaux

1.1. Historique sur l'origine des pollutions des eaux

La chimie a beaucoup contribué à l'amélioration de la santé de l'homme et de son confort, mais quelles peuvent en être les conséquences sur l'environnement ? Commençons par un historique sur l'évolution de la nature des pollutions (*Figure 1*). Avant le XXe siècle, la pollution était principalement constituée de matières fécales et organiques, avant que n'apparaissent les premiers impacts de la pollution métallique qui augmente avec le développement industriel. Dans les dix dernières années en particulier, le développement de la chimie et de ses applications dans la vie quotidienne conduit à l'apparition de nouveaux polluants, qui atteignent notamment l'environnement. Aujourd'hui, on parle de polluants dits « émergents » car leur détection résulte des progrès de notre savoir et de la reconnaissance analytique ; c'est le cas des nanoparticules, des polluants d'origine pharmaceutique ou phytosanitaire, ou encore de certains solvants.

1.2. Évolution de la nature des polluants chimiques

Il est intéressant de se pencher sur l'évolution de la

1. www.lyonnaise-des-eaux.fr

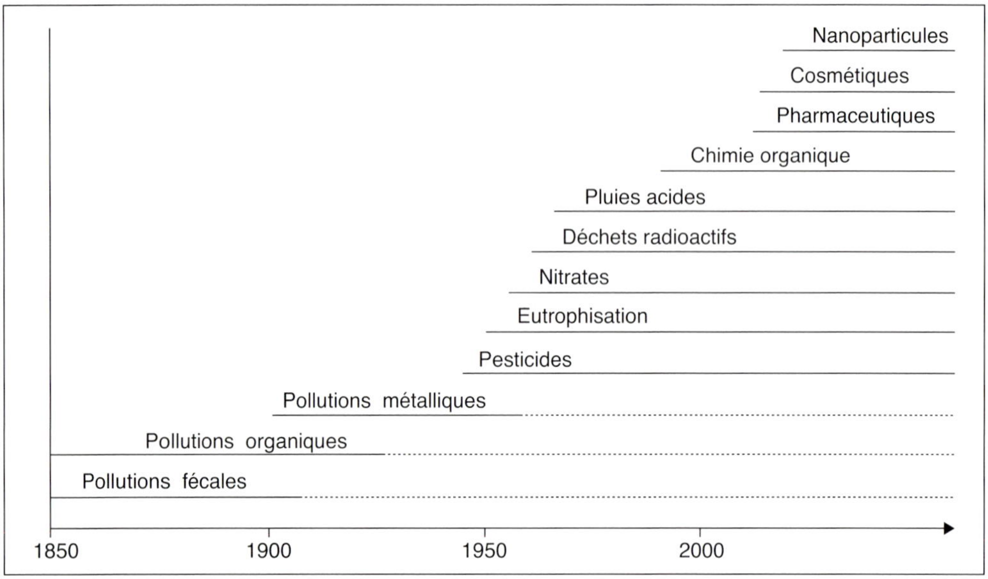

Figure 1

Chronologie des principales sources de pollution des eaux continentales dans les pays industrialisés.

nature des polluants chimiques (***Tableau 1***) : avant 1900, on trouvait principalement des composés comme le sulfate de cuivre, le soufre, la nicotine... puis au fur et à mesure du développement de nos connaissances et de la chimie industrielle, les molécules se sont multipliées et complexifiées. Les sources de pollution proviennent de l'agriculture et l'industrie, mais aussi de l'activité domestique dont chacun de nous reste l'acteur principal.

1.3. Cheminement des polluants dans l'eau

Les polluants émis par ces multiples sources se retrouvent ensuite partout dans notre environnement (***Figure 2***), en particulier dans les milieux aquatiques, qui les récupèrent *via* les eaux de ruissellement et nos rejets multiples. Il en résulte une contamination progressive de nos masses d'eau, qu'elles soient souterraines ou superficielles, par des rejets directs ou diffus.

2 Des eaux insuffisamment dépolluées

La difficulté des problèmes à résoudre varie selon la nature des polluants : certaines molécules ont une durée de vie de plusieurs milliers d'années et d'autres de quelques heures seulement. Certaines sont toxiques à court terme et d'autres à long terme comme par exemple ces molécules qui agissent comme perturbateurs endocriniens et peuvent induire des changements de

Tableau 1

Évolution de la nature des produits chimiques utilisés depuis 1900.

	HERBICIDES	FONGICIDES	INSECTICIDES
Avant 1900	Sulfate de cuivre Sulfate de fer	Soufre Sels de cuivre	Nicotine
1900-1920	Acide sulfurique		Sel d'arsenic
1920-1940	Colorants nitrés		
1940-1950	Phytohormones...		Organo-chlorés Organo-phosphorés
1950-1960	Triazines, urées substituées Carbamates	Dithiocarbamates Phtalimides	Carbamates
1960-1970	Dipyridyles, toluidines...	Benzimidazoles	
1970-1980	Amino-phosphonates Propionates...	Triazoles Dicarboximides Amides, phosphites Morholines	Pyréthrinoïdes Benzoyl-urées (régulateurs de croissance)
1980-1990	Sulfonyl urées...		
1990-2000		Phénylpyrroles Strobilurines	

sexe des poissons en milieux estuariens.

La mobilité de la molécule dans la chaîne alimentaire est également un paramètre important à prendre en compte, le risque étant la bioaccumulation (***Figure 3***). Par exemple, dans le cas des pesticides ou du DDT, on a observé un accroissement de concentration de l'ordre d'un facteur de 200 000 à travers toute la chaîne alimentaire entre l'eau et les oiseaux en bout de chaîne comme le héron ! Et l'homme, comme le héron, est capable de concentrer ces molécules. Le corps humains lui-même fabrique également des molécules de type perturbateur endocrinien qui sont excrétées.

Six millions de produits chimiques sont commercia-

Figure 2

Cheminement de la pollution des masses d'eaux superficielles et souterraines.

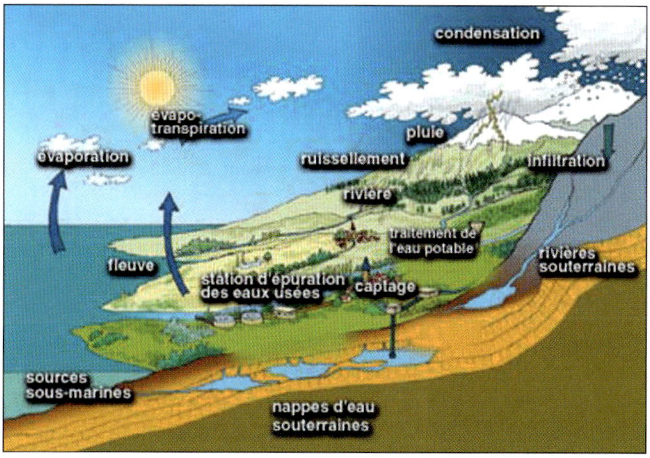

Figure 3

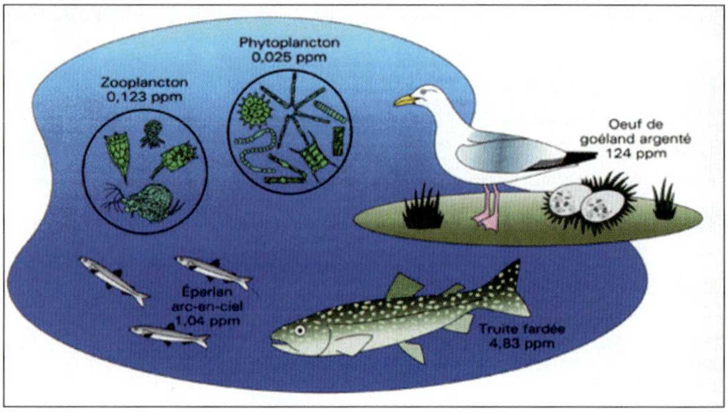

A) Bioaccumulation et bioamplification de substances (pesticides, DDT, PCB...) dans la chaîne alimentaire. Ces substances sont absorbées par les organismes et peuvent s'accumuler dans les graisses ou le foie (bioaccumulation) ; à mesure que les autres organismes mangent ceux qui sont contaminés, les substances gravissent les échelons du réseau trophique et deviennent de plus en plus concentrées (bioamplification).

lisés dans le monde actuellement. Vingt-deux millions de molécules sont connues par les chimistes, qui en créent 4000 nouvelles chaque jour. Sur les 4300 médicaments différents s'ajoutent 23 nouveaux principes commercialisés chaque année. Le cocktail des molécules utilisées n'a donc pas fini de s'agrandir (**Figure 4**).

La grande difficulté pour protéger l'environnement est donc d'évaluer l'impact réel que peuvent avoir les nombreuses substances qui ont été fabriquées pour améliorer

Figure 4

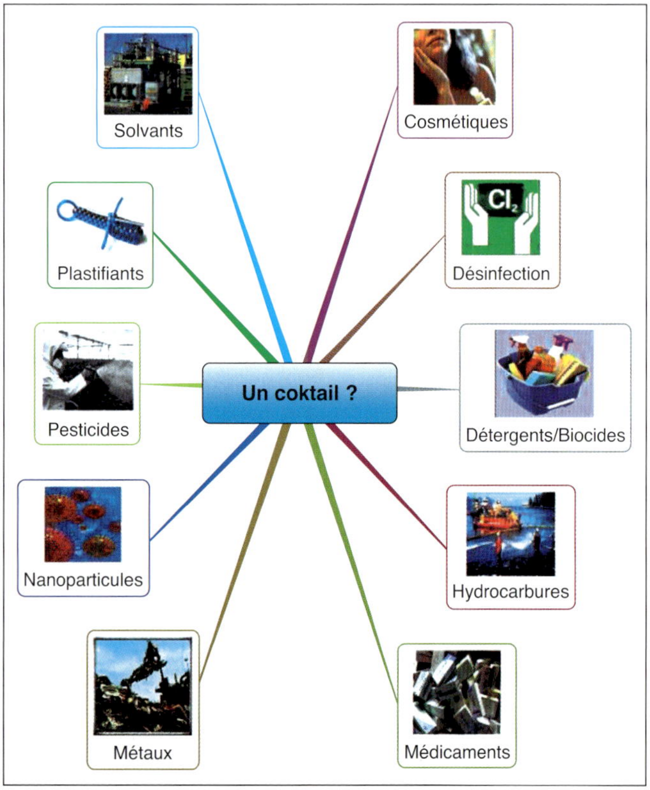

L'activité humaine génère potentiellement des millions de molécules : un véritable cocktail !

notre confort de vie. Seules ou en synergie avec d'autres – des combinaisons conduisent à ce que l'on appelle l'« effet cocktail » –, elles auront des effets que nous nous devons de quantifier, au fur et à mesure de la mise au point de méthodes analytiques adaptées, et de limiter en fixant des seuils de concentrations à ne pas dépasser.

De nombreuses stations d'épuration sont installées partout en France, mais la chaîne de traitement des eaux usées n'a encore qu'une efficacité relative, comme l'illustre la ***Figure 5*** (voir aussi le ***Chapitre de M. Coquery/S. Martin Ruel***). Ces stations épurent ou retiennent près de 80 % des polluants considérés comme substances dangereuses ou émergentes. Il reste donc 20 % de molécules qui finissent par s'accumuler dans les écosystèmes, avec un cocktail de polluant de « base », comme le montre en exemple l'analyse de sortie d'une station d'épuration d'une commune rurale de 3000 habitants, sans artisanat, industrie, hôpital ni maison de retraite, donc sans pollution spécifique particulièrement importante (***Tableau 2***).

3 La chimie et la nature pour dépolluer l'eau

Comment améliorer la qualité des eaux rejetées dans nos rivières ? La nature nous offre des pistes intéressantes. Rappelons combien celle-ci fait preuve de grandes performances, qui ne sont pas

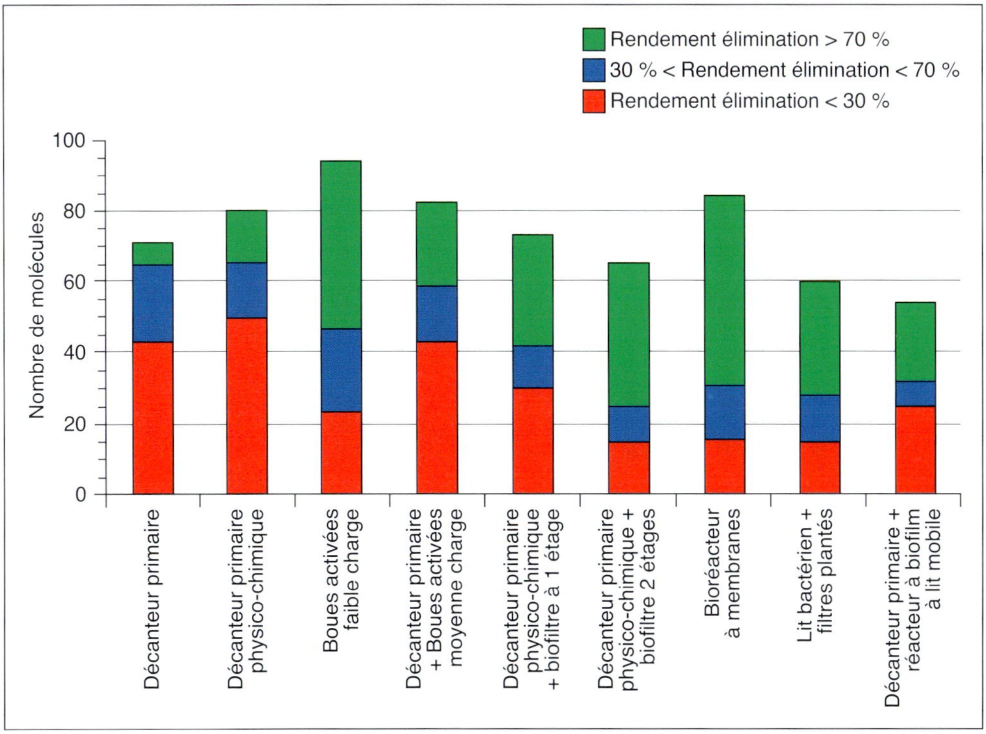

Figure 5

Vision globale des filières conventionnelles. Réf. : programme AMPERE.

Tableau 2

Analyse de sortie d'une station d'épuration d'une commune rurale de 3 000 habitants (Saint-Just, juin 2009) – LDE 2009. De nombreux résiduels se retrouvent dans les écosystèmes où ils vont s'accumuler.

Famille	Composé	Concentration St-Just Sortie clarif (µg/L)	Normes NQE (µg/L)
Pesticides	Lindane	0,02	0,02
	Diazinone	0,04	–
	Terbuthrine	0,04	–
	Tébutame	0,04	–
	Diuron	0,05	0,2
	Pipéronil butoxide	0,03	–
	Tébuconazole	0,04	–
	Aminotriazole	0,96	–
	AMPA	4,70	–
	Glyphosate	1,1	–
	Imidaclopride	0,09	–
HAP	Phénantrène	0,04	
Alkylphénols	Para-nonylphénols	0,82	0,3
	Nonylphénols	–	
Métaux	Zinc	20	7,8
Antibiotiques	Doxycycline	0,052	–
	Erythomycine	0,760	–
	Roxythromycine	0,017	–
	Tétracycline	0,037	–
Antiépileptiques	Carbamazépine	1,11	–
Analgésiques/Anti inflammatoires	Kétoprofène	0,305	–
	Ibuprofène	0,189	–
	Diclofénac	0,921	–
Hypolipidémiants	Fénofibrate	0,329	–

toutes encore totalement expliquées comme celles de la photosynthèse (***Figure 6***) ; rappelons aussi l'incroyable richesse de cette nature qui a ouvert la voie au développement de médicaments : la moitié des médicaments utilisés en chimiothérapie sont d'origine naturelle, comme rappelé dans ***Chapitre de F. Guéritte***.

Comment utiliser la physicochimie de la nature afin de mieux dépolluer l'eau ? Examinons les pistes actuelles de recherche…

3.1. La phytoremédiation

L'une des méthodes envisageables pour dépolluer les eaux usées est d'utiliser les écosystèmes naturels et en particulier les processus liés à la phytoremédiation, abordée plus en détail dans le ***Chapitre de J.-L. Morel***. Les molécules sont assimilées ou transformées par les plantes et leur système racinaire, en passant par des formes chimiques qui peuvent être totalement différentes de leur forme d'origine. Elles peuvent ainsi migrer du compartiment eau au sol ou au compartiment air. Les molécules peuvent également être dégradées dans la phase eau par les exsudats des racines, ou encore grâce à des échanges enzymatiques entre les racines et des champignons ou bactéries, dans une association symbiotique.

La pollution diffuse : le cas des micropolluants organiques

Qu'en est-il des nouveaux polluants organiques, qui sont diffusés à faibles concentrations dans le milieu, tels que les pesticides, hydrocarbures, solvants, détergents, antibiotiques, anticancéreux, anti-inflammatoires, antistress, perturbateurs endocriniens (hormones, résidus plastiques, etc.) ? Les recherches dans ce domaine sont en plein développement. Une analyse bibliographique de 350 publications (***Figure 7***) fait ressortir un nombre d'études important sur les métaux, mais encore peu sur les micropolluants organiques, alors même qu'il reste encore beaucoup de travail à développer dans ce domaine.

On trouve néanmoins des avancées scientifiques intéressantes sur l'activité dépolluante de quelques plantes (***Figure 8***) : l'*Helianthus annuus* (tournesol) dégrade un antibiotique comme la tétracycline, le *Dracaena sanderiana* absorbe le bisphénol A, connu comme perturbateur endocrinien, et l'*Arabidopsis* dégrade le trinitrotoluène (TNT).

On le voit, les plantes nous offrent la possibilité d'exploiter des propriétés dépolluantes

Figure 6

La nature est performante et recèle encore des mystères : elle fait preuve de prouesses inégalées par l'homme en utilisant par exemple la mécanique quantique pour convertir sans perte l'énergie des rayons du soleil en énergie chimique de photosynthèse.

Figure 7

Synthèse bibliographique sur les pollutions de l'eau (Jérôme Schuehmacher – juillet 2011). Étude réalisée à partir de 349 publications, 599 espèces végétales (dont 464 pour les métaux) considérées comme ayant un effet positif sur l'élimination des polluants.

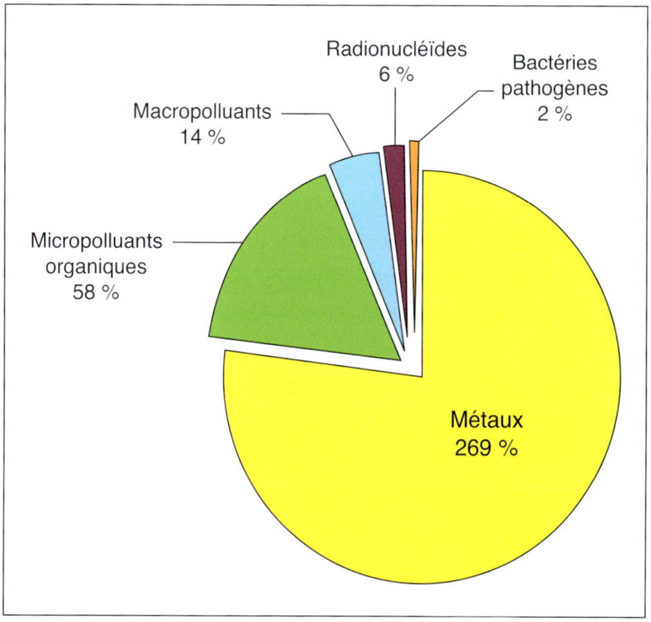

Figure 8

Quelques plantes pour la phytoremédiation par dégradation enzymatique de molécules au niveau des racines.

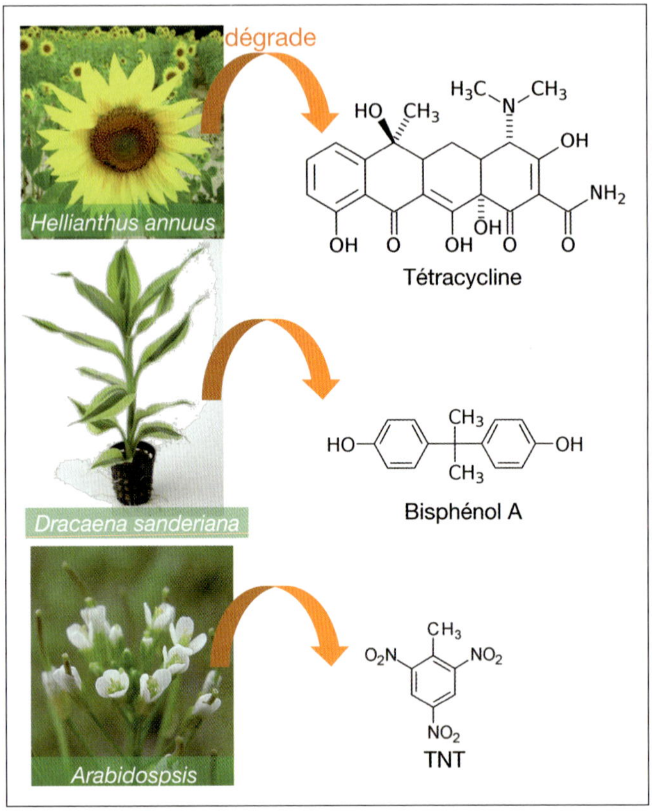

performantes. Malheureusement, elles sont comme d'autres espèces en voie de régression notamment en France, qui a perdu, au cours d'un siècle, 50 % de surface de zones humides, riches en biodiversité. Un soutien règlementaire important favorise maintenant la reconquête de ces terrains (**Encart « La problématique des zones humides en France »**).

3.2. À la reconquête des zones humides : la zone libellule

3.2.1. Principe de la zone libellule

Dans le cadre d'une politique de protection de la qualité des masses d'eaux et de reconquête des zones humides, la société Lyonnaise des Eaux a mis en place un modèle expérimental de zone humide artificielle appelé Zone Libellule© (= Zone de LIberté Biologique Et de Lutte contre les poLluants Emergents, ***Figure 10***), avec deux objectifs :

- revitaliser la biodiversité en créant des paysages humides écologiques et des habitats favorables à une flore et à une faune irremplaçables ;
- recréer un écosystème aquatique complexe qui puisse réduir naturellement les micropolluants.

La stratégie consiste à développer une suite d'écosystèmes spécifiques qui profitera de la biodiversité naturelle des

LA PROBLÉMATIQUE DES ZONES HUMIDES EN FRANCE (*Figure 9*) EN QUELQUES CHIFFRES...

50 % de surface ont disparu en un siècle.

Ces zones humides ne représentent que 5 % du territoire, mais :

- 1/3 des espèces végétales menacées ;
- la moitié des espèces d'oiseaux ;
- la totalité des batraciens.

Une demande réglementaire de reconquête a été mise en place à différents niveaux :

- international : Convention Ramsar[1] (1971)
- européen : Directive Cadre sur l'Eau[2] (2000), Directive Habitats[3] (1992)
- français : Loi sur l'eau et les milieux aquatiques[4] (2006)

Figure 9

Une zone humide est une zone « où l'eau est stagnante ou courante, douce, saumâtre ou salée, y compris des étendues d'eau marine dont la profondeur à marée basse n'excède pas six mètres » *(Convention Ramsar).*

[1]http://ww.ramsar.org
[2]http://europa.eu/legislation_summaries/agriculture/environment/l28002b_fr.htm
[3]http://europa.eu/legislation_summaries/environment/nature_and_biodiversity/l28076_fr.htm
[4]http://www.developpement-durable.gouv.fr/La-loi-sur-l-eau-et-les-milieux.html

zones humides (biofilms, diatomées, planctons, microphytes, macrophytes, faune...) pour apporter une complémentarité très riche en processus biologiques et biochimiques, aux systèmes épuratoires classiques.

L'intérêt de la mise en œuvre de systèmes extensifs comme les Zone Libellule réside surtout dans la complexification et la fragmentation des écosystèmes en systèmes complémentaires, sources d'une augmentation générale des performances. En utilisant de nouveaux processus comme des symbioses animales ou végétales, avec des temps de contacts différents, les forces naturelles

Figure 10

La zone libellule est un espace tampon humide et végétalisé permettant de développer la biodiversité locale et de réduire l'impact des eaux usées traitées sur le milieu récepteur.

permettront une action renforcée capable de dégrader, transformer ou d'assimiler le cocktail de polluants résiduels sortant de la station d'épuration (***Figure 11***).

L'idée est d'utiliser le flux d'eau, issu d'une usine de traitement des eaux usées le plus souvent, pour remettre en eau une parcelle de terrain et ainsi recréer divers écosystèmes humides. Ainsi, une succession d'habitats humides vont se succéder pour constituer la Zone Libellule : l'eau coule tout d'abord dans une petite **cascade** – ce qui introduit déjà une nouvelle niche, notamment pour les organismes filtreurs microscopiques –, puis passe par un **bassin** qui va finaliser l'élimination des macropolluants (carbone, azote, phosphore) grâce à des **herbes de rivage** ou des microphytes. Lors d'une pluie, il faut noter que l'eau s'écoulera de ce bassin par surverse vers une **prairie humide** où elle s'infiltre, créant ainsi un biotope supplémentaire particulier. Le circuit du fil d'eau se poursuit en traversant une **roselière**, connue elle aussi pour ses activités épuratoires, et qui constitue ainsi un filtre horizontal. L'eau circule ensuite un peu plus vite dans un **méandre**, moins profond mais avec davantage de surface de contact racinaire, avant d'arriver dans une zone plane de

Figure 11

Une zone humide peut être constituée en créant un véritable cocktail d'écosystèmes pour lutter contre un cocktail de polluants !

type **delta**, plantée d'îlots, pour se diriger vers un bassin aménagé en **herbier**, avant de passer à travers un **filtre à sable** et de rejoindre la rivière. L'ensemble de la zone est entouré d'une haie à baies vives, de manière à attirer les oiseaux et de mares temporaires, ce qui permet de compléter la chaîne alimentaire, mettant ainsi en place une biodiversité riche et stable (***Figure 12***).

Figure 12

Schéma de principe de la zone libellule.

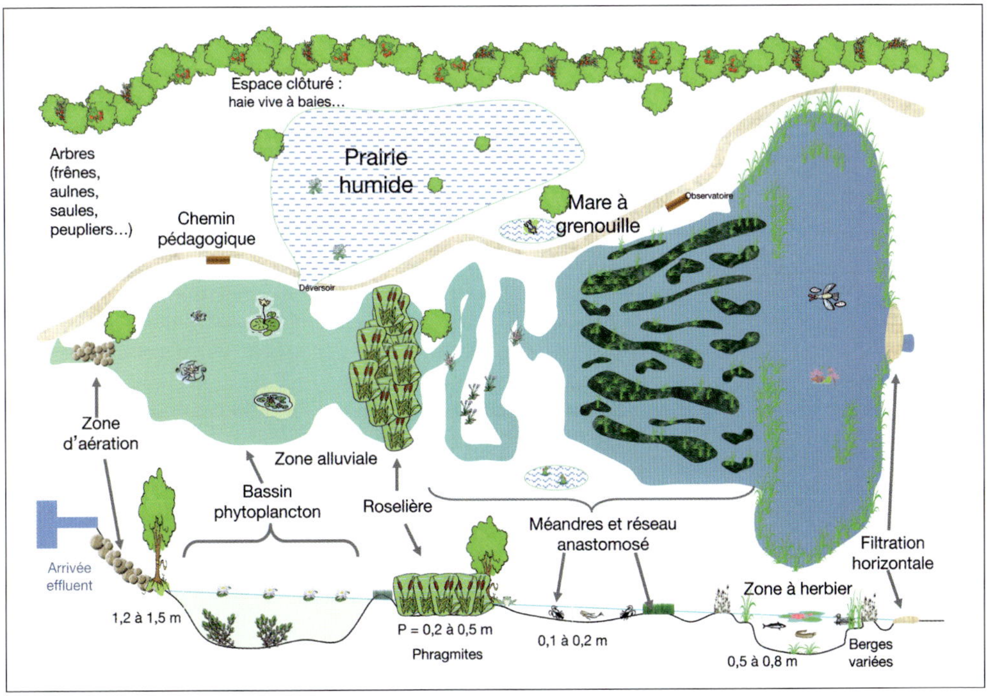

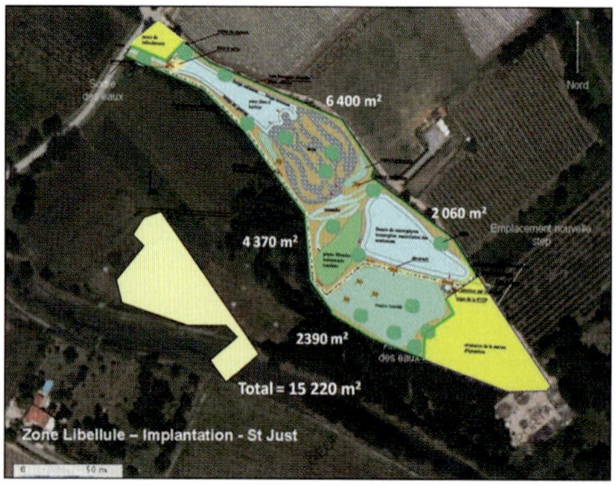

Figure 13

Vue aérienne de la Zone Libellule de Saint-Just (Hérault).

3.2.2. Suivi scientifique de la Zone Libellule de Saint-Just (34)

Ce schéma de principe a été mis en œuvre dans l'Hérault, dans la commune de Saint-Just (***Figure 13***). La Zone Libellule a été conçue avec dix zones d'habitats : la cascade d'aération, le bassin à microphytes (***Encart « Le bassin à microphytes de la zone libellule de Saint-Just »***), la roselière, les méandres, le delta, le bassin à herbiers, la zone de filtration granulaire, la prairie humide, la mare temporaire et la haie vive (voir la ***Figure 15***). Les espèces végétales choisies, toutes impérativement des espèces locales, ont été réparties sur ces dix zones en faisant varier leur nombre selon la zone, afin d'en étudier les meilleures conditions d'efficacité épuratoire.

La ***Figure 15*** retrace les étapes de construction de la zone et montre comment, en une année, la nature reconquiert rapidement l'ensemble du terrain grâce à l'apport d'eau et de sels minéraux.

Le suivi scientifique de cette zone, accompagné par différents organismes[2], a été étalé sur une durée de trois ans (2009-2012), avec les objectifs suivants :

– démontrer que la création de la Zone Libellule génère un **gain environnemental**, en suivant le développement écologique par des inventaires faune/flore et en effectuant des comparaisons avec un site témoin proche et comparable au terrain initial (prairie sèche) ;

– démontrer sa **capacité épuratoire**, en particulier concernant les micropolluants, en effectuant des analyses multizones sur les polluants et en

2. Composition du comité scientifique : Suez Environnement, Lyonnaise des Eaux, SIVOM de la Palus, Agence de l'eau Rhône Méditerranée et Corse, le Conseil Général du département de l'Hérault, l'Office National de l'Eau et des Milieux Aquatiques, l'Irstea, Biotope, HydroSciences Montpellier et le Laboratoire de Physico et Toxico-Chimie des systèmes naturels (LPTC) de Bordeaux.

LE BASSIN À MICROPHYTES DE LA ZONE LIBELLULE DE SAINT-JUST (*Figure 14*)

Configuration

- 2000 m^2
- Profondeur : 1,50 m
- Pente de 60 % des berges
- Enrochement dans le bassin de déversement

Espèces végétales (exemple de plantes choisies pour les berges du ruisseau, à cause de leur capacité de maintien)

- roseaux (*Phragmites australis*)
- massette (*Typha latifolia, Typha augustifolia*)
- *Sparganium emersum*
- Glycérie aquatique (*Glyceria fluitans*)
- Millefeuille aquatique (*Myriophyllum spicatum*)
- Potamot (*Potamogeton pectinatus*)
- Iris des marais (*Iris pseudacorus*)

Figure 14

Détail du bassin à microphytes de la zone libellule de Saint-Just.

Figure 15

Étapes de construction de la Zone Libellule de Saint-Just en un an.

suivant les espèces bio-indicatrices.

*La biodiversité (**Figure 16**)*

L'évolution des plantes a été suivie à travers l'étude de nombreux paramètres. D'une année sur l'autre, on observe une variation des espèces et de leurs répartitions dans les différentes zones (***Figure 17***). On constate un développement rapide de la biodiversité du site, puisqu'on est passé de 38 espèces plantées à 112 en 2010, pour atteindre 136 espèces en 2011, à comparer au site témoin qui n'en contient que 23. Il en est de même pour l'évolution de la faune comme les odonates (libellules et demoiselles), typique des milieux humides, et les orthoptères (sauterelles, etc.) qui ont reconquis le terrain, avec certaines espèces d'intérêts et endémiques comme *Metrioptera fedschenkoi azami* (***Tableau 3***).

La biodiversité microscopique planctonique, qui nous intéresse tout particulièrement car elle constitue le maillon écologique primordial, a quant à elle été multipliée par sept en deux ans, avec une diversité d'espèces spécifiques à chaque zone.

Bilan hydraulique

Un bilan hydraulique quantitatif a été réalisé sur toutes les zones (***Figure 18***). Il est à noter que de par la réduction des flux hydriques rejetés (dus à

Figure 16

*Biodiversité des plantes de la Zone Libellule de Saint-Just (*Rosa canina, Silybum marianum, Typha angustifolia, ...*)*

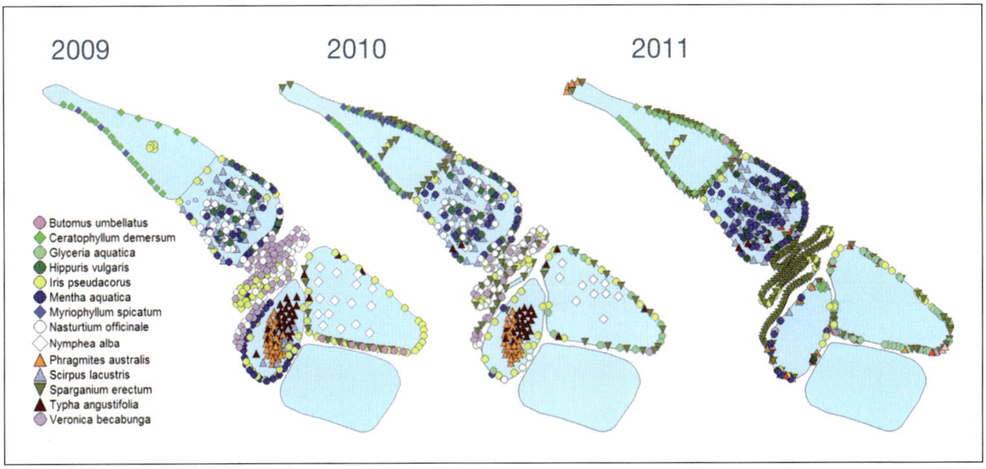

Figure 17

Cartographies de la flore de 2009 à 2011 pour le suivi de la biodiversité des plantes de la Zone Libellule de Saint-Just.

Tableau 3

Évolution de la biodiversité végétale et animale de la Zone Libellule de Saint-Just.

Indicateurs		2009	2010	2011	Site Témoin
Végétation aquatique		18	21	27	-
Végétation terrestre		20	93	114	*23*
Orthoptères		0	17	23	*4*
Odonates adultes		0	12	16	*1*
Plancton	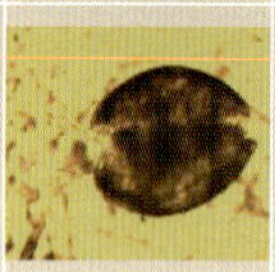	8	38	54	-

Figure 18

Bilan hydraulique et quantitatif de la Zone Libellule de Saint-Just.

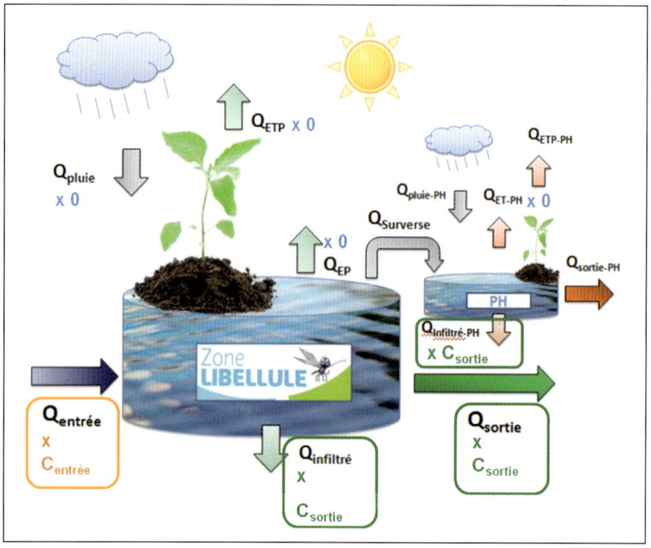

l'évaporation, l'évapotranspiration et l'infiltration), la Zone Libellule permet de minimiser significativement les flux de polluants (azote, phosphore, micropolluants) rejetés à la rivière. En période d'étiage, cet effet est accentué, ce qui représente un atout supplémentaire pour la rivière à protéger dans une période de sensibilité accrue des écosystèmes aquatiques.

Suivi physico-chimique

Pour commencer, si l'on examine par exemple le suivi de la température (***Figure 19***), en particulier en hiver, on constate que les eaux sortant de la station d'épuration sont toujours un peu chaudes (environ 12 °C), mais qu'à la sortie de la Zone Libellule une remise à température de l'eau à la température de l'air permet un rejet à la rivière sans induire de stress thermique.

Le suivi physico-chimique montre que de l'entrée dans la Zone Libellule jusqu'à la

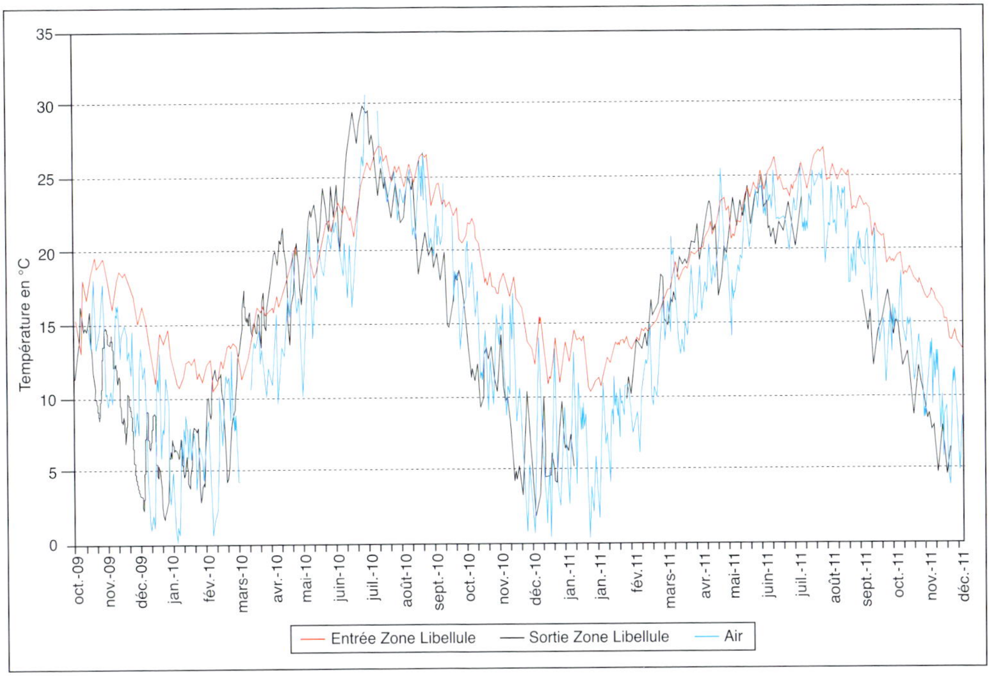

Figure 19

Évolution des températures journalières moyennes.

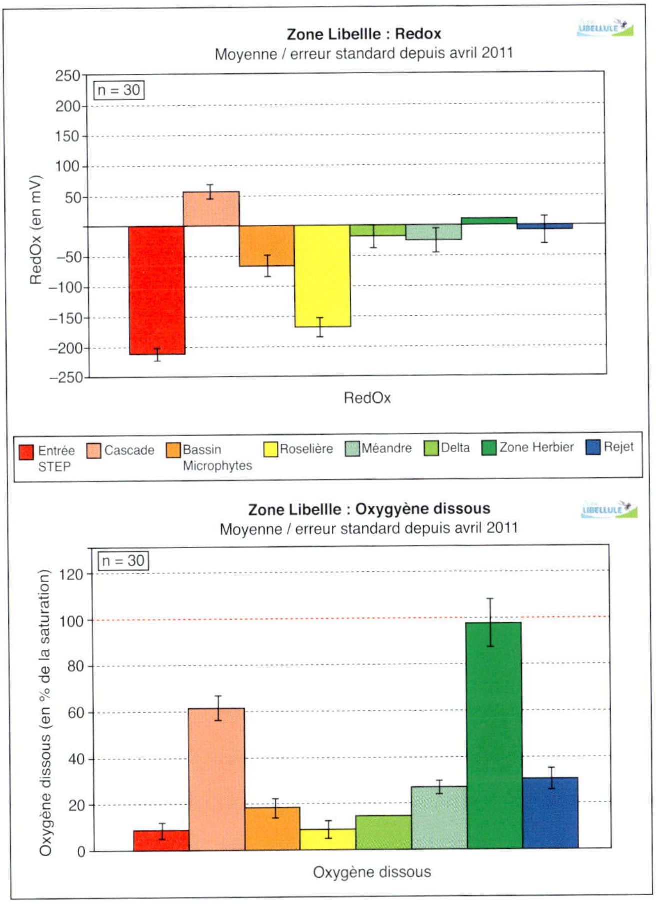

Figure 20

Suivi physico-chimique de l'entrée à la sortie de la Zone Libellule de Saint-Just.
L'eau passe dans des milieux à différents potentiels d'oxydo-réduction, pour aboutir à une ré-oxygénation finale du système.

sortie, l'eau circule à travers toute une série de milieux d'états d'oxydation différents ; ce sont ces différents potentiels d'oxydo-réduction qui conditionnent les biodisponibilités d'échanges entre les molécules dans les différentes zones (**Figure 20**). On assiste également à une ré-oxygénation complète du système par les plantes cératophylles au fond du bassin à herbiers, ce qui permet un rejet d'eau plus oxygénée et donc plus acceptable par le milieu que celle issue de la station d'épuration.

Suivi de l'azote et du phosphore

Un suivi a également été effectué sur l'ensemble des forme de l'azote (azote organique, nitrate, ammonium) et le phosphore (total sous forme phosphate) tout au long du circuit. On constate que l'azote et le phosphore (de manière moins importante) sont tous deux utilisés par les plantes (**Figure 21**).

Suivi bactériologique

L'évolution bactérienne a été étudiée par une analyse des concentrations des germes habituels (**Figure 22**) *Escheri-*

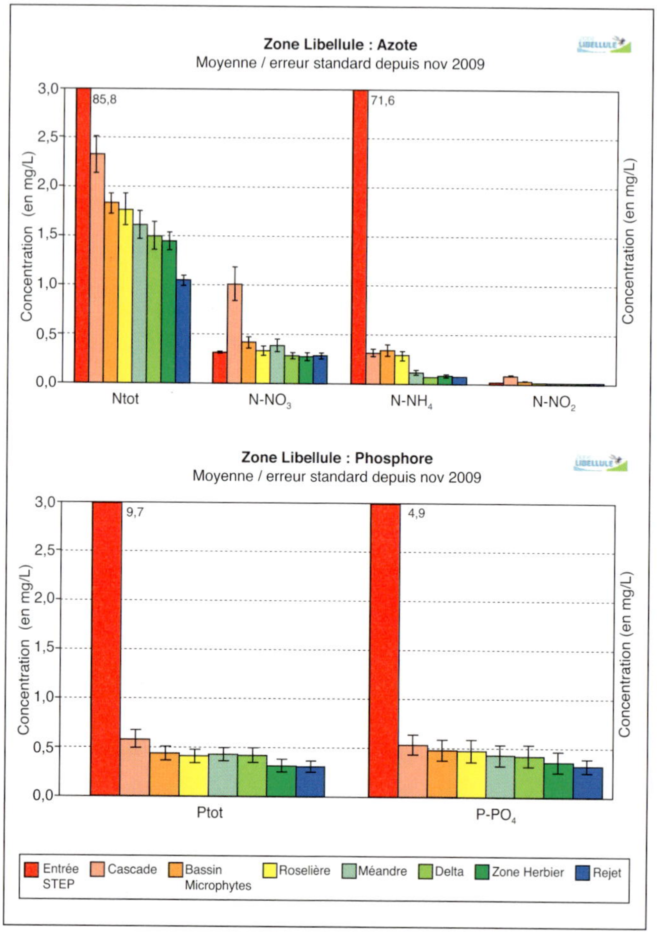

Figure 21

Suivi des concentrations en azote et phosphore (macropolluants), montrant la réabsorption de ces deux éléments par les plantes.

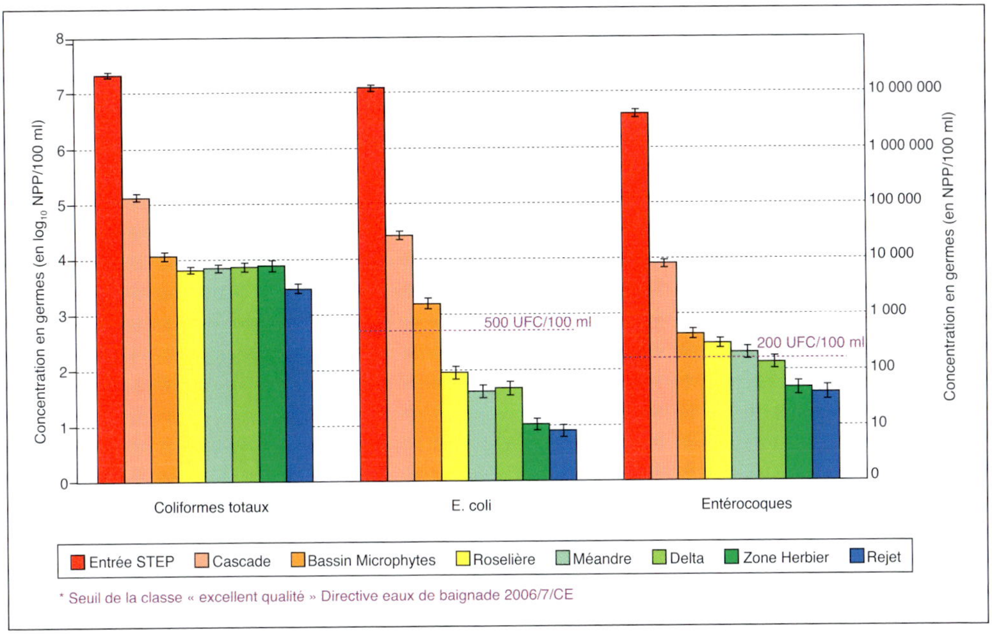

Figure 22

Suivi bactériologique de la Zone Libellule à l'aide d'indicateurs de contamination fécale. Moyenne/erreur standard depuis novembre 2009.

chia coli et Entérocoques qui sont bien éliminés, jusqu'à un taux même inférieur à celui considéré comme d'excellente qualité pour les eaux de baignade pour *E. Coli* (directive 2006) !

Suivi des micropolluants

Des campagnes d'analyses de micropolluants ont été menées au cours des trois années de suivi, ce qui a représenté un lourd travail d'analyse sur près de

CAMPAGNES D'ANALYSES DE MICROPOLLUANTS DE LA ZONE LIBELLULE DE SAINT-JUST

Prélèvements

– 3 campagnes en 2010 : avril-juin-octobre

– 10 bilans en 2012, en entrée/sortie de la zone, étalés sur 34 jours + 1 prélèvement en sortie de chaque compartiment

Molécules analysées

195 molécules recherchées

Familles de traceurs recherchées

Médicaments d'usage courant, béta-bloquants, antibiotiques, antiviraux, pesticides, phtalates, alkylphénols.

200 molécules (***Encart : « Campagnes d'analyses de micropolluants de la Zone Libellule de Saint-Just »***). Alors que les hormones ont bien été dégradées par la station d'épuration qui fonctionne bien, on retrouve en revanche en sortie plus d'une centaine de molécules.

Pour chacune de ces familles de molécules, treize campagnes ont été effectuées pour déterminer les concentrations en polluants en entrée et en sortie de la Zone Libellule. Les graphes de la ***Figure 23*** indiquent les résultats obtenus pour cinq familles de molécules : les alkylphénols (perturbateurs endocriniens principalement issus des résidus de savons), les béta-bloquants (qui sont des produits

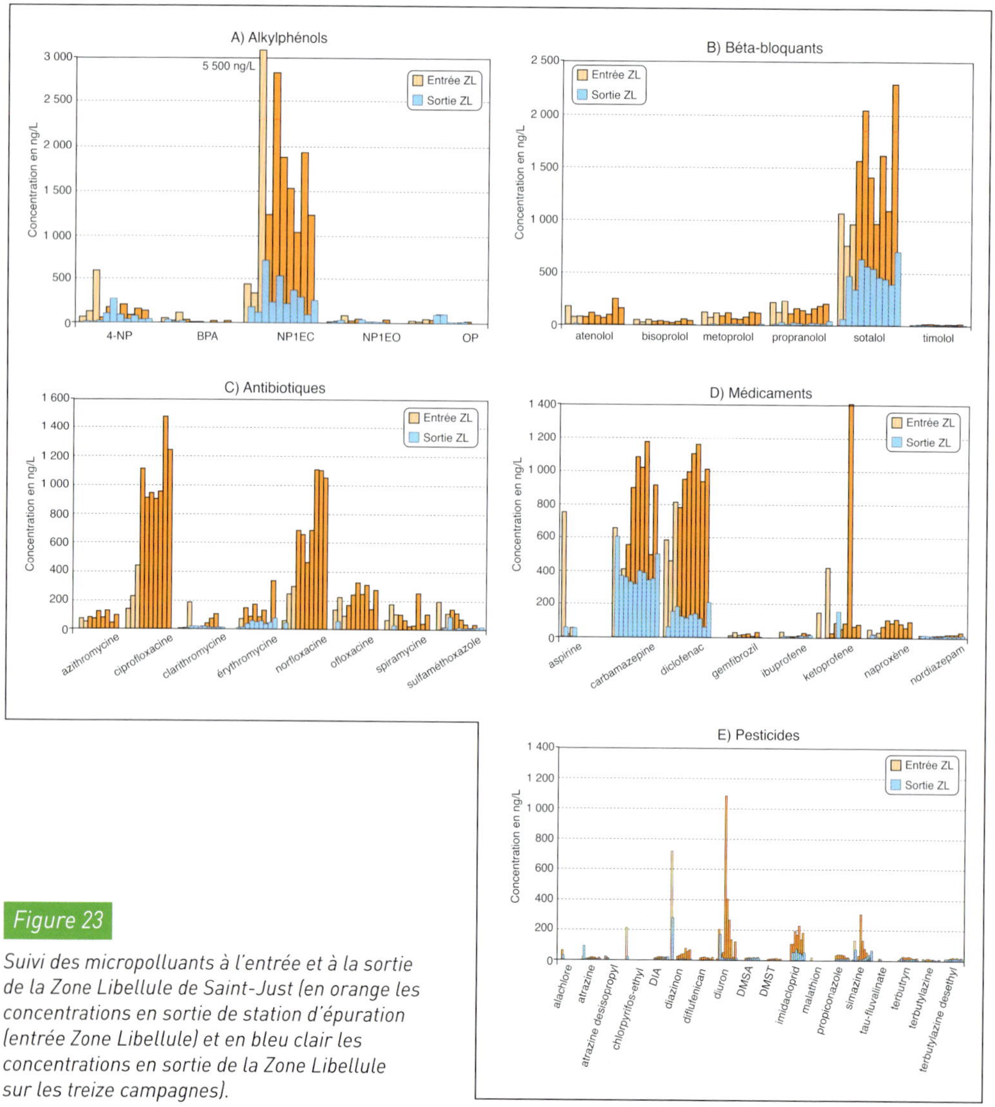

Figure 23

Suivi des micropolluants à l'entrée et à la sortie de la Zone Libellule de Saint-Just (en orange les concentrations en sortie de station d'épuration (entrée Zone Libellule) et en bleu clair les concentrations en sortie de la Zone Libellule sur les treize campagnes).

fréquemment utilisés dans les traitements quotidiens des maladies cardiovasculaires), les pesticides, les antibiotiques et les médicaments de manière générale.

On observe tout d'abord la présence en quantité très variable d'une centaine de molécules encore présentes dans le rejet de la station d'épuration. La variabilité notamment pour les médicaments (**Figure 23D**) dépend de l'état de santé de la population, tandis que la présence des pesticides dépend de l'usage domestique saisonnier (traitements insecticides et herbicides).

Les analyses montrent à quel point la dissémination de nos déchets médicamenteux est réelle, pourtant il n'existe pas encore de réglementation pour leurs rejets en sortie de station d'épuration. Leurs concentrations résultantes restent toutefois relativement faibles par rapport à notre consommation habituelle : si nous prenons l'exemple du paracétamol, pour une station fonctionnant correctement, on évalue en moyenne qu'il faudrait qu'un homme boive pendant trois mois l'eau traitée de cette station pour avaler l'équivalent de la quantité d'un comprimé antalgique par exemple. Mais qu'en est-il de l'effet sur une bactérie, une larve d'insecte ou un œuf de poisson, et de l'accumulation des concentrations dans la chaîne alimentaire ? Les effets de tailles et de nature de l'organisme vivant récepteur, ainsi que les relations entre la concentration de la molécule et ses effets, sont encore peu connus.

Les analyses en sortie de Zone Libellule font état d'une élimination significative de la carbamazépine, anti-épileptique difficilement dégradé par les stations d'épuration. Il en est de même pour le diclofénac, antidouleur et anti-inflammatoire dont la toxicité environnementale est importante ; on sait par exemple qu'il est la cause de la mortalité des vautours au Pakistan et en Afrique qui consommaient des carcasses de bétails traitées par le diclofénac d'usage vétérinaire. Cette molécule vient d'ailleurs d'être proposée pour rejoindre la liste des substances prioritaires. On observe également une bonne assimilation de l'isoprofène et du kétoprofène (anti-inflammatoires) par le cocktail d'écosystèmes (**Figure 23D**) de la Zone Libellule.

Examinons à présent le cas des pesticides (**Figure 23E**), pour lesquels il existe cette fois-ci une réglementation rigoureuse. On constate que ces toxiques ne proviennent pas seulement de flux de ruissellement de l'agriculture, mais que l'on en trouve des quantités non négligeables issues de l'usage domestique (jardins, potagers, ...), et qui se retrouvent dans les eaux usées.

En établissant le bilan global des trois ans d'analyses de micropolluants trouvés en sortie de station d'épuration (**Figure 24**), on observe que la plupart ont été éliminés par la Zone Libellule : la nature fait donc bien les choses, l'usine verte a bien fonctionné !

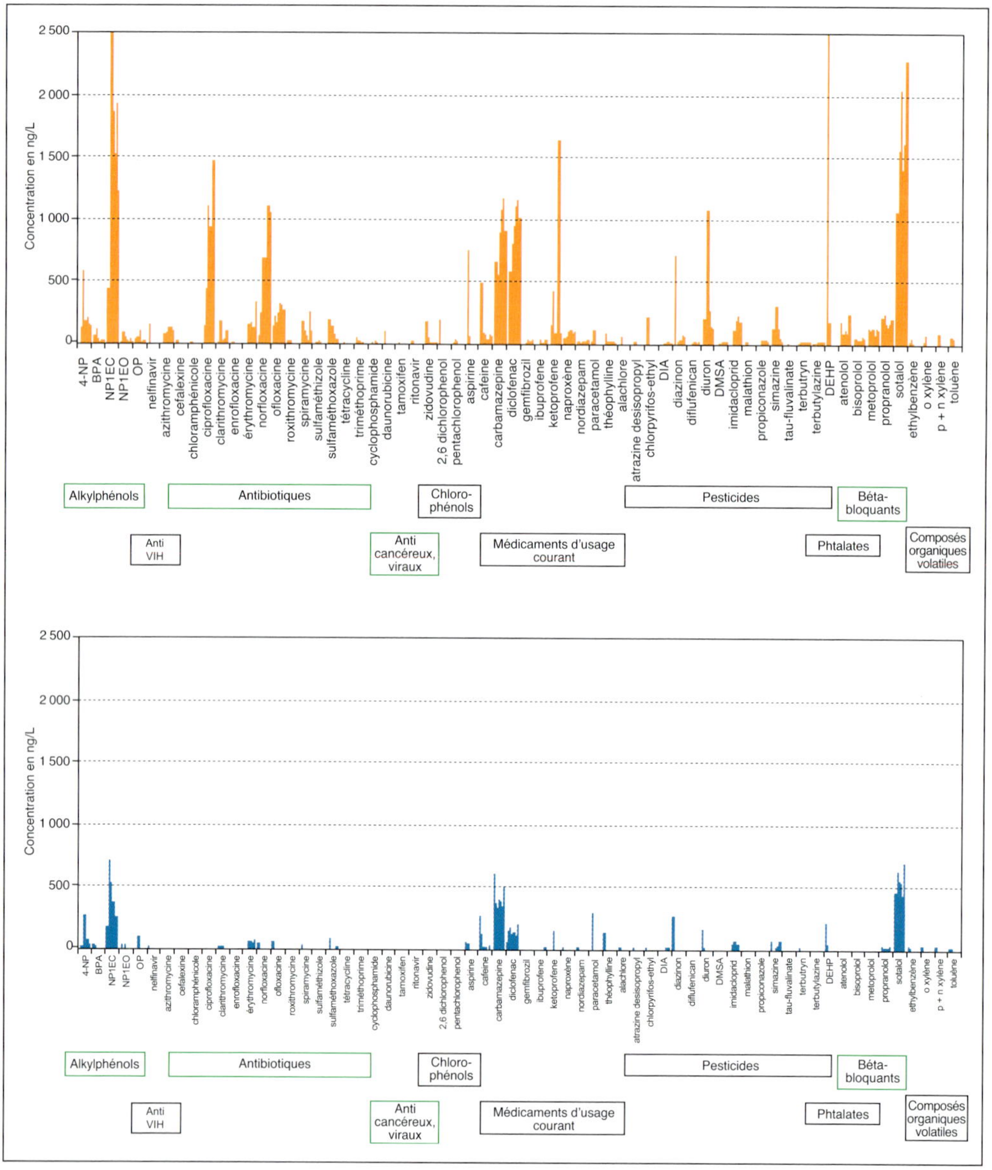

Figure 24

Bilan des micropolluants en entrée/sortie de la Zone Libellule de Saint-Just.

Chimie et nature, vers des usines vertes pour le bien-être de l'Homme

Nous ne pouvons plus nous passer des molécules mises à notre disposition par la chimie moderne pour notre confort quotidien et notre santé. Malheureusement, malgré les efforts et progrès réalisés pour les éliminer dans les eaux usées, de nombreux produits persistent à l'état résiduel et diffusent dans l'environnement, sans que l'on connaisse leurs effets sur le vivant à long terme. Les scientifiques et les organismes de tutelle de surveillance du milieu en ont pris conscience et cherchent des solutions.

Les résultats obtenus sur cette zone humide expérimentale montrent qu'à condition de préserver les milieux naturels adéquats ou en les reconstituant, la nature peut encore nous aider à dégrader ces polluants résiduels. Il est donc important de reconstituer ce type de zones humides qui peuvent également rendre de nombreux autres services « écosystémiques » comme la pollinisation, la production de nourriture primaire, le support à l'éducation ou encore la provision de biodiversité locale.

Pour que ces « usines vertes » assurent leur rôle efficacement, il reste encore beaucoup d'études à mener afin d'élucider le fonctionnement biochimique de ces écosystèmes et de développer ces procédés d'épuration biomimétiques. Il reste également des efforts importants à fournir pour adapter éventuellement le concept des Zone Libellule à des stations d'épuration industrielles et à d'autres types d'eaux.

Aujourd'hui, les obligations réglementaires se mettent en place en ce qui concerne les polluants émergents et une prochaine révision d'arrêté devrait obliger à placer derrière la sortie des stations d'épuration une « Zone de

Rejet Végétalisée » en vue de protéger par effet tampon le milieu récepteur de la station d'épuration. Associées à d'autres mesures comme le développement de molécules biodégradables et la limitation de l'usage de produits nocifs à la source, nous pourrons alors espérer atteindre l'objectif de rendre à la nature une eau de qualité suffisante pour qu'elle puisse à nouveau la purifier et nous permettre de la puiser une nouvelle fois pour nos usages et notre santé.

Pour atteindre ce résultat et parmi le cortège de solutions à mettre en place pour protéger notre environnement, la Zone Libellule est une manière innovante et efficace d'améliorer la qualité de l'eau et de contribuer à la protection de la biodiversité et à la beauté des paysages.

Jacques Amouroux, Paul Siffert, Jean-Pierre Massué, Simeon Cavadias, Béatriz Trujillo, Koshi Hashimoto, Phillip Rutberg et Sergey Dresvin

Le dioxyde de carbone, la molécule-clé de la chimie du développement durable

Jacques Amouroux est professeur Émérite et directeur du Laboratoire de Génie des procédés plasmas et traitements de surface de l'École Nationale Supérieure de Chimie de Paris ParisTech. Ce chapitre donne un extrait d'un travail de synthèse de quatre années destiné à faire le point de la recherche et du développement dans le domaine de la valorisation du dioxyde de carbone, synthèse qui a été présentée le 22 mars 2011 au Parlement européen (STOA).

1 Une molécule-clé pour l'avenir de la planète

Le dioxyde de carbone est une molécule qui nous est très familière, responsable du stockage de l'énergie solaire par photosynthèse ayant produit au cours des millions d'années le charbon, le pétrole, le gaz naturel... Enfin, cette molécule nous est connue par son dégagement sous forme de bulles de champagne (*Figure 1*) !

Mais soupçonnons-nous jusqu'à quel point nous pouvons en tirer un usage bénéfique et durable pour notre avenir ?

Nous allons effectivement voir que le dioxyde de carbone se présente comme une molécule-clé, pour trois problèmes vitaux : les ressources alimentaires, l'effet de serre et les besoins énergétiques.

Figure 1

Thermographie infrarouge de l'écoulement du gaz CO_2 lors du remplissage d'une coupe de champagne.

1.1. Le problème de l'effet de serre

Depuis des milliards d'années, le dioxyde de carbone stocke l'énergie solaire *via* la photosynthèse. Ce processus naturel permet de développer la végétation et de nourrir la vie sur notre planète, et en particulier celle de la population humaine grâce à l'agriculture (***Figure 2***). Cette même molécule est aussi l'un des acteurs de la climatisation de notre planète par l'effet de serre : sa concentration détermine en partie le climat et son évolution[1].

Pour toutes ces raisons, le dioxyde de carbone est véritablement une molécule-clé dans planétaire à long terme et nous retiendrons qu'il est, sans discussion possible, un indicateur de la consommation des réserves de carbone fossile.

Examinons les stades importants où elle est transformée dans le cycle du carbone :

– au cours du processus de **photosynthèse**, l'action du soleil sur la chlorophylle (pigment végétal) permet de former des molécules de glucose à partir du mélange dioxyde de carbone (CO_2) + eau (H_2O) (***Figure 3A***) ;

– à l'inverse, en présence d'une enzyme, l'action de l'oxygène permet, par **combustion** du bois ou de tout autre matériau carboné (y compris ceux d'origine fossile), de récupérer de l'énergie en retour (***Figure 3B***).

Nous avons là un processus naturel de stockage de l'énergie solaire. Le stockage de la matière et de l'énergie peut ensuite évoluer par une **polymérisation** du glucose conduisant à des macromolécules de tailles plus ou moins importantes telles que l'*amidon*, bien connu pour ses applications alimentaires, ou encore la *cellulose*, couramment utilisée dans le domaine du papier (***Figure 4***).

À travers ces transformations riches et variées, le CO_2 apparaît bien comme une molécule potentiellement valorisable par la chimie.

Ces réactions font partie du cycle naturel du carbone (***Figure 5***), qui transforme le CO_2 en végétation et en réserve nutritionnelle pour le monde animal. Dans la partie aquifère de ce cycle, en particulier dans les milieux océaniques, les micro-algues constituent le départ de la base de la nutrition de l'ensemble du monde marin. Par ailleurs, les coccolithophores (algues unicellulaires marines) transforment le CO_2 dissous en carbonate de calcium $CaCO_3$ dans des écailles calcaires appelées coccolites, dont l'accumulation permet la formation de dépôts sédimentaires tels que la craie. Enfin, en milieu

1. Voir aussi *La chimie et l'habitat*, Chapitre de A. Ehrlacher *et coll.*, coordonné par M.-T. Dinh-Audouin, D. Olivier et P. Rigny, EDP Sciences, 2011.

Figure 2

Derrière toute la végétation (A, B) et le développement du monde agricole (C), le dioxyde de carbone joue un rôle-clé de stockage d'énergie via *la photosynthèse. Cette même molécule est l'un des facteurs de la climatisation de notre planète par l'effet de serre.*

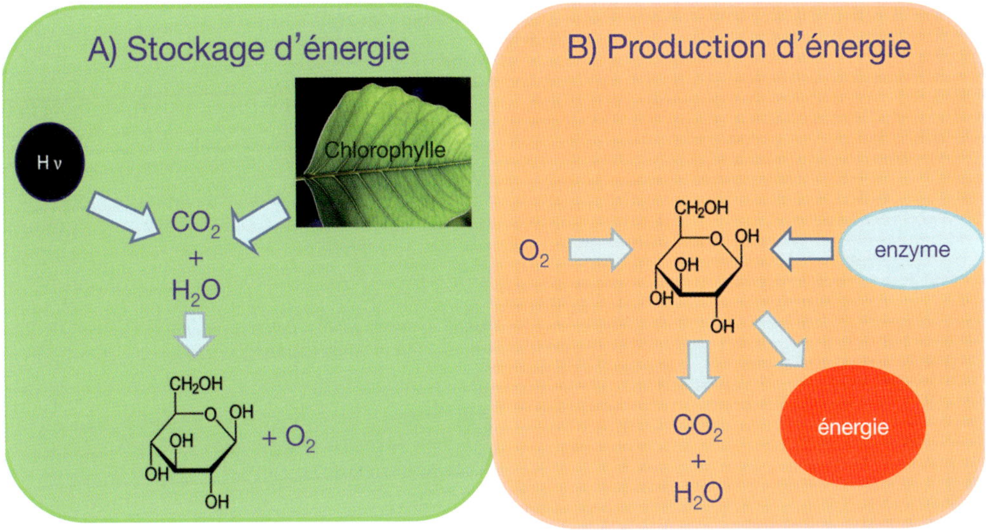

Figure 3

A) Étape 1 : stockage d'énergie par photosynthèse (bilan : $6\ CO_2 + 6\ H_2O \rightarrow C_6H_{12}O_6$ (glucose) + $3\ O_2$) ; B) étape 2 : production d'énergie (enthalpie de formation : -1273,3 KJ/mol).

profond et en l'absence d'oxygène, des bactéries transforment le CO_2 en méthane CH_4 et en clusters, qui sont ensuite stockés dans les roches sédimentaires de type clathrate[2] qui conduiront aux « gaz de schistes », et sont à l'origine de réserves d'hydrocarbures.

Ce cycle du carbone est bien connu et fonctionne depuis des millions d'années. Mais au cours des deux derniers siècles, les échanges entre végétation, atmosphère et océans ont été modifiés par la combustion des réserves fossiles d'une part, et par la déforestation d'autre part. L'ensemble de ces deux

2. Voir *La chimie et la mer, ensemble au service de l'homme*, coordonné par M.-T. Dinh-Audouin, EDP Sciences, 2009 : au sujet des clathrates, voir le chapitre de J.-L. Charlou, et au sujet de l'acidification des océans, voir le chapitre de S. Blain.

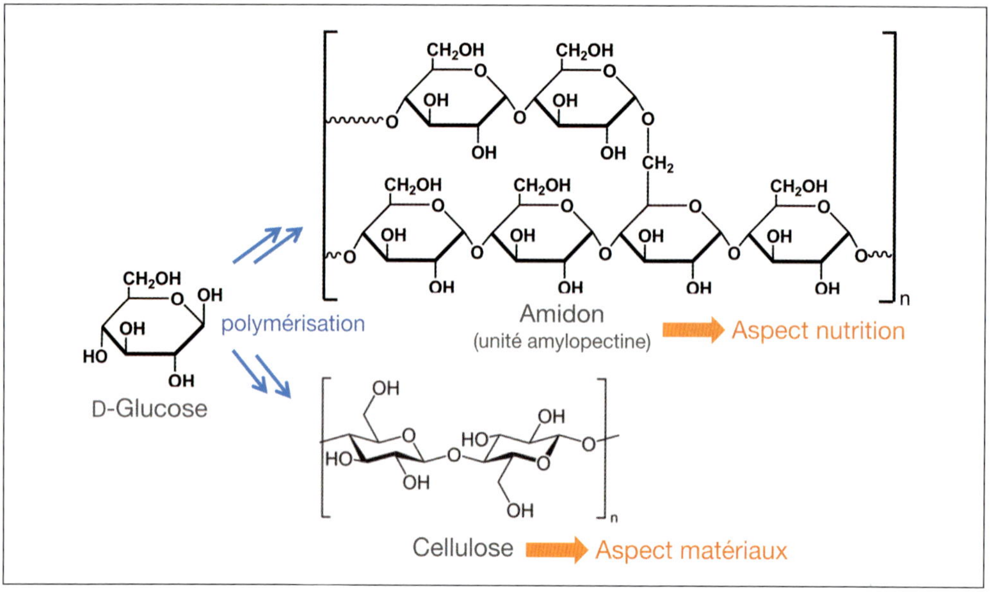

Figure 4

Dans la nature, le glucose (ou plus généralement les oses), produit par photosynthèse, se polymérise pour former les biomolécules constitutives des végétaux et arbres telles que l'amidon et la cellulose. Ces molécules présentent un intérêt industriel important dans le secteur agroalimentaire, dans celui de la papeterie et dans celui des matériaux à base de bois.

Figure 5

Le cycle du carbone, à la fois atmosphérique et aquifère, fonctionne depuis des milliers d'années. La quantité totale de carbone produite présente un excès de 8,47 gigatonnes par an dans l'atmosphère.

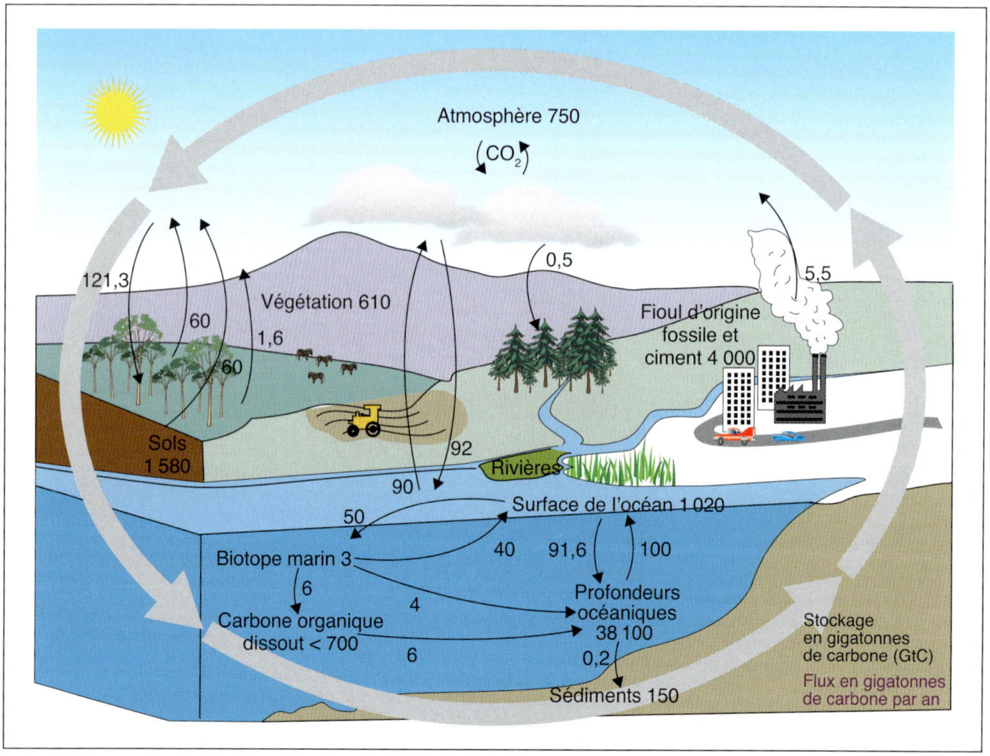

évènements a conduit à une accumulation supplémentaire de CO_2 dans le monde, et en particulier dans l'atmosphère et les océans (avec acidification[2]) (***Figure 6***). L'augmentation de la concentration en CO_2 peut paraître faible par rapport à la valeur atmosphérique, mais elle correspond tout de même à 35 milliards de tonnes de CO_2 supplémentaires chaque année...

Quelles en sont les conséquences ?

L'ensemble des analyses qui ont été réalisées notamment par le glaciologue Claude Lorius[3] montre que depuis le début de la révolution industrielle il y a un siècle et demi, la teneur en CO_2 dans l'atmosphère est passée de 280 ppm à 380 ppm, avec un cycle qui décrit parfaitement les saisons (notons toutefois que de telles valeurs ont déjà été atteintes dans un passé lointain). À partir des analyses de carottes glaciaires de l'Arctique et de l'Antarctique, ces travaux montrent qu'il existe un lien entre la teneur en CO_2 et l'évolution de la température depuis 800000 ans. Aujourd'hui, l'évolution de la teneur en CO_2 devrait se poursuivre, et il est probable que l'on atteigne 500 ppm au milieu du XXIe siècle.

La teneur en CO_2, indicateur de la consommation des énergies fossiles et du climat, nous oblige à une réflexion politique et technique sur l'opportunité de le stocker et de le valoriser. Le parlement Européen a élaboré une approche politique dans ce domaine que nous présenterons plus loin.

Dès lors, une question récurrente se pose aujourd'hui : peut-on modifier le rôle du carbone dans notre civilisation ?

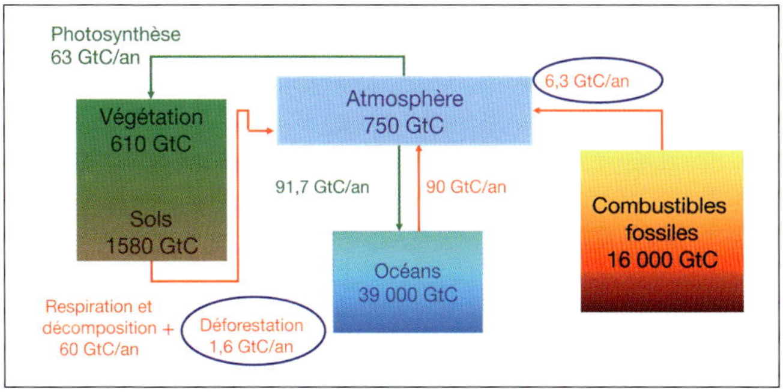

Figure 6

Bilan de matière mondial pour le carbone (en gigatonnes de carbone, GtC).
Le problème majeur est la cinétique de la transformation enzymatique du CO_2 par rapport à la cinétique de la production industrielle.

1.2. La gestion des ressources énergétiques et carbonées

La ***Figure 7*** représente les différentes sources d'énergies et leurs interactions. Sur la partie droite figurent les sources carbonées fossiles et la biomasse utilisées pour les transports (aérien, terrestre, maritime) et le chauffage, qui sont productrices de CO_2 ; sur la partie gauche figurent les sources non carbonées productrices d'énergie électrique (le nucléaire, l'éolien, le photovoltaïque, les énergies marines (hydrolienne), etc.). L'énergie solaire est le moteur de la production agricole, avec un élément déterminant, celui du cycle de l'eau, qui dépend du cycle thermique de l'atmosphère et de la surface des océans. L'évaporation de l'eau

3. Claude Lorius a été le directeur du Laboratoire de glaciologie et de géophysique de l'environnement de Grenoble, de 1983 à 1988. Il a reçu la Médaille d'or du CNRS en 2002, avec Jean Jouzel, pour ses nombreux travaux réalisés dans le cadre d'expéditions polaires, principalement en Antarctique.

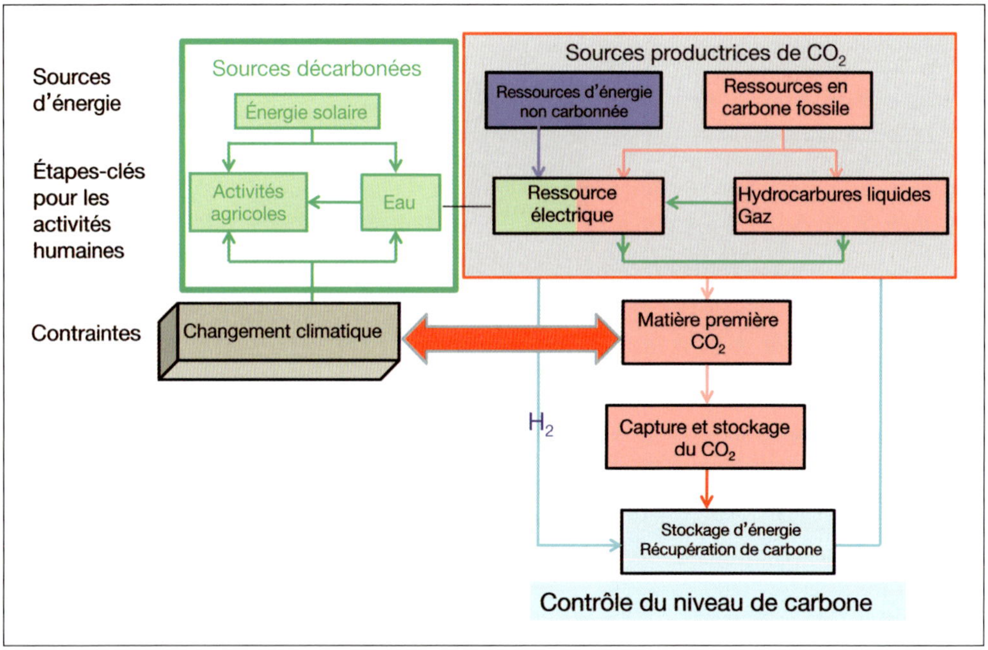

Figure 7

Analyse de la gestion des sources d'énergie.

et sa condensation participent au contrôle climatique et permettent d'irriguer l'ensemble de la végétation, mais l'eau peut être stockée de façon naturelle ou artificielle sous forme de réserve d'énergie pour alimenter les centrales hydrauliques.

Discuter de la gestion des ressources énergétiques nécessite le rappel d'un certain nombre de données concernant l'eau, le prix de l'énergie et la production mondiale d'électricité.

1.2.1. Données sur l'eau nécessaire à la production d'énergie

La production d'énergie électrique nécessite une certaine quantité d'eau. Le ***Tableau 1*** compare, selon les techniques, les quantités d'eau nécessaires pour la production d'un mégawatt-heure d'énergie électrique. Prenons deux exemples dont on parle rarement : dans le cas des turbines à gaz, il faut 200 litres à 3 mètres cubes d'eau par mégawatt-heure, tandis que dans le cas des biocarburants (éthanol à partir de maïs ou biodiesel à partir de soja), il faut 2 000 à 20 000 mètres cubes d'eau par mégawatt-heure.

1.2.2. Le prix de l'énergie

Le ***Tableau 2*** compare, selon les sources, les coûts en dollars d'une énergie en gigajoules. On peut voir que le pétrole, actuellement entre 110 $ et 125 $ le baril, conduit à une énergie entre 15 et 20 $/GJ. Le gaz naturel aux États-Unis a chuté de 4 $/GJ en 2010 à 2,7 $/GJ en janvier 2012, du fait des gaz de schiste (500 000 puits ont été forés aux États-Unis). Le charbon est à environ 2 $/GJ (1,4 $/GJ pour celui de l'Illinois qui est exploité à ciel

Tableau 1

Besoins en eau pour la production d'énergie (en litre par mégawatt-heure)
Source : Science, 23 octobre 2009, vol. 326.

Extraction de pétrole	10-40
Raffinage d'huiles	80-150
Gazéification du charbon intégrée à un cycle combiné	950
Centrale à gaz naturel à cycle combiné	200-3000
Centrale nucléaire de refroidissement en boucle fermée	950
Centrale géothermique en boucle fermée	1900-4200
Récupération améliorée du pétrole	7600
Centrale nucléaire de refroidissement en boucle ouverte	94000 - 277000
Éthanol de maïs : volume d'irrigation	2270000 - 3670000
Éthanol de soja : volume d'irrigation	13900000 - 27900000

Tableau 2

Coût de l'énergie (en $/gigajoule). Source : Science, 12 juin 2009, vol. 324, p. 1389.

Pétrole à 60 $ le baril	10 (2009), 12,5 (septembre 2010)
Pétrole à 85 $ le baril	14
Pétrole à 90-107 $ le baril*	15-17 (mars 2012, pétrole West Texas Intermediate)
Pétrole à 105-125 $ le baril*	17-20 (mars 2012, pétrole Brent)
Gaz naturel (États-Unis)	4 (août 2010)
Gaz de schiste (États-Unis)	3,2-3,7 (2012)
Charbon (États-Unis, valeur moyenne 60 $/T ; 37 $/T pour l'Illinois)	2 (Illinois : 1,44)
Charbon (Europe, valeur moyenne en 2010 : 75-100 €/T)	4
Stock de biomasse alimentaire (à partir de la canne de maïs)*	3,8 (pour des quantités traitées de 1 million de tonnes)
Granulés de bois (États-Unis, 200 $/T en 2009)	11
Granulés de bois (États-Unis, 400 $/T en 2013)	22
Dioxyde de carbone	8-11 $ par tonne (janvier 2012)

*Energy Environ. Science (2010), **3** : 28.

ouvert). La biomasse est quant à elle à 3,8 $/ GJ et le bois à 11 $/GJ.

1.2.3. Les besoins énergétiques mondiaux

En extrapolant les données du ***Tableau 2*** à l'horizon 2050, les besoins en électricité ont été calculés pour une population prévue à neuf milliards d'individus (***Tableau 3***). Compte tenu des points mentionnés précédemment, les deux principales sources énergétiques seront le charbon et le gaz naturel, dont les exploitations seront multipliées par 2,5 et peut-être par 3 pour le gaz naturel. De leur côté, les énergies renouvelables (solaire, éolienne, hydrolienne, géothermique) devraient également monter en puissance.

L'ensemble de ces données permet de prévoir dans les prochaines années une augmentation de la teneur en CO_2 due au charbon et au gaz naturel.

Comment traiter ce problème ? Comment tenir compte de rôle spécifique des énergies renouvelables et de leur caractère intermittent ?

Situer les énergies renouvelables dans cette évolution des besoins énergétiques, c'est analyser leur particularité essentielle : être des énergies intermittentes, que ce soit pour l'éolien ou le solaire. Rappelons par exemple que l'éolien fournit de l'énergie seulement en périodes de vent, qui ne correspondent pas forcément aux périodes de besoin ; ou à l'inverse, le vent n'est pas toujours au rendez-vous en cas de besoin. Pour le solaire[4], la situation est de même nature, même si l'on en connaît mieux les cycles.

Or, rappelons que notre civilisation, occidentale en particulier, a l'habitude de disposer de l'énergie souhaitée – thermique, électrique, lumière... – à la demande. Cette habitude de penser et de vivre entraîne un certain nombre de conséquences, et actuellement, les énergies fossiles sont les seules sources qui nous délivrent l'énergie « que l'on veut, quant on veut, si l'on veut ». Dès lors, la question pour l'avenir est celle-ci : comment concevoir un développement durable dans ce cadre ?

Tableau 3

Extrapolation des productions mondiales d'électricité (en milliards de mégawatt-heure).

	2020	2050
Charbon	6,1	16,7
Pétrole	0,694	0
Gaz naturel	5,6	13,9
Énergies renouvelables	1,4	5,6
Énergie nucléaire	2,2	2,8
Déchets	0,694	1,1
Cogénération	2,8	5,6
Total	19,4	45,6

1.3. Quels défis d'avenir des ressources et de l'énergie ?

Un défi qui fait l'objet de nombreuses recherches aujourd'hui est le stockage des énergies alternatives (énergies renouvelables). Un certain nombre d'outils commencent à apparaître. On pense par exemple aux batteries lithium-ion

4. Sur l'énergie photovoltaïque, voir *La chimie et l'habitat*, coordonné par M.-T. Dinh-Audouin, D. Olivier et P. Rigny, EDP Sciences, 2011.

(250 watts par kilo), qui sont les meilleures batteries existantes aujourd'hui. Toutefois, 60 kg de batteries stockent pour l'instant au maximum 15 kilowatt-heures, chiffre à comparer avec le diesel de synthèse, en cours de réalisation, et pour lequel 60 kg génèrent 660 kilowatt-heures.

Une autre idée pertinente a été proposée par le prix Nobel de Chimie 1994, Georges A. Olah ; elle consiste à utiliser du CO_2 pour refaire des carburants (***Figure 8***). Il s'agit de générer du méthane CH_4 ou du méthanol CH_3OH à partir du CO_2 et de l'hydrogène H_2, le méthanol pouvant conduire, selon les procédés et catalyseurs utilisés, à des polymères, des hydrocarbures de synthèse, ou encore des solvants.

Examinons l'état actuel de la recherche dans cette voie, en vue d'un développement durable qui permette de répondre à nos besoins à venir.

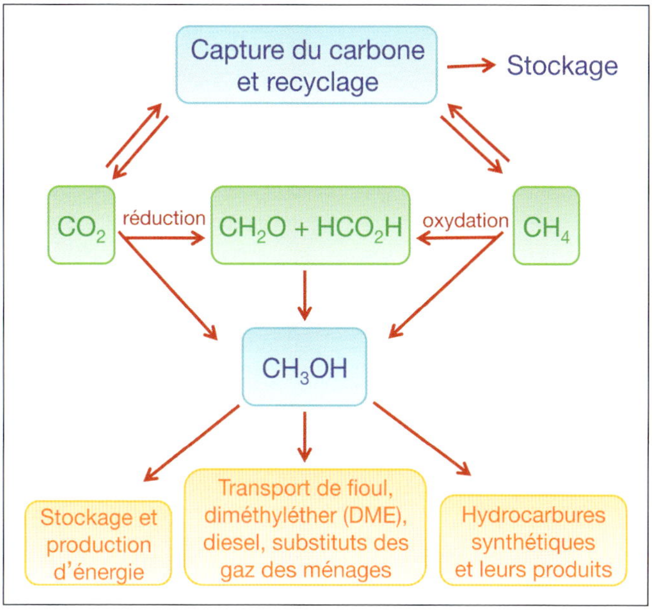

Figure 8

Propositions pour la valorisation du CO_2, par Georges A. Olah, prix Nobel de Chimie 1994.

2 Les défis du CO_2

Dans le souci de gérer l'avenir énergétique de l'Europe, le Parlement Européen a pris les décisions suivantes dès novembre 2008, dans le cadre du « set plan » : 20 % de réduction des émissions de CO_2, 20 % d'énergies renouvelables, 20 % d'améliorations énergétiques. Ces décisions ont conduit en France aux lois issues du Grenelle de l'environnement 1 et 2[5].

La seconde décision importante de la Communauté européenne a été de créer en 2003 un marché de l'émission du CO_2, et elle a ouvert au 1er janvier 2005 le marché des quotas d'émission. Cette disposition réglemente les droits à émettre, avec pour objectif de réduire les émissions de CO_2 en faisant payer des droits pour émettre ce gaz et en introduisant des possibilités d'échanges de droits à émettre cotés en bourse. Les politiques doivent maintenant décider le nombre de droits d'émissions gratuits et payants ; cette décision permettra d'une part de promouvoir les investissements industriels et collectifs qui favorisent des sources peu émettrices de CO_2, et d'autre part de pouvoir réduire d'ici 2050 les émissions de 80-95 % en diminuant la part des carburants fossiles.

Actuellement, les démarches les plus ambitieuses consistent

5. Voir aussi *La chimie et l'habitat*, chapitre de D. Plée (au sujet du « set plan ») et chapitre de J.-M. Michel (au sujet du Grenelle de l'environnement), coordonné par M.-T. Dinh-Audouin, D. Olivier et P. Rigny, EDP Sciences, 2011.

à augmenter le rendement énergétique des installations pour améliorer le rendement de la transformation des sources d'énergie primaires : il n'est en moyenne que de 38 %, et seulement de 10 % si l'on considère le charbon ou le carburant automobile. En effet, entre la source primaire et sa transformation par un nombre croissant d'opérations, les pertes s'en trouvent accentuées. Par exemple, le charbon coûte aussi cher au transport qu'à l'extraction. Il reste donc une grande marge d'améliorations, qui exige toutefois recherches et investissements.

Aujourd'hui, la recherche se tourne vers cette molécule-clé qu'est le CO_2, que l'on cherche à capturer, stocker et valoriser de différentes manières. Quel est l'état des lieux sur cette recherche et que peut-on en attendre ?

2.1. Capturer et stocker le CO_2

Les procédés de capture et de stockage du CO_2 sont appelés « CCS » (« *carbon capture and storage* ») ; ils permettent d'extraire le CO_2 des fumées industrielles. Ces procédés sont mis en œuvre à la sortie de centrales à charbon, dont les fumées contiennent du CO_2, de l'azote, de l'eau, des traces de mercure, des oxydes d'azote (NOx) et des oxydes de soufre (SOx). Ces composés, toxiques et corrosifs en faible teneur (mercure, oxydes d'azote et de soufre), sont éliminés dans une première unité de lavage à l'ammoniac. Le CO_2 est ensuite absorbé dans une colonne d'ammoniac réfrigérée, puis le mélange liquide ammoniac-CO_2 obtenu passe dans une troisième colonne chauffée où le CO_2 est désorbé, tandis que l'ammoniac est recyclé (***Figure 9***).

Figure 9

Procédé pour la capture de CO_2 en sortie de centrales à charbon par le procédé d'oxydation électro-catalytique (« electrocatalytic oxydation », ECO).

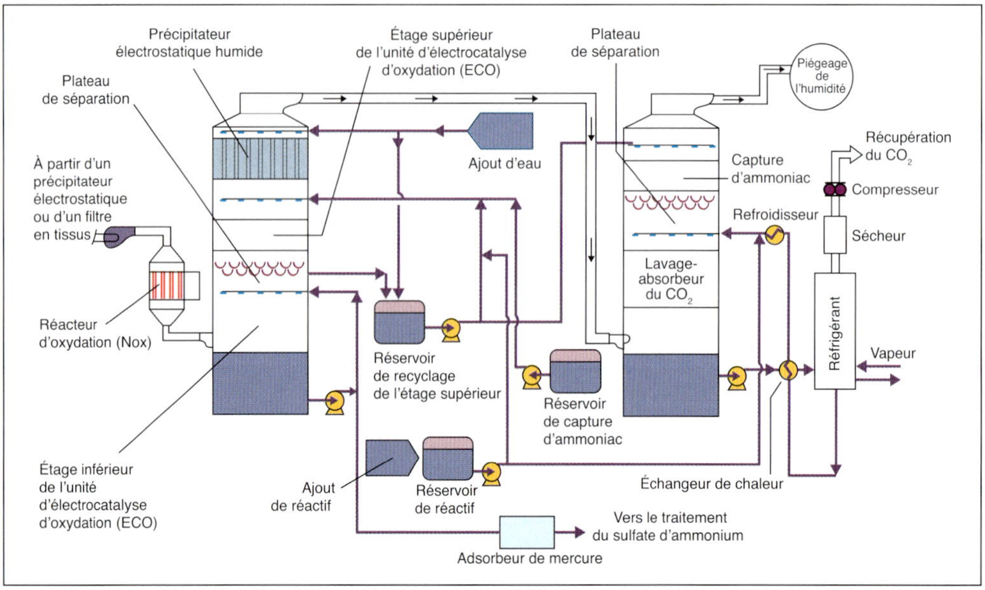

Ce procédé a été testé et développé par Alstom aux États-Unis sur une centrale à charbon de 300 mégawatts. En France, l'Agence pour la maîtrise de l'énergie et de l'environnement[6] (ADEME) soutient un programme de développement de l'extraction du CO_2 des fumées d'une centrale à charbon du Havre, et l'ensemble de ce protocole associé à un programme de stockage du CO_2 en milieu géologique profond est l'objet d'un second programme d'étude préindustrielle. De son côté, la communauté européenne a lancé un programme d'études à 1 milliard d'euros l'unité, portant sur dix centrales à charbon de 1 000 mégawatts, dans le but de capter 5 millions de tonne de CO_2 par an, au coût de 200 € la tonne. L'objectif à cinq ans, voire dix ans au maximum, est de pouvoir extraire le CO_2 à un coût de 20 € par tonne par des techniques employant soit l'ammoniac, les amines, des zéolithes, ou encore la séparation cryogénique. La Chine, qui possède et construit de nombreuses centrales à charbon, développe des unités du même type, notamment en partenariat avec Alstom.

Soulignons que le CO_2 produit par capture a une pureté de 99,9 %, pureté nécessaire pour permettre sa compression et son transport.

2.2. Valoriser le CO_2 comme solvant

Le CO_2 est un bon solvant, relativement facile à liquéfier sous 70 bars à 30 °C ; il peut être utilisé pour extraire les hydrocarbures des puits de pétrole en fin de vie : une tonne de CO_2 permet de récupérer 1,5 tonnes d'huile. Le colloque international d'Abu Dhabi (Émirats arabes Unis) en mars 2012 a réuni les grands majors de l'industrie pétrolière autour de la question d'un développement industriel visant à améliorer les rendements des puits de pétrole par forage horizontal puis injection de CO_2 liquide (EOR, c'est-à-dire récupération assistée du pétrole). Le *Wall Street Journal* du 7 janvier 2012 annonce par ailleurs qu'une augmentation de la production de pétrole américain est attendue d'ici 2013. Enfin, le groupe chinois Shenshua a d'ores et déjà décidé la capture et la séquestration de 3,6 millions de tonnes de CO_2 pour améliorer le rendement de l'extraction pétrolière en Mongolie Intérieure.

2.3. Valoriser le CO_2 et stocker les énergies intermittentes : vers la régulation des réseaux électriques et l'approvisionnement en carburants de transport

Pour assurer un développement durable sur le plan énergétique à partir d'énergies intermittentes, il convient de compléter la régulation des réseaux électriques entre les énergies stockées et les énergies intermittentes (« smart grid »), et de concevoir l'approvisionnement en carburants de transport par des hydrocarbures de synthèse.

Plusieurs stratégies pour le stockage de l'énergie sont

6. www.ademe.fr

envisageables, en utilisant différents procédés permettant dans le même temps de valoriser le CO_2, représentés sur la ***Figure 10***. Nous avons d'un côté l'ensemble des unités qui produisent du CO_2 (gaz, charbon, fioul, combustion des déchets, cimenteries, distillation du pétrole), et de l'autre côté des sources d'énergie non carbonées (nucléaire, turbines à gaz, énergies solaires, etc.). Ce dernier secteur est en développement au niveau européen, mais la production d'énergie y est discontinue, contrairement au premier secteur qui produit de façon continue du CO_2, qu'il est possible de stocker et de valoriser de plusieurs manières :

– en le transformant en méthane, permettant de réguler la production d'électricité (paragraphe 2.3.1) ;

– en le transformant en méthanol, qui donne l'accès à une grande diversité d'intermédiaires pour l'industrie chimique ou encore à des carburants de synthèse (paragraphe 2.3.2) ;

– par la gazéification du charbon pour en améliorer l'extraction, par exemple par des procédés plasma (paragraphe 2.3.3) ;

– en le faisant réagir à travers des réacteurs chimiques avec de l'hydrogène produit par électrolyse de l'eau, en présence de catalyseurs appropriés, selon le procédé dit de Fischer-Tropsch, qui permet de fabriquer du méthanol, du méthane ou des hydrocarbures de synthèse (paragraphe 2.3.4) ;

– en l'utilisant dans des élevages de micro-algues pour synthétiser diverses molécules dont des biocarburants (paragraphe 2.3.5) ;

– en l'utilisant comme réactif chimique pour accéder à une

Figure 10

Procédés de valorisation du CO_2.

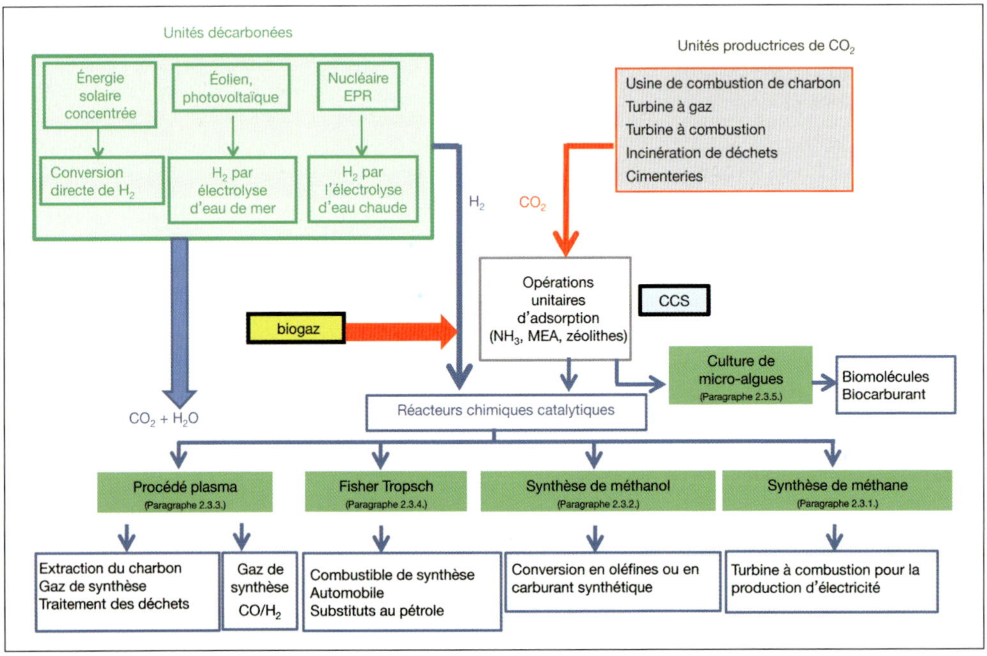

multitude de produits, dont des polymères (paragraphes 2.3.6 et 2.3.7).

La ***Figure 11*** résume les réactions chimiques que nous allons détailler ci-après, qui permettent de valoriser le CO_2 en hydrocarbures de synthèse, méthanol (CH_3OH), diméthylcarbonate (DMC), diméthyléther (DME), acide formique (HCOOH) – qui trouve une application dans le domaine de la teinturerie –, ou encore en méthane (CH_4), utilisé pour la régulation du réseau électrique, comme nous allons le voir à présent.

2.3.1. Transformer le CO_2 en méthane : une nouvelle source pour réguler l'énergie électrique

L'Allemagne a décidé de lancer en 2012 un programme de recherche et développement de deux milliards d'euros, en vue de réguler sa production électrique issue des énergies renouvelables, notamment par la conversion du CO_2 en méthane : le CO_2 peut ainsi être considéré comme une nouvelle matière première.

Le principe, présenté sur la ***Figure 12***, paraît très simple : à partir de l'eau de mer et d'une énergie alternative (éolienne, solaire), on génère de l'hydrogène et de l'oxygène par électrolyse. Puis par réaction entre l'hydrogène et le CO_2, on fabrique du méthane qui sera ensuite brûlé avec de l'oxygène pour récupérer de l'énergie aux heures de pointe sur le réseau (oxycombustion). Un kilowatt-heure d'énergie intermittente consommé en heure creuse (de coût quasiment nul) permet ainsi de générer 0,5 kilowatt-heures aux heures de pointe (de coût dix fois plus élevé), ce qui donne un bilan économique crédible.

Un procédé pilote est actuellement développé au Japon par le Professeur K. Hashimoto (Université de Sendai, Japon, ***Figure 13***), qui transforme le CO_2 en méthane en utilisant un électrolyseur à eau de mer et des catalyseurs au nickel déposés sur de la zircone stabilisée par du samarium. Il vient d'être transféré en Thaïlande dans le cadre d'une joint venture entre les groupes Hitachi Zosen

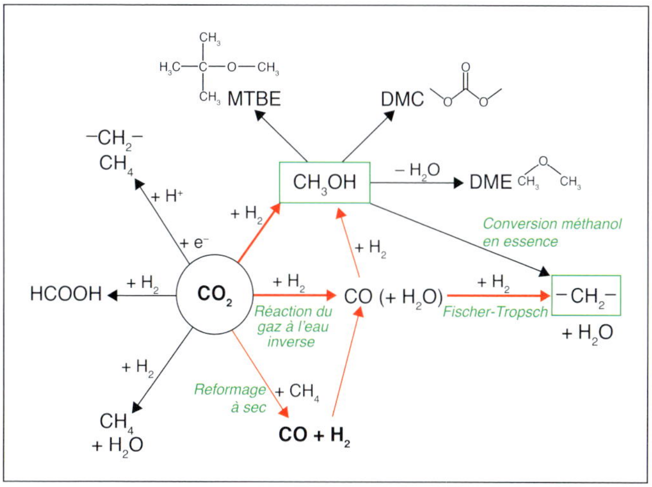

Figure 11

Voies chimiques de valorisation du CO_2.
DME = diméthyléther,
MTBE = méthyltributyléther,
DMC = diméthylcarbonate ;
HCOOH = acide formique.

Figure 12

Principe de la conversion de CO_2 en méthane CH_4.

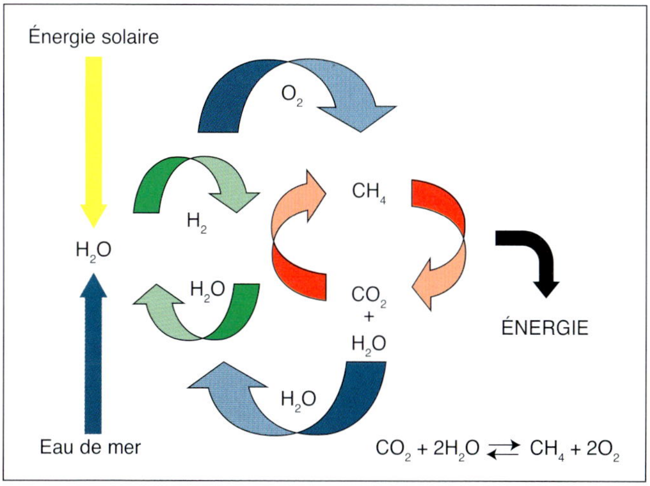

Figure 13

Le Professeur Émérite K. Hashimoto, de Tohoku University (Institute for Materials Research, Sendai, Japon), a développé depuis vingt ans un pilote pour réaliser le premier procédé de transformation du CO_2 en méthane en utilisant l'électrolyse de l'eau de mer et des catalyseurs à base de nickel. A) Électrolyseur de laboratoire pour générer de l'hydrogène et de l'oxygène ; B) réacteurs à double étage, avec échangeurs thermiques entre les deux étages, pour transformer le CO_2 en méthane.

corporation, Daiki Ataka Engineering corporation et PTTEP, société pétrolière nationale thaïlandaise, pour une installation pilote associant énergie photovoltaïque et transformation du CO_2 en méthane.

2.3.2. Transformer le CO_2 en méthanol

Le CO_2 stocké peut aussi être transformé en méthanol et devenir une nouvelle matière première industrielle par ce biais. Le méthanol présente l'avantage de pouvoir passer de l'état de gaz à l'état liquide, en s'accompagnant d'une contraction de volume (de 22,4 litres à 32 cm^3), constituant ainsi une nouvelle matière première qui ouvre la voie à une chimie diversifiée, allant des oléfines (polyéthylène, polypropylène), au diméthyléther, additif moteur pour l'amélioration de l'indice d'octane ; ou encore, on peut utiliser le méthanol pour extraire des protéines dans l'élevage des micro-algues (voir la ***Figure 11***).

Le méthanol est généré selon la réaction : $CO_2 + H_2 \rightarrow CH_3OH + H_2O$, à 300 °C sous 70 bars dans un réacteur catalytique utilisant un catalyseur bimétallique à base de cuivre et de zinc, sur un support céramique d'alumine, du fait que la réaction est exothermique ($Cu/ZnO/Al_2O_3$). Une unité industrielle utilisant ce procédé a été développée par la société Mitsui Chemicals[7] au Japon. Elle produit un million de tonnes de méthanol par an.

La transformation du méthanol en polymères a été réalisée à l'université chinoise de Dalian, où un réacteur industriel à lit catalytique fluidisé a été développé pour transformer le méthanol en propylène et éthylène selon un rapport défini par les conditions de température et de pression (600 000 tonnes par an) (***Figure 14***).

7. Chemical Week, 3 mai 2010.

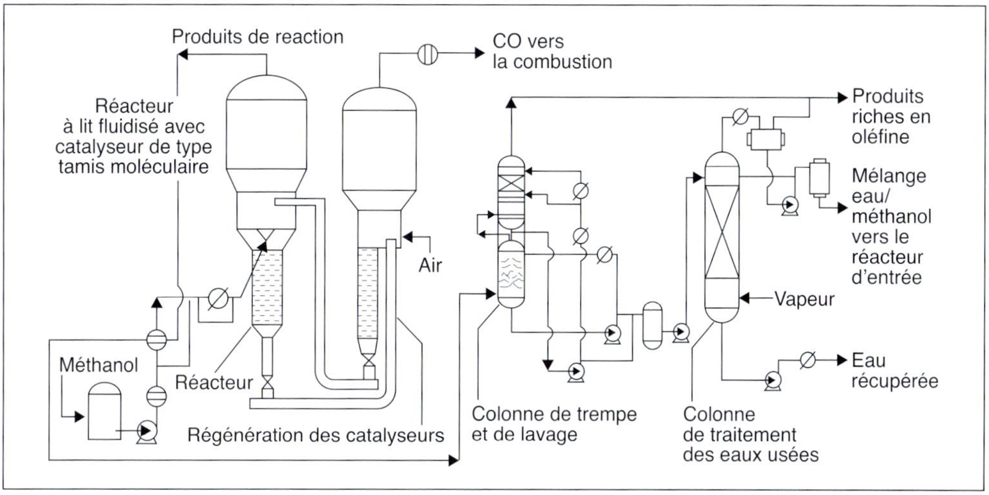

Figure 14

Procédé de transformation du méthanol en oléfines, en vue de la production de polymères.

2.3.3. Recycler le CO_2 pour transformer le charbon en gaz de synthèse

Partant du constat que le transport du charbon est coûteux et peu flexible (aussi cher que son extraction), il est intéressant de le transformer sur place en gaz de synthèse transportable par gazoducs pour approvisionner les centrales électriques ou pour être converti en hydrocarbures selon le procédé Fisher-Tropsch (voir le paragraphe 2.3.4).

La transformation du charbon en gaz de synthèse, appelée gazéification, est une réaction endothermique qui peut être réalisée en présence de CO_2 selon les réactions de Boudouard :

$$C_{solide} + CO_{2\,gazeux} \rightarrow CO + CO_{adsorbé}$$

$$CO_{adsorbé} \rightarrow CO_{gazeux}$$

Cette réaction endothermique nécessite un apport d'énergie ($\Delta_r H_f$ = 172,3 KJ.mol^{-1}), mais exige un broyage préalable du charbon afin de le traiter dans des réacteurs à marche continue en lit fluidisé[8] (à 1,5 MP). Dans le cadre d'un programme européen, des équipes polonaises ont développé un réacteur de gazéification par un mélange $CO_2 + O_2$ sur un réacteur à lit fluidisé de charbon. L'objectif suivant de ce programme consiste à développer une exploitation *in situ* des strates de charbon selon la technique du forage horizontal des gisements afin de réaliser la gazéification directement dans la veine de charbon. Cette voie nécessite cependant une opération préalable de production d'oxygène par distillation de l'air.

Afin d'éviter cette opération, une autre voie a été développée par les russes, qui envisagent d'utiliser l'énergie

8. Le lit fluidisé permet de donner à des matériaux granulaires des propriétés des fluides (liquides ou gaz). Ce procédé a été inventé par le chimiste allemand Fritz Winkler, qui l'avait appliqué en 1926 à la combustion de charbon réduit en poudre.

électrique pour apporter l'énergie par une torche à plasma[9] d'arc alimentée par du CO_2 pur (**Figure 15**). Ces torches, d'une puissance allant de 1 à 10 mégawatts, permettent la dissociation à 6 000 K du CO_2 en CO + O qui réagit sur un lit fixe de charbon. Une unité expérimentale a été montée à l'*Institute for Electric Power and Electrophysics* de Saint-Pétersbourg par le professeur P. Rutberg (RAS) (**Figure 16**), avec une adaptation technique permettant de limiter les altérations des électrodes des torches par l'oxygène atomique produit par le plasma ; ainsi a-t-on pu atteindre des durées de vie de 8 000 heures par an. Cette unité produit du gaz de synthèse, soit sur des lits de charbon, soit sur des déchets municipaux ; ce mélange ouvre la voie aux carburants de synthèse et à la production d'électricité *via* une turbine, cette flexibilité permettant de s'adapter aux besoins énergétiques des consommateurs (**Figure 17**). Cette technologie a été transférée au Japon sous forme de deux unités industrielles gérées par Hitachi Metals Ltden.

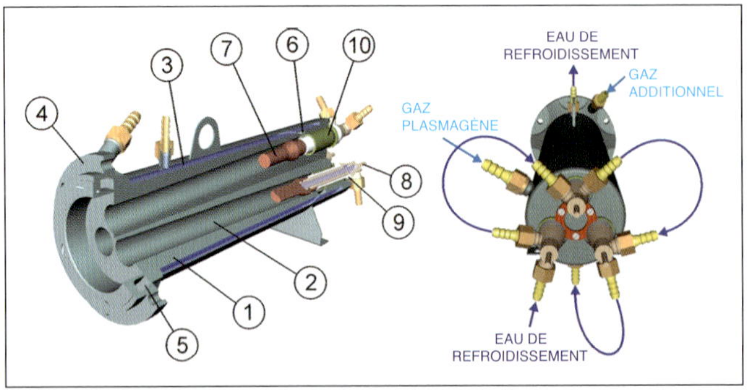

Figure 15

Torches à plasma pour convertir le charbon en gaz de synthèse. 1 : corps de torche ; 2 : canal de décharge ; 3 : enveloppe de refroidissement ; 4 : bride ; 5 : distributeur d'air supplémentaire ; 6 : distributeur de gaz plasmagène ; 7 : électrode de cuivre ; 8 : porte électrode ; 9 : isolant en céramique ; 10 : bague d'étanchéité.

Figure 16

Unité expérimentale développée à l'Institute for Electric Power and Electrophysics de Saint-Petersbourg par le Professeur Phillip. Rutberg (RAS) pour produire à partir de charbon du gaz de synthèse et de l'électricité.

2.3.4. Transformer le CO_2 en hydrocarbures de synthèse (réaction de Fischer-Tropsch)

La voie de transformation du charbon en gaz de synthèse

9. Le plasma est un état gazeux constitué de particules chargées (d'ions et d'électrons) de molécules et d'atomes neutres. Le degré de dissociation de ce milieu dépend de la pression et de l'énergie fournie, ce qui s'exprime à la pression atmosphérique par des températures de l'ordre de 8000 à 12000 K.

$CO\text{-}H_2$ puis en hydrocarbures est le procédé appelé Fischer-Tropsch ; elle a été développée par deux scientifiques allemands durant la Seconde Guerre mondiale de façon intensive, avant d'être reprise par l'Afrique du Sud. Des travaux plus récents, réalisés par l'équipe du Docteur D. Hildebrand en Afrique du Sud, ont permis de développer le procédé à partir d'un mélange $CO_2 + H_2$, donnant lieu à des brevets en 2007, puis à des unités pilotes qui ont été installées pour produire du diesel de synthèse (***Figure 18***). La Chine travaille également dans ce domaine : en Mongolie Intérieure, le groupe Shenhua développe un programme « Erdos », dont le but est de produire un million de tonnes par an de diesel par cette nouvelle voie.

2.3.5. Valoriser le CO_2 pour la production de micro-algues

L'objectif de cette nouvelle voie est d'utiliser le CO_2 pour augmenter la photosynthèse de micro-algues, afin de réaliser des biosynthèses de protéines et de lipides ouvrant sur des débouchés comme le domaine des cosmétiques, des additifs alimentaires et des biocarburants. Cette voie fait l'objet de nombreux travaux, notamment en France, soutenus par l'Institut national de la recherche agronomique (INRA), l'Institut national de recherche en informatique et en automatique (INRIA), les universités de Montpellier et de Pierre et Marie Curie (Paris VI), avec la participation de nombreux industriels. L'algothèque de

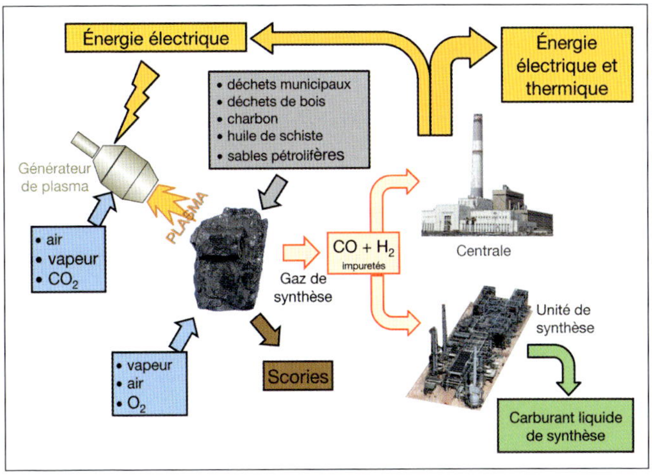

Figure 17

Schéma de gazéification par plasma : le charbon est transformé en gaz de synthèse, qui peut être converti en électricité ou en carburant liquide (Phillip Rutberg RAS).

Figure 18

Une nouvelle voie pour le procédé Fischer-Tropsch : convertir le charbon en fioul via le mélange $CO_2 + H_2$.

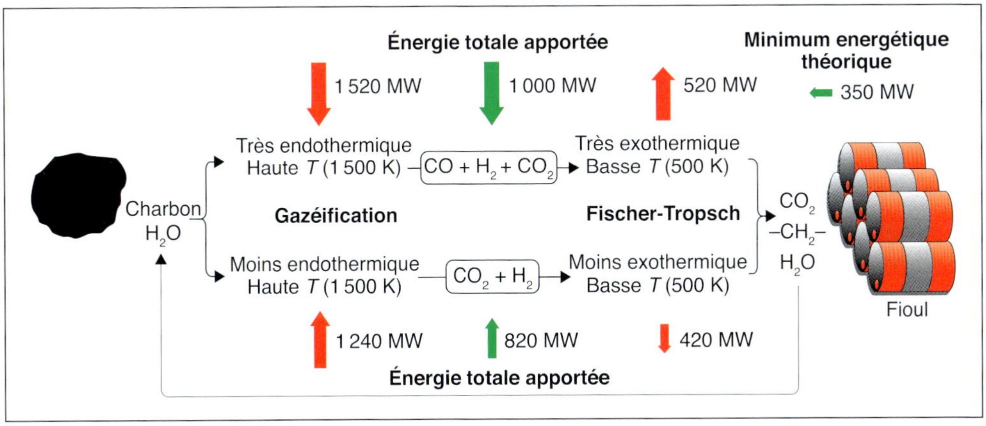

Montpellier dispose d'une bibliothèque d'algues remarquable où il est possible d'identifier les espèces les plus adaptées aux besoins aval. Par exemple, certaines algues produisent plus spécifiquement des protéines, et d'autres produisent plutôt des lipides.

La ***Figure 19*** donne le schéma d'une installation de production de biodiesel à partir d'une unité de culture de micro-algues en Australie. Pour comparaison avec les procédés classiques à partir de la biomasse végétale : le colza fournit 1 g/m^2 par jour d'huile végétale, le sucre de canne en fournit 10 g/m^2, alors que les algues en fournissent 50 g/m^2 ! Il faut néanmoins rappeler que la culture des algues exige le contrôle des conditions de température, de pression (pressions d'oxygène et de CO_2), de nutriments et bien sûr la protection contre les attaques bactériennes ou virales.

2.3.6. Le CO_2 comme nouvelle matière première pour la chimie

À partir d'une matière première de très haute pureté, c'est-à-dire un CO_2 à 99,9 %, il est concevable d'élaborer des produits nouveaux ou des approches créatives permettant le développement d'unités de produits à grandes valeurs ajoutées. Cette démarche ouvre le champ des économies de matière carbonée fossile et à celui du recyclage industriel du carbone.

Il existe aujourd'hui de nombreuses possibilités de réactions chimiques utilisant du CO_2, qui ne sont limitées que par l'imagination des chimistes, comme l'illustre la ***Figure 20*** : le CO_2 apparaît dès lors comme une matière première équivalente à un produit de base de la pétrochimie.

2.3.7. Transformer le CO_2 en polymère

Le CO_2 peut également servir de base à la fabrication de polymères tels que les polycarbonates. Ainsi, le professeur Xianhong Wang a développé des synthèses nouvelles qui ont conduit à la réalisation d'unités industrielles en Chine ; les domaines développés sont celui du polyméthacrylate de méthyle (PMMA),

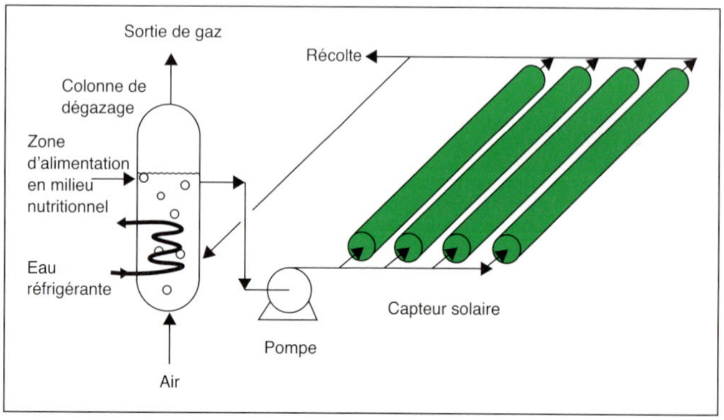

Figure 19

Bioréacteur tubulaire hélicoïdal de 1 000 litres à l'Université de Murdoch (Australie) pour la production de biodiesel à partir de micro-algues (1 kg d'algues consomme 1,8 kg de CO_2).

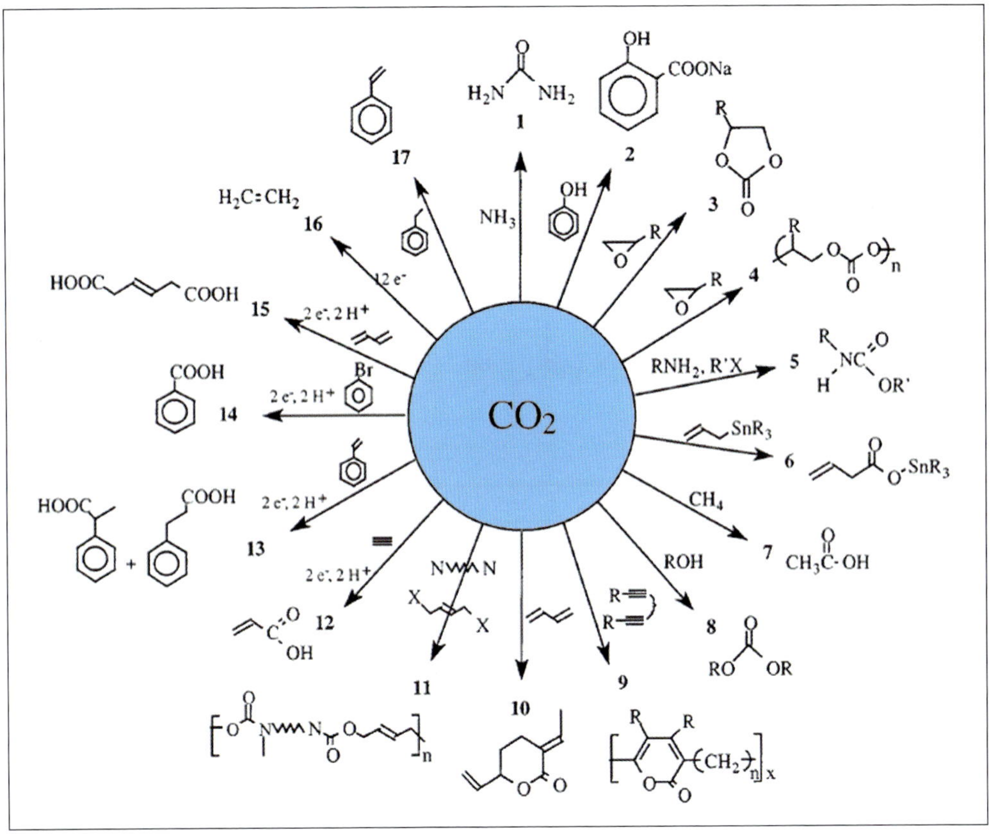

Figure 20

De nombreuses possibilités de réactions chimiques utilisant le CO_2 comme matière première.

des polyéthers et du polyéthylène par réaction du CO_2 avec des polyols (**Figure 21**).

Ces travaux visent à concevoir des voies de synthèse qui évitent les dangers de l'utilisation de l'acide cyanhydrique (HCN) et de l'acide sulfurique (H_2SO_4), encore faut-il concevoir les catalyseurs appropriés à ces nouvelles réactions (**Figure 22**).

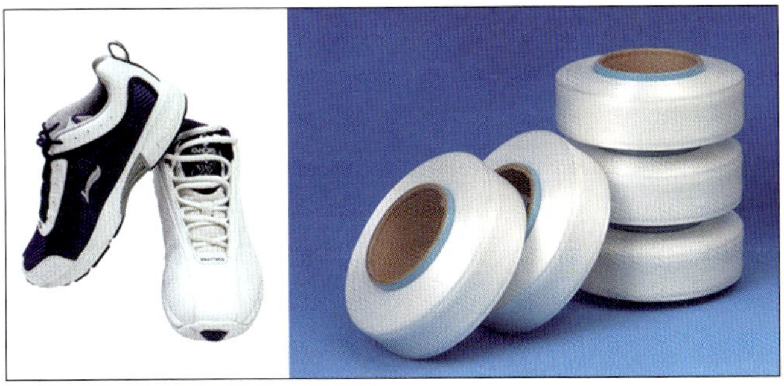

Figure 21

Produits à base de polymères (polyester and polyéther) issus de réactions de polyols avec du CO_2. Procédés développés par le Professeur Xianhong Wang (Chine).

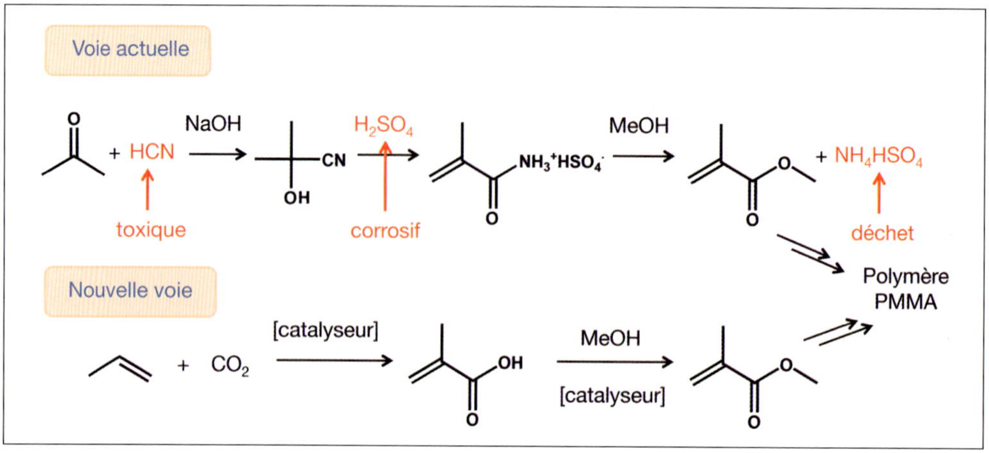

Figure 22

Nouvelle voie envisagée pour accéder à des polymères (PMMA) à partir du CO_2, évitant le recours à des réactifs dangereux.

Le CO_2, molécule-clé d'hier, molécule-clé de demain, la molécule de la vie…

Cet état des lieux sur la recherche autour du CO_2 montre toute la créativité des scientifiques au niveau international. Les savoirs des chimistes soulignent que le couple CO_2- H_2O contrôle, par les échanges d'énergie, le cycle du stockage de l'énergie et des matières premières à la base de nos industries actuelles.

Le CO_2 deviendra la matière première d'une véritable révolution industrielle adaptée à la liberté de vie de notre civilisation moderne. Nous sommes au début d'un chemin qui nous conduira d'ici quarante à cinquante ans au recyclage effectif d'une grande partie du carbone selon des protocoles appropriés à chaque industrie. Imaginer qu'on en recycle seulement 50 % est un enjeu indispensable pour poursuivre nos civilisations basées sur le rôle déterminant du carbone dans toutes nos activités, qu'elles soient énergétiques, chimiques, métallurgiques ou domestiques (habillement, décoration, conditionnement alimentaire, etc.).

Pour aller plus loin :

- online.org CEN august 2010, 2, p. 24.
- Workshop : CO_2 : a future chemical fuel :
www.emrs-strasbourg.com/index.php?option=com_content&task=view&id=449&Itemid=1
- Reducing carbon from coal : German projects, C§EN 2010, sept. 13, p. 9.
- European Parliament STOA.
- EMRS meetings : Paris February 2008 ; Strasbourg June 2009 ; Varsovie sept. 2011.
- Sciences 12 June 2009, vol. 324, p. 1389.
- Chem. Engineering Journal, www.che.com, may 2008.
- CCS assessing economic Mac Kinsey 2009.
- Science 25, sept. 2009, vol. 325, p. 650.
- Chemical Week May 3, 2010, p. 25, Mitsui chemical.
- Science 18 April, 2008, vol. 320.
- Science 323, 1680, 2009
- Patent WO/2007/122498 D. Hildebrant, D. Glasser, B. Hansberger.
- Applied Catal. A, General, 1998, 172, 131 Habazaki H., Yamasaki M., Zhang B.-P., Kohno S., Kakai T., Hashimoto K.

Partie 4

La chimie pour mieux utiliser les ressources naturelles

Recyclage des métaux : mimer les processus naturels

Bruno Goffé est chercheur au Centre de recherche et d'enseignement des géosciences pour l'environnement (CEREGE), à l'Université d'Aix-Marseille. Après avoir été directeur adjoint de l'Institut national des sciences de l'univers (INSU), il est aujourd'hui en charge de la question du suivi des actions de recherche sur les ressources géologiques au niveau national pour le CNRS et l'INSU. Il est co-coordinateur du réseau de recherche européen ERA-MIN, sur les ressources minérales. Dans ce chapitre, il aborde en particulier la question des métaux, leur raréfaction et leur recyclage éventuel, avec une approche alliant la chimie et la géologie.

1 Les besoins de l'humanité en métaux et les réserves de la Terre

1.1. Des besoins accrus et une montée de la concurrence mondiale

Dans quarante ans, la population de la Terre sera de neuf milliards d'individus et les besoins en métaux égaleront, dans cet espace de temps, la totalité des besoins de l'humanité depuis les origines. Nos besoins se seront multipliés par quatre entre 2000 et 2030, et ils continueront à croître (*Figure 1*).

Depuis le début du XXe siècle, on a multiplié notre consommation de métaux par un facteur dix et la concurrence pour les ressources s'exacerbe ainsi logiquement ; à titre d'illustration, la *Figure 2* montre les prises de participation de la Chine en 2004, 2009 et 2010, dans les mines de métaux, des comparaisons qui parlent d'elles-mêmes. Encore d'autres chiffres ?

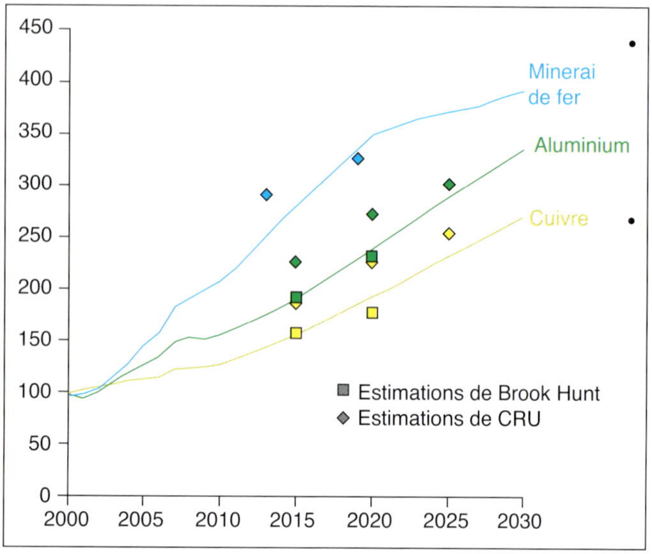

Figure 1

Estimation sur une base cent en 2000 de l'évolution de la consommation globale en trois métaux de base (les autres métaux croissant de 3,6 % par an) : une demande considérablement accrue, d'après une analyse de Rio Tinto 2010.

Aujourd'hui, de nouveaux besoins en métaux apparaissent du fait du développement des nouvelles technologies : information et communication, nucléaire (zirconium et béryllium), économies d'énergie (lampes à basse consommation), batteries, éoliennes, solaire photovoltaïque, etc., qui demandent du gallium, du lithium ou encore de l'indium. La **Figure 3**, dessinée d'après Christian Hocquard (Bureau de recherches géologiques et minières, BRGM), montre une évolution typique des prix en fonction de la demande : si la demande devient trop forte, les prix montent, de nouveaux producteurs ou de nouvelles technologies plus matures se présentent alors et les prix chutent. Ce genre d'évolution est important à comprendre car il détermine la première dimension de ce qu'on appelle « les réserves » exploitables pour un élément qui sont clairement dépendantes des cours. On voit l'effet de l'apparition de nouveaux besoins : pour le gallium par exemple, la demande de l'industrie des diodes luminescentes a été accrue par celle des écrans plasma.

Les analyses de la disponibilité d'un élément – ce qui revient au même que la mesure des risques de pénurie en cet élément – se font à l'aide de « matrices de criticité », dont la **Figure 4** donne des exemples. Elles sont spécifiques d'une technologie et de la perspective de l'analyse (court, moyen ou long terme).

Les ressources minérales sont aussi très impactées par la géopolitique. La Chine a ainsi mené une politique particulièrement active depuis deux décennies, et la **Figure 5** en traduit les résultats de façon particulièrement frappante : elle montre les éléments dont la Chine est le premier producteur mondial et la proportion qu'elle en contrôle. On en compte aujourd'hui vingt huit, alors qu'elle en était à quatre

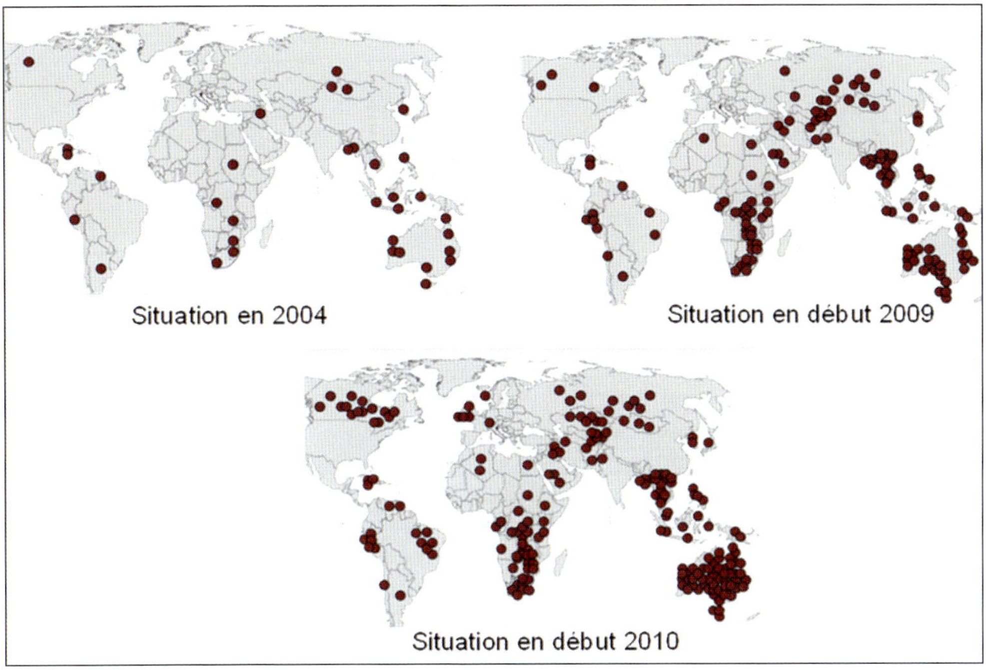

Figure 2

Prises de participations chinoises dans l'industrie minérale mondiale.

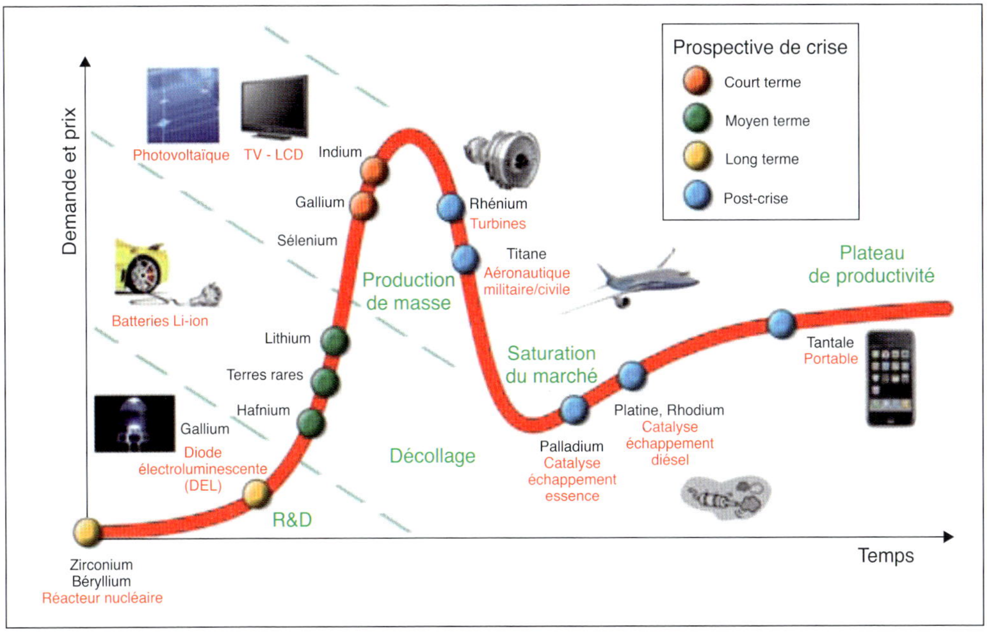

Figure 3

Évolution du prix des métaux en fonction de la demande, montrant un besoin croissant de nouveaux métaux, indispensables au mode de vie « high-tech ».

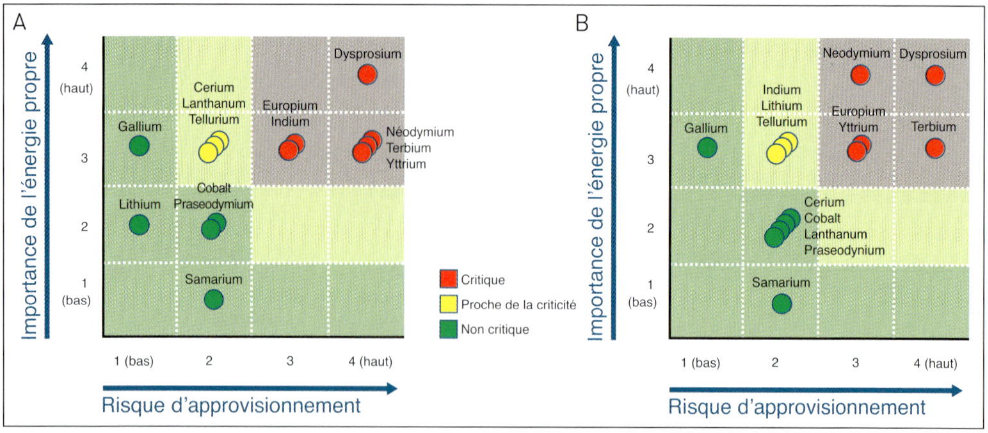

Figure 4

Matrices de criticité à court terme (A : 0 à 5 ans) et à moyen terme (B : 5 à 15 ans) selon le Departement of energy (DOE, États-Unis) pour le développement des énergies renouvelables.

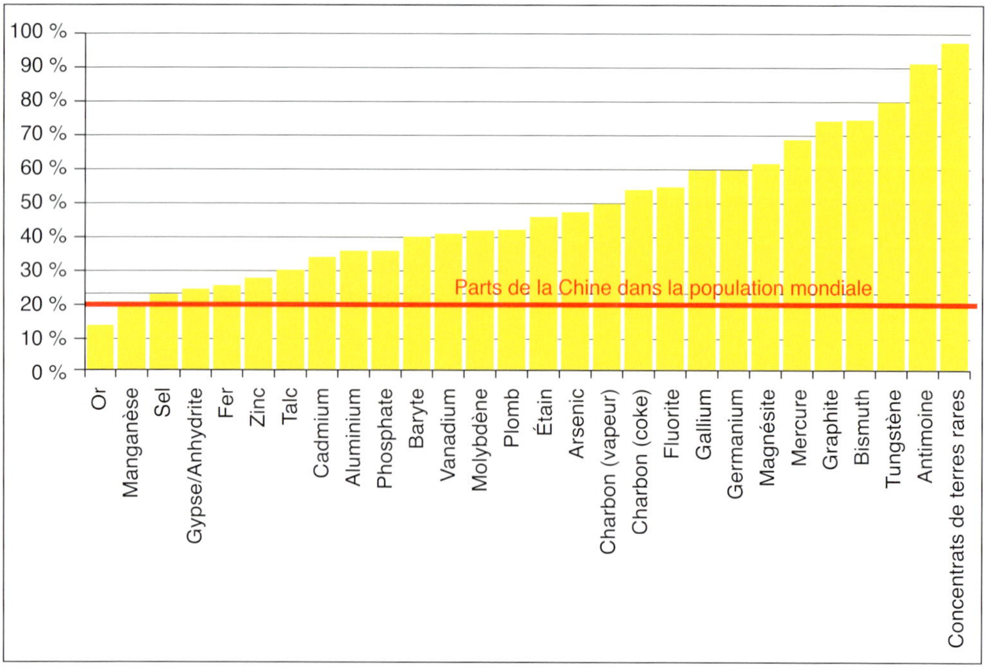

Figure 5

Taux de production minière de la Chine en % de la production mondiale pour les vingt-huit matières premières dont elle est le premier producteur (d'après Patrice Christmann, BRGM 2011, World Mining data). Ces chiffres montrent un impact fort des stratégies géopolitiques de ce pays.

il y a une quinzaine d'années ; c'est ainsi presque la totalité des approvisionnements en terres rares qui sont contrôlés par la Chine, résultat d'une stratégie complètement raisonnée. Cette situation est autant le fruit d'une politique des ressources que de la répartition naturelle ; elle montre ainsi le deuxième contrôle, après celui des coûts de la relativité, de ce qu'on appelle « les réserves ». Ainsi, pour les terres rares, les estimations les plus récentes de la répartition géographique des ressources mondiales montrent que la Chine n'en possède que 31 % (et en produit 100 %), alors que la CEI en possède 22 %, les États-Unis 15 %, l'Australie 6 %, l'Inde 1 %, tandis que l'Europe n'apparaît pas dans le classement. Il est fort peu probable que l'Europe en soit dépourvue, sa géologie assez diverse n'est pas significativement différente du reste de la planète. Il s'agit plus probablement d'un manque de données, la recherche et la prospection n'ayant pas été faites sur ces éléments, l'Europe préférant se fournir chez des pays à faible PIB, pratique qui était généralisée jusqu'à récemment. Il est ainsi probable que si l'on cherche, on trouvera des terres rares en Europe ; ce qui ne veut pas dire que l'on pourra les extraire tant les coûts environnementaux, pour un traitement propre et acceptable, sont élevés. Mais cela pourrait devenir, en cas d'une hausse des cours, une réserve stratégique.

En fait, les terres rares ne sont pas si rares que cela, comme le montre la ***Figure 6*** : il y a pratiquement autant de cérium sur Terre que de nickel ou de cuivre ; lanthane et yttrium sont plus abondants que plomb, étain ou molybdène, la terre rare la plus rare étant le lutétium, juste derrière le molybdène.

La dépendance par rapport aux métaux est particulièrement critique pour l'Europe, qui est *a priori* grosse consommatrice du fait de son activité industrielle dans les domaines de haute technologie, mais très peu productrice soit du fait de sa géologie, soit plus probablement parce que la recherche et les investissements nécessaires n'ont pas été menés depuis les années 1980 (***Tableau 1***). Le cuivre et le chrome sont les matières pour lesquelles nous avons le moins de dépendance, mais elle est tout de même de 74 %.

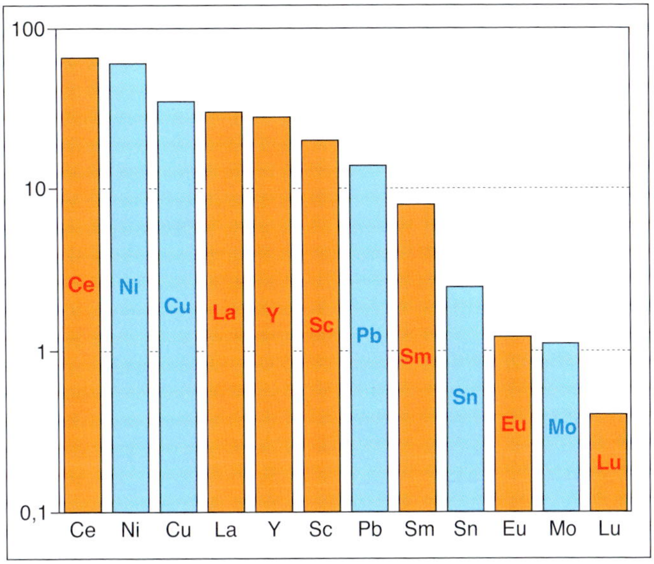

Figure 6

Abondance relative de terres rares dans la croûte terrestre (en %).

1.2. L'épuisement des ressources naturelles

Depuis au moins une génération, la notion de « finitude » des ressources naturelles est une hypothèse activement considérée. Pour les hydrocarbures, l'outil « peak oil », a été rendu populaire. Il y a une tendance pour l'appliquer aux autres matières premières. Cet outil tente de décrire le moment où la consommation de la matière considérée dépasse sa production.

Tableau 1

Taux de dépendance de l'Europe aux principales matières premières non énergétiques. L'Europe produit environ 3 % des matières premières qu'elle utilise. En gras apparaissent les matières premières pour lesquelles la Chine est le premier producteur.
Sources (2009) : USGS, BRGM, PGI, WMD.

Antimoine	**100 %**	Vanadium	**100 %**
Beryllium	100 %	Étain	**100 %**
Bore	100 %	Phosphates	92 %
Manganèse	**100 %**	Rhénium	90 %
Cobalt	100 %	Nickel	86 %
Molybdène	**100 %**	Minerai de fer	**83 %**
Niobium	100 %	Bauxite	80 %
Platinoïdes	100 %	Zinc	**80 %**
Terres rares	**100 %**	Tungstène	**76 %**
Tantale	100 %	Plomb	**76 %**
Titane	100 %	Cuivre	74 %
Germanium	**100 %**	Chromite	53 %

L'arrivée du pic est le signal d'alerte sur la disparition ou l'extrême raréfaction de la matière considérée. La ***Figure 7*** montre un exemple de cette notion appliquée à des ressources minérales diverses et la comparaison avec la variation de la production – constatée ou extrapolée – en fonction du temps pour ces matières premières. L'existence de pics est manifeste ; en fait, il existe plusieurs pics, car leur détermination dépend à la fois de l'évolution des besoins, des capacités de production en fonction de l'état de la technologie, du succès des campagnes de découvertes de nouvelles ressources ou simplement le changement d'usage. La ***Figure 7*** montre que pour les éléments métalliques clés, nous ne sommes souvent, à comportement constant, qu'à un petit nombre de décennies du pic annonciateur de pénurie.

1.3. L'importance du recyclage

Cependant, à la différence des matières combustibles, les métaux ne disparaissent pas ; on peut les recycler. Le ***Tableau 2*** donne les estimations de durées de disponibilité pour un certain nombre de métaux : fer, aluminium, nickel, cuivre, zinc (métaux de base) ou manganèse, indium, lithium (petits métaux ou métaux stratégiques). Ce tableau, dont on peut certainement discuter la valeur des chiffres mais qui a le mérite de visualiser le problème, montre l'importance du recyclage : si l'on ne fait rien, on a devant nous 79 ans pour le fer, 132 ans pour l'aluminium,

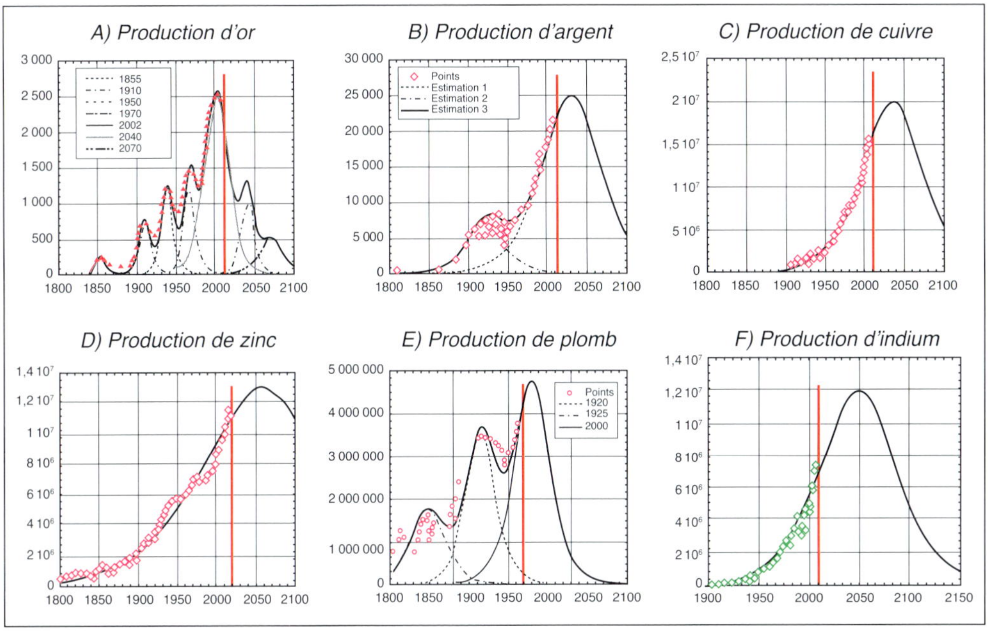

Figure 7

« Peak » de matières premières minérales, sur la base des méthodologies d'évaluation des réserves développées pour le pétrole (Hubberts, 1966). Harald Sverdrup (2012) propose un « peak » matière première. Une nouvelle notion apparaîtrait-elle, la « finitude » des ressources minérales ?

Tableau 2

Estimations de durées de disponibilité pour un certain nombre de métaux, sans ou avec recyclage. D'après Harald Sverdrup (2012).

Élément	Années avant pénurie sans recyclage	Selon taux de recyclage				Autre scénario	
		50 %	70 %	90 %	95 %	95 % + 3bn	95 % + 3bn+1/2
Les métaux de structure							
Fer	79	126	316	316	632	1,263	2,526
Aluminium	132	184	461	461	921	1,842	3,684
Nickel	42	42	209	419	838	1,675	3,350
Cuivre	31	31	157	314	628	1,256	2,512
Zinc	20	37	61	61	123	245	490
Métaux stratégiques et matériaux							
Manganèse	29	46	229	457	914	1,829	3,668
Indium (Zn)	19	38	190	379	759	1,517	3,034
Lithium	25	49	245	490	980	1,960	3,920

42 ans pour le nickel, 31 ans pour le cuivre, 21 ans pour le zinc et 20 ans pour le manganèse, l'indium et le lithium. Un taux de recyclage de 50 %, 70 %, 90 % ou 95 % multiplie cette disponibilité respectivement par 2, par 3, voire presque 7 ou 8. En prenant de surcroît en considération des facteurs d'éducation des populations sur la gestion des déchets et des usages, on peut arriver à des durées de disponibilité extrêmement élevées, qui peuvent se chiffrer en milliers d'années. Au-delà de ces chiffres, à retenir donc : le recyclage des métaux est de première importance ; il est vital que nous parvenions à le mettre en œuvre.

Lorsqu'on intègre ces concepts, on établit des schémas de cycles de vie (***Figure 8***). La matière première entrée dans le cycle sert à la fabrication des objets, dont le recyclage après utilisation est une nouvelle source de matière première, etc. On peut durer ainsi des milliers d'années, comme indiqué plus haut, mais ceci demande de l'énergie – remarque qui nous renvoie à une autre boucle de cycle de vie qui demanderait encore des développements complémentaires à ce que nous traitons ici.

Figure 8

Une vision intégrée du cycle des matières premières pour leur gestion durable.

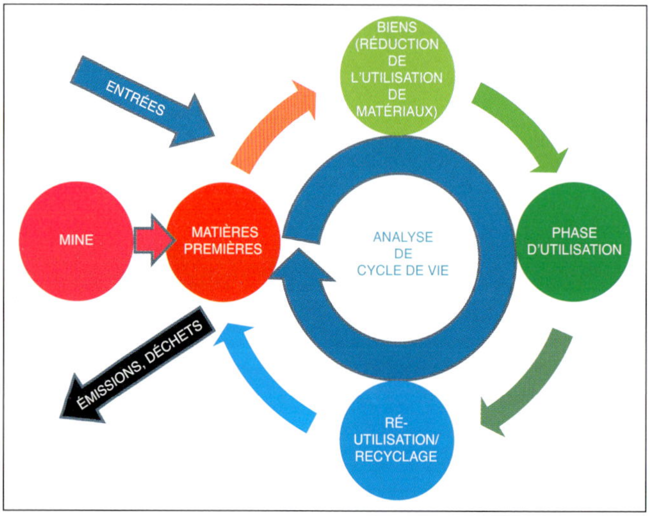

2 Comment la nature gère les matières métalliques

2.1. La Terre et ses ressources en métaux

Un schéma éclaté de la Terre fait apparaître : le noyau, le manteau puis la croûte qui est une fine pellicule superficielle animée de mouvements horizontaux provoquant des ruptures lors des compressions ou les extensions aux limites ou au sein des plaques (***Figure 9***). La carte de la ***Figure 10*** représente les grandes plaques continentales. On distingue les rides médio-océaniques d'où les continents s'écartent (accrétion océanique) et, par exemple en Indonésie, la subduction où la croûte rentre sous la plaque supérieure. C'est le fonctionnement fondamental de la Terre ; on y voit à l'œuvre le refroidissement continu, évacuation de la chaleur radioactive interne de la Terre sans laquelle la vie n'aurait été possible. Ces mouvements, par le brassage de la matière qu'ils effectuent, expliquent la plupart de la répartition de ressources en métaux à la surface de la planète, des grandes mines de cuivre du Chili issues du volcanisme des cordillères aux mines de nickel du grand Nord canadien issues

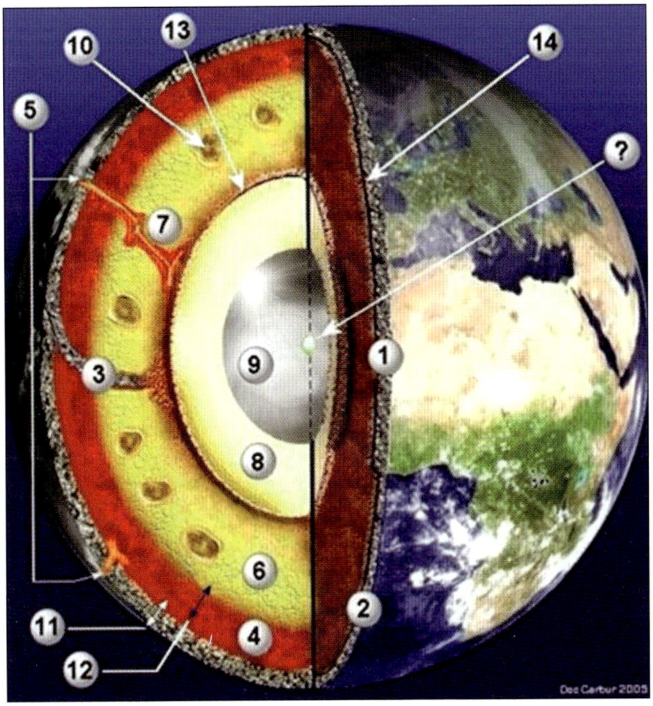

Figure 9

Structure interne de la Terre. Le cycle des métaux est essentiellement contrôlé par la dynamique interne de la Terre au niveau de la croûte.
1) Croûte continentale ;
2) Croûte océanique ; 3) Zone de subduction ; 4) Manteau supérieur ; 5) Zones de volcanisme actif ; 6) Manteau inférieur ; 7) Panache de matière chaude ; 8) Noyau externe ; 9) Noyau interne ; 10) Cellules de convection du manteau ; 11) Lithosphère ; 12) Asthénosphère ; 13) Discontinuité de Gutenberg ; 14) Discontinuité de Mohorovicic.

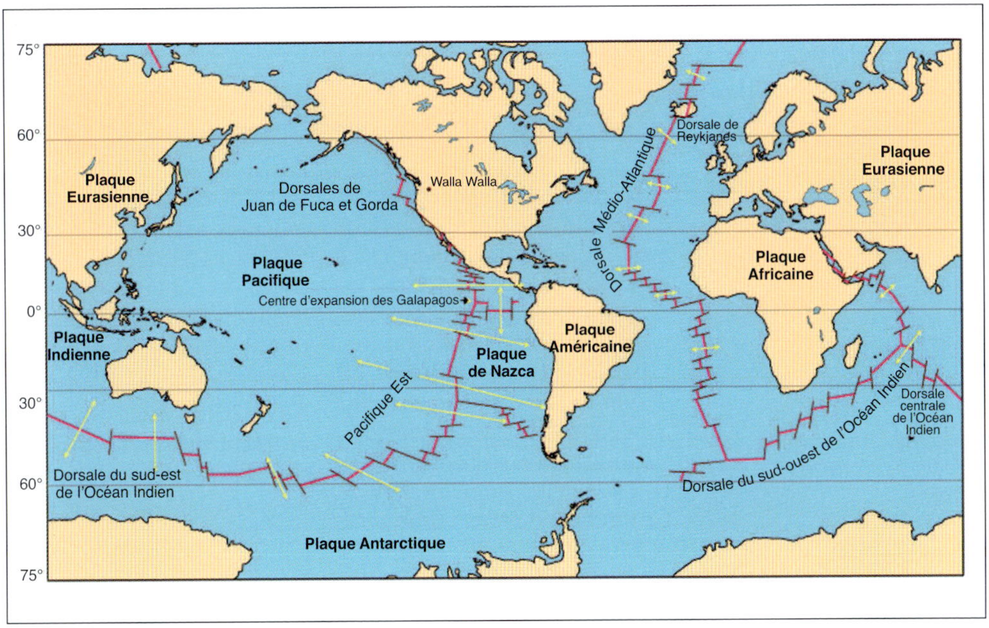

Figure 10

Les grandes plaques continentales et les rides médio-océaniques.

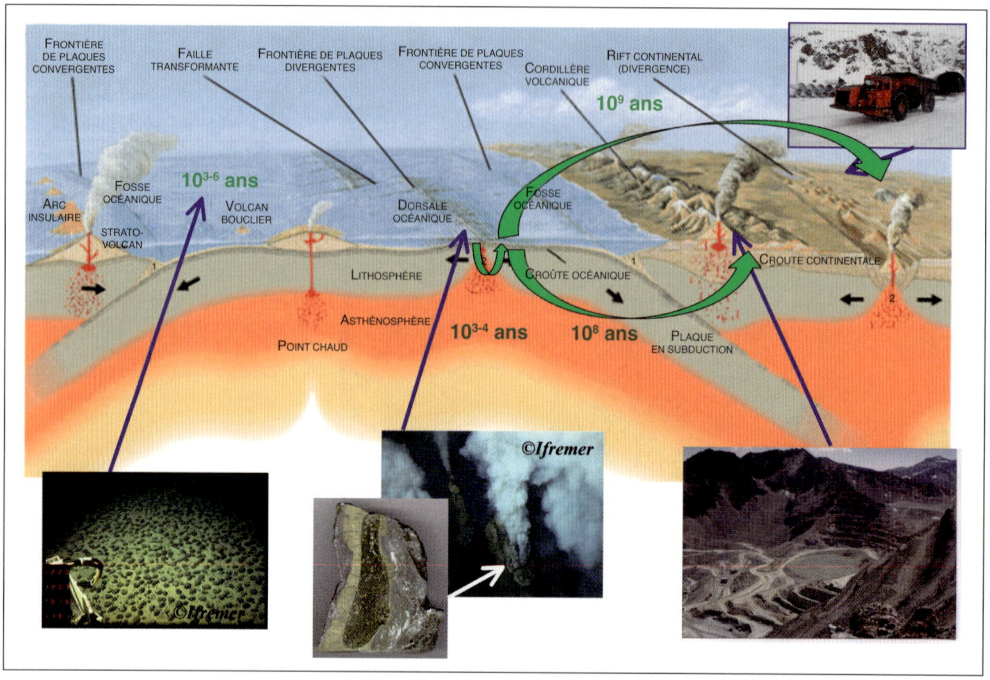

Figure 11

Principaux cycles naturels des métaux replacés sur une coupe schématique de la Terre visualisant les océans, les continents (mine en Arctique), les zones de subduction sous les Cordillères (mine au Chili) et sous les arcs volcaniques, une ride médio-océanique (fumeurs, photo Yves-Fouquet, Ifremer), plateaux sous-marins de type Pacifique (nodules métalliques, photo Ifremer).

d'anciens océans incorporés au continent. C'est en effet dans les océans que se génèrent beaucoup des gisements métalliques des continents où ils ont été agrégés par la tectonique des plaques. Il existe deux grandes sources de métaux en formation au milieu des océans (**Figure 11**), ce sont 1) les encroûtements métalliques des rides océaniques qui, outre les gaz qu'ils émettent par les fumeurs, précipitent les métaux sur le fond des océans[1] et 2) les nodules polymétalliques qui précipitent sur les grands plateaux sous-marins comme ceux du Pacifique. Enfin, le dernier acteur des concentrations métalliques est le climat qui, à travers l'altération tropicale, concentre l'aluminium et les éléments qui lui sont associés comme le gallium par altération des sols.

Nous voyons donc que la nature contrôle les mécanismes de production de gisements de métaux et leur émergence à la surface ou proche de la surface à travers des cycles dont les constantes de temps vont du milliard d'années, pour les métaux liés aux anciennes ceintures océaniques localisées en milieu continental

1. Voir *La chimie et la mer, ensemble au service de l'homme*, coordonné par M.-T. Dinh-Audouin, EDP Sciences, 2009.

(actuellement les plus exploitées), à quelques milliers d'années pour les métaux précipitant aux rides océaniques actuelles (non encore significativement exploitées) (voir la ***Figure 11***). Le cycle de fabrication dans les Cordillères de type Andin, dans lesquelles sont situées les plus grandes mines de cuivre actuelles, est quant à lui d'une à quelques centaines de millions d'années. Cependant, dans certains cas, comme celui du fer dans les gisements très anciens de plus de trois milliards d'années, la minéralisation restera un cas unique, non renouvelable, puisque lié à la particularité de l'atmosphère primitive.

2.2. L'eau, acteur principal de la minéralisation de la Terre

Partout sur les continents et dans les océans, l'eau s'infiltre dans la croûte depuis la surface, entraînée dans la subduction ou expulsée des profondeurs par la déshydratation ou la fusion des roches. Cette eau, dont les propriétés changent avec la profondeur, devient ainsi un fluide particulier que les géologues ont classifié en fonction de la provenance ou de la localisation (***Figure 12***) : d'un côté les fluides météoriques, issus de la surface et descendus dans la croûte ; de l'autre, les fluides des bassins, les mêmes initialement, mais plus âgés et ayant interagi longuement avec les roches ; les fluides magmatiques qui viennent des profondeurs de la Terre et issus des magmas ; les fluides métamorphiques qui proviennent des minéraux hydratés descendus dans la croûte, déshydratés par chauffage, dont l'eau est ensuite expulsée.

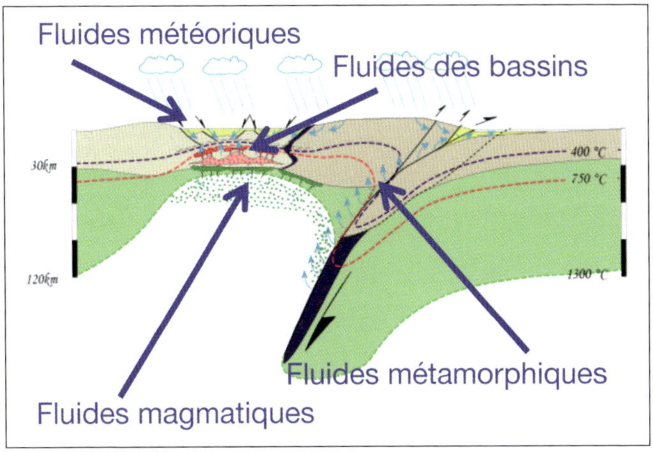

Figure 12

Les différents types de fluides et leur localisation.

Tous ces fluides ont des capacités de solubilisation des éléments importantes qui sont à la source des minéralisations constatées sur la Terre. Le ***Tableau 3*** donne les concentrations moyennes sur Terre en un certain nombre d'éléments métalliques et les concentrations auxquelles on a affaire

Tableau 3

Concentrations moyennes d'éléments métalliques sur Terre et dans les sites miniers.
Source : Gleb Pokrovski GET, CNRS, Université Paul Sabatier, Toulouse).

Métal	Concentration moyenne dans la croûte (ppm)	Teneur typique dans les gisements (ppm)
Or	0,0015	1,0
Cuivre	30	10 000
Zinc	70	20 000
Argent	0,050	50
Platine	0,0005	0,5

dans les sites miniers. On voit qu'un facteur de plusieurs milliers peut les séparer tant a été efficace le pouvoir de redistribution de l'eau.

2.3. Mécanismes physico-chimiques de la concentration des métaux dans la Terre

Selon les situations rencontrées au niveau de la surface ou en profondeur dans la croûte terrestre (volcans, subduction), les conditions de pression et de température peuvent être extrêmement variables (***Figure 13***), les pressions pouvant atteindre une dizaine de milliers de bars et les températures près de 1 000 °C. L'eau est alors supercritique et possède un très fort pouvoir de dissolution, en particulier pour les métaux ; il s'agit de fluides hydrothermaux assez bien connus jusqu'à 5 000 bars et 500 °C, ou beaucoup moins bien au-delà pour les fluides très profonds et très chauds dans des systèmes plus complexes (moins d'eau, présence d'autres éléments minéralisateurs comme le soufre). La trace de ces fluides peut être retrouvée dans les roches, sous forme d'inclusions, et c'est ce qui permet aux géochimistes de la caractériser (***Encart : « Les inclusions fluides dans les roches »***).

Avec l'aide de ces études, on peut reconstituer les phénomènes qui ont conduit à la minéralisation des roches. La ***Figure 15*** en illustre les trois principaux :

- dissolution de la roche par un fluide aux conditions de pression et température adaptées ;
- transport de ce fluide par les phénomènes géologiques ;
- précipitation dans de nouvelles conditions physico-chimiques qui résulte en minéralisation.

La ***Figure 15*** illustre d'un côté la dissolution d'un hydroxyde d'aluminium (diaspore, bleu et frange verte, photographié au microscope polarisant) et son remplacement par un silicate d'alumine (pyrophyllite, fibres avec des teintes délavées), qui représente ainsi une minéralisation à petite échelle, et de l'autre une ancienne fracture ouverte d'une roche (appelée veine, dans laquelle ont précipité des minéraux), qui représente une minéralisation de plus grande échelle.

Dans beaucoup de cas, les phénomènes naturels sont en fait plus complexes que ces cas d'école et conduisent à une ségrégation des

Figure 13

État de connaissance des fluides géologiques.

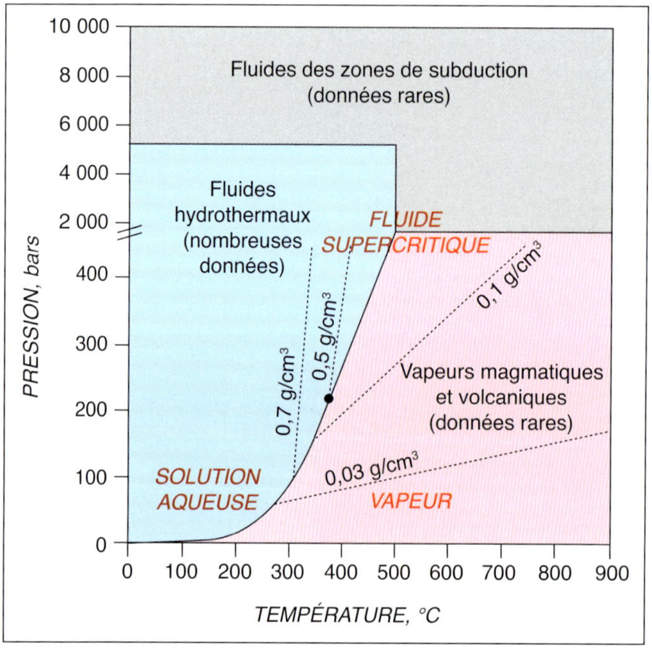

LES INCLUSIONS FLUIDES DANS LES ROCHES

La ***Figure 14*** montre une roche minéralisée (ici du quartz) et une lame mince qui en a été extraite pour l'étude. L'examen au microscope montre des alignements de petites inclusions fluides qui, examinées à plus forts grossissements, font apparaître leur structuration interne. Elles contiennent souvent une partie gazeuse (ici du CO_2) et une partie liquide (ici du CO_2 et un liquide aqueux). On peut également dans certains cas distinguer des précipités solides (sel halogéné, carbonate). L'échelle de ces inclusions est de l'ordre de quelques microns.

La physico-chimie, pour analyser les inclusions fluides

La physico-chimie offre des techniques puissantes pour analyser ces inclusions. Parmi celles-ci on peut citer l'ablation laser couplée à la spectrométrie de masse (au sujet de la spectrométrie de masse, voir le ***Chapitre de M. Coquery/S. Martin Ruel***). Le laser perce un trou dans la paroi de l'inclusion et le spectromètre de masse recueille le gaz qui en sort et l'analyse. Le signal du spectromètre de masse montre la grande multiplicité des éléments présents dans l'inclusion : ce sont ces fluides qui portent les minéralisations.

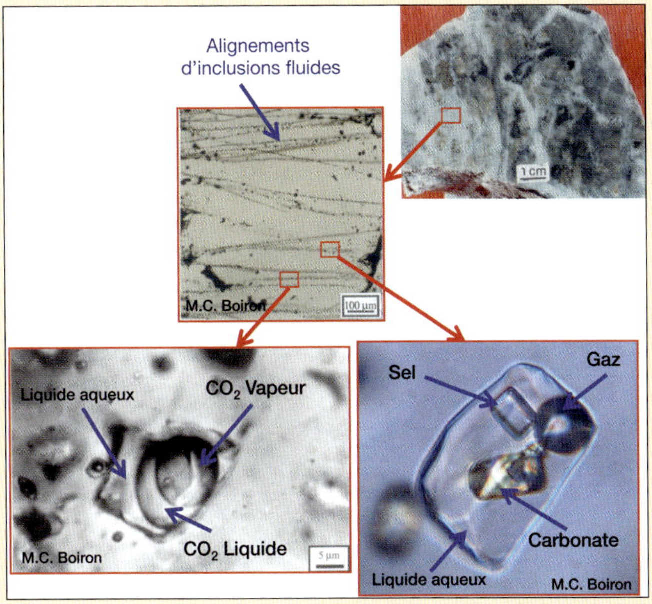

Figure 14

Examen microscopique du quartz montrant des alignements d'inclusions fluides.

éléments qui est réellement à la base de la mine qu'utilise le mineur. La ***Figure 16*** représente une ancienne bauxite, minerai d'aluminium formé principalement d'aluminium et de fer, de silice, d'oxygène et d'hydrogène, et plus minoritairement de silicium, lithium, sodium et potassium, qui depuis sa formation en surface il y a deux cents millions d'années a été enfouie il y a une trentaine de millions d'années dans des conditions de pression et température élevées, puis restituée à la surface.

Au cours de ces événements, des processus de dissolution

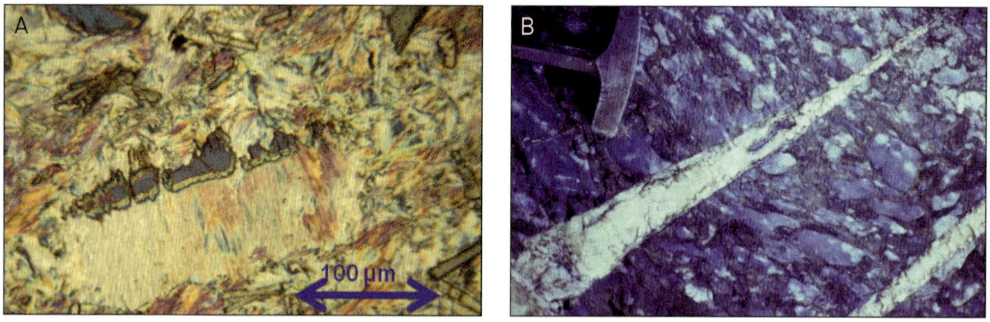

Figure 15

Illustration en microscopie optique. A) Un diaspore (hydroxyde d'aluminium) se dissout et est remplacé par une minéralisation de pyrophyllite (silicate d'hydraté d'aluminium) qui en garde la forme ; B) une veine minéralisée par un carbonate de fer, du quartz et de la cookéite (silicate alumineux de lithium) dans un conglomérat métamorphique.

et précipitation du type de ceux décrits précédemment ont pris place et ont conduit à une sélection des éléments par la succession des conditions physico-chimiques au cours du temps. La ***Figure 16*** montre que dans une veine, seul le lithium a été concentré avec le silicium et l'aluminium sous forme de cookéite, dans telle autre, ce sera, toujours avec le silicium et l'aluminium, le fer sous forme de chloritoïde (ou seul sous forme d'oxyde), tandis que dans une autre ce sera le sodium sous forme de paragonite, ou encore le potassium sous forme de muscovite. Chaque mécanisme d'ouverture d'une veine a donné naissance à une minéralisation spécifique, formant ainsi des ensembles extractibles qui peuvent être utilisés, s'ils étaient abondants, comme un minerai de l'élément considéré.

Figure 16

Processus de tri des éléments par dissolution et précipitation dans la bauxite.

2.4. La répartition des métaux à l'échelle de la Terre

Les fluides s'infiltrent dans la Terre : ils se réchauffent et montent en pression, puis remontent – leurs température et pression diminuent alors – pour finalement ressortir. Au cours de ce trajet, les équilibres évoluent, les éléments peuvent se dissoudre ou au contraire précipiter en fonction des équilibres locaux (***Figure 17***). La répartition finale traduit la multiplicité de ces équilibres.

Par ailleurs, la chimie enseigne aussi que les températures

élevées stabilisent les structures silicatées contenant des éléments lourds : dans les roches de haute température du métamorphisme on trouve ainsi les minéraux ayant des concentrations en éléments lourds élevées (par exemple des grenats). Aux basses températures c'est le contraire, ceux-ci restent en solution. Par conséquent, à haute température en profondeur, on trouve des éléments lourds dans les minéraux silicatés, tandis qu'à basse température, ces éléments se trouvent dans la solution (l'eau de mer par exemple), les minéraux silicatés en étant pauvres (argiles).

L'étude d'un système simple constitué par un mélange de quartz (SiO_2) et de talc ($Si_4Mg_3O_{10}(OH)_2$) dans l'eau illustre bien cette propriété fondamentale. La ***Figure 18*** donne les courbes de solubilité pour ce système : la concentration en magnésium dissous diminue très fortement quand la température augmente ou la pression diminue ; pour la silice au contraire, la concentration augmente fortement quand la température augmente. Chauffer une roche dans un fluide aqueux qui contient ce mélange déplace l'équilibre vers des concentrations en magnésium plus faibles dans le fluide – on assiste alors à une précipitation de talc, qui vient pomper le magnésium excédentaire pour maintenir l'équilibre. À l'inverse, vers ces hautes températures, la concentration en silice dans la solution doit augmenter pour maintenir l'équilibre et s'ajuste par la dissolution du quartz dans l'eau. Le système est réversible : si l'on refroidit la solution, le talc se dissout et le quartz précipite toujours pour maintenir l'équilibre.

On peut considérer un deuxième exemple, plus complexe, d'application de ces propriétés fondamentales, en considérant les interactions chimiques entre l'eau de mer et les roches sur les rides médio-océaniques déjà présentées plus haut (***Figure 19*** et ***Encart : « La ride médio-océanique »***). L'exemple est pris au niveau des Açores, où la plaque est soumise à une extension rapide, s'élargissant

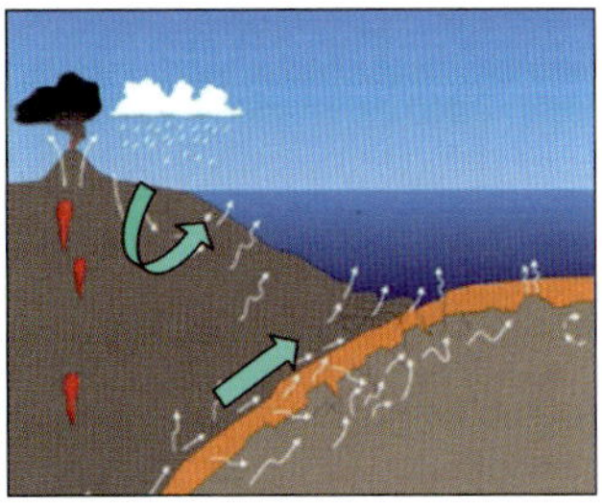

Figure 17

Au cours du parcours du fluide dans la croûte terrestre, la pression et la température varient. Les conditions de l'équilibre entre minéral et solution changent, le système maintient alors l'équilibre local en faisant précipiter la ou les phases minérales qui le permettent.

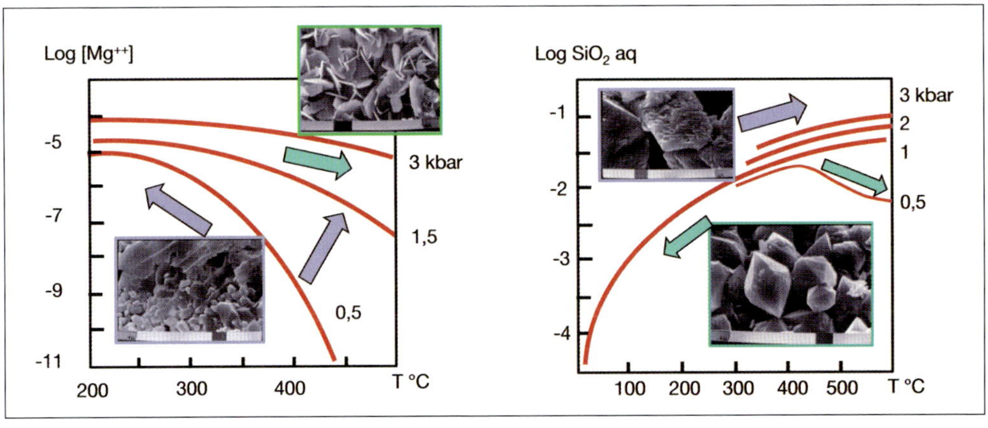

Figure 18

Courbes de solubilités d'un mélange de quartz et de talc.

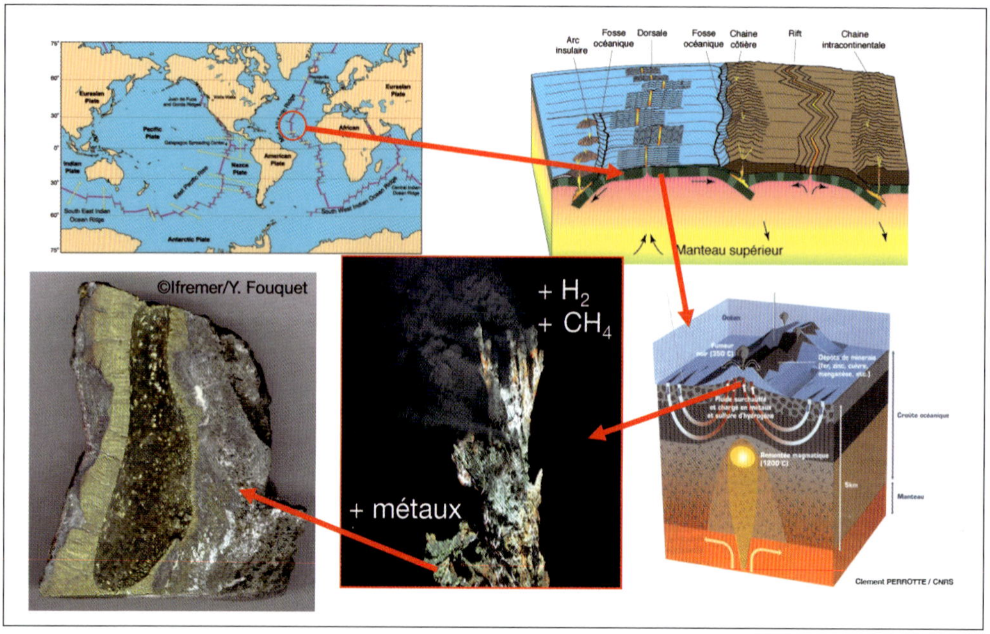

Figure 19

La ride médio-océanique des Açores, un exemple d'interaction chimique entre eau de mer et manteau terrestre à l'origine de la serpentinisation de l'olivine avec production d'hydrogène natif et précipitation minérale (photo de fumeur Ifremer).

de 6 cm par an. Les fluides s'infiltrent dans le système, réagissent avec les roches très chaudes en dissolvant les minéraux pour maintenir l'équilibre local, remontent à la surface et construisent les encroûtements et les fumeurs qui crachent de l'hydrogène et du méthane, en précipitant les métaux (la ***Figure 19*** montre les sulfures de fer et de cuivre précipités dans le tuyau de la cheminée) au fond de l'océan pour maintenir l'équilibre local dans les conditions très froides de l'eau de mer. Ces phénomènes de renouvellement continu des roches du manteau terrestre au niveau de la ride est fondamental dans le fonctionnement de la Terre. Il dure depuis des milliards d'années. La roche fabriquée par le manteau s'appelle l'olivine ; la réaction avec l'eau de mer a produit une nouvelle roche, la serpentine, ainsi que de l'hydrogène et des minéralisations métalliques. La serpentine, qui vis-à-vis de l'olivine, a perdu son fer précipité sous forme de magnétite (un des minerais de fer) s'est aussi enrichie en eau qu'elle va transporter avec la tectonique des plaques

LA RIDE MÉDIO-OCÉANIQUE

La ride médio-atlantique a une longueur de 20 000 km.

L'accrétion (zone de renouvellement des roches) est de 6 cm par an sur une profondeur de quelques km. Cette accrétion représente une production de roche de plusieurs milliards de tonnes par an qui, si elle s'hydrate par la réaction de serpentinisation décrite ci-dessous, pourra produire jusqu'à plusieurs dizaines de millions de tonnes d'hydrogène et plusieurs centaines de millions de tonnes par an de magnétite en fonction du taux de serpentinisation, qui reste cependant très mal connu.

La réaction chimique principalement active pour ce renouvellement est la suivante :

$$6[(Mg_{1,5}\,Fe_{0,5})SiO_4] + 7\,H_2O \rightarrow 3[Mg_3Si_2O_5(OH)_4] + Fe_3O_4 + H_2$$

Olivine — Serpentine — magnétite

jusqu'à la prochaine subduction. Par déshydratation, cette eau formera un fluide magmatique ou métamorphique qui pourra de nouveau contribuer à la concentration minérale comme, par exemple, le cuivre exploité au Chili.

3 La chimie géo-inspirée

La transformation de l'olivine en serpentine : un démonstrateur du développement durable

Le fer de l'olivine est sous forme ionique Fe^{2+}. Dans la réaction décrite ci-dessus, il est oxydé en Fe^{3+} par l'eau qui relâche de l'hydrogène. Cet hydrogène réduit ensuite, s'il est présent, le CO_2 en méthane et eau par une réaction de Fischer-Tropsch ($CO_2 + H_2 \rightarrow CH_4 + H_2O$).

Cette réaction naturelle de transformation de l'olivine en serpentine produit d'un côté une source primaire d'énergie : l'hydrogène qui par réaction participe à la réduction du CO_2 en produisant du méthane. Pour une société qui s'inquiète à la fois de l'accumulation du gaz carbonique responsable du changement climatique et de l'épuisement des ressources en combustibles fossiles (voir le ***Chapitre de J. Amouroux***), ce phénomène est à la fois une nouvelle réserve d'énergie renouvelable non carbonée de volume non négligeable et une source d'inspiration pour la maîtrise du cycle du carbone à l'échelle humaine.

La ***Figure 20*** schématise une expérience de laboratoire réalisée par Olivier Vidal du laboratoire ISTerre (CNRS-Université Joseph Fourier à Grenoble)

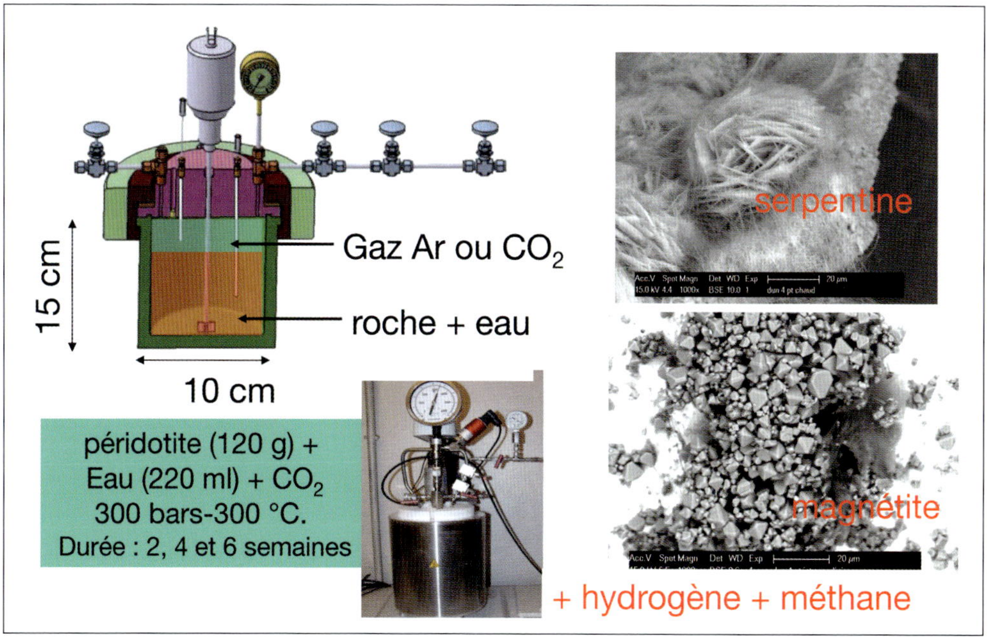

Figure 20

Expérience en laboratoire de transformation de l'olivine en serpentine.

pour reproduire la réaction naturelle de transformation d'olivine en serpentine. L'olivine a été laissée pendant une quinzaine de jours en contact avec le gaz carbonique et l'eau à la température de 300 °C et sous une pression de 300 bars. Le résultat est tout à fait conforme aux prévisions : le mélange (olivine, eau et CO_2) de départ a donné naissance à de la serpentine, de la magnétite et aux deux gaz, le méthane et l'hydrogène. On a ainsi reproduit le phénomène naturel en laboratoire, ébauchant le principe d'un procédé « géo-inspiré » applicable à une gestion douce de notre environnement.

Vers des procédés géo-inspirés pour le recyclage des déchets métalliques

Les phénomènes géochimiques profonds présentés dans ce chapitre ne sont que des exemples très partiels ; il en existe en fait un très grand nombre. Il s'agit d'un milieu très riche en processus qui ont la capacité de mobiliser la matière et la concentrer en utilisant l'eau.

Ces phénomènes peuvent être une source d'inspiration pour le recyclage des métaux, en développant des procédés « géo-inspirés ». C'est une voie qui mérite d'être explorée. Ce sont des procédés relativement économes en énergie, car fonctionnant à relativement basses températures. Ils sont propres car n'utilisent que de l'eau, elle-même recyclable. Ils peuvent permettre de valoriser des déchets qui auraient des propriétés comparables à celles des roches en permettant une récupération sélective des métaux.

Si l'on considère l'ensemble, très important, des déchets issus des procédés de combustion, d'incinération, de fusion, etc., c'est-à-dire des mâchefers, laitiers de hauts fourneaux, fumées, cendres, etc., on réalise qu'il a là un domaine d'application considérable, d'autant que leur composition n'est pas éloignée de celles des roches, et qu'elles contiennent des éléments intéressants à recycler avec des teneurs qui se comparent à celles des gisements miniers. La **Figure 21** en donne des exemples. Il est tout à fait envisageable que des procédés géo-inspirés puissent être mis en œuvre pour les traiter. Leur quantité totale, estimée à une centaine de millions de tonnes par an en Europe, représente un marché considérable. C'est un des sujets considérés dans les initiatives de l'Union européenne pour maintenir l'accès aux ressources minérales indispensables à notre économie. C'est ainsi le cas du projet ERA-MIN lancé en novembre 2011 piloté par la France par l'intermédiaire du CNRS avec le soutien des autres établissements de recherche publique et des industriels, et dont l'objectif est de coordonner à l'échelle européenne la recherche sur ces questions.

SiO_2	12-48
CaO	41-18
Al_2O_3	3-8
Fe_2O_3	31-9
MgO	4-5
MnO	6-0
Ti, Cu, Pb, Zn	0,1-1
Terres rares, Cr, Ba, Sn, Sb, Vn, As, Co, Hg, Cd, Se, …	< 0,1

Figure 21

Variations moyennes des compositions de déchets de combustion, d'incinération, de fusion, etc. (en % massique).

Valorisation biologique des agro-ressources

Pierre Monsan est docteur d'État, professeur et ingénieur en génie biochimique de l'Institut national des sciences appliquées (INSA) de Toulouse et professeur aux Mines ParisTech (option Biotechnologie). Il est membre Senior de l'Institut universitaire de France et l'un des membres fondateurs de l'Académie des Technologies. Il travaille essentiellement dans le domaine d'approches enzymatiques et biochimiques au niveau de la création de nouveaux composés.

Une pénurie de ressources est annoncée pour toute une série d'éléments (voir le **Chapitre de B. Goffé**), en particulier pour le carbone fossile. Celui-ci est utilisé par les activités de la chimie, et en constitue actuellement, à plus de 90 %, la principale ressource pour construire les molécules (voir le **Chapitre d'après la conférence de C. Rupp-Dalhem**).

Il est donc temps de trouver d'autres sources de carbone. On pense en particulier au carbone renouvelable d'origine agricole, que ce soient les matières premières agricoles ou leurs sous-produits. Il est clair que nous ne remplacerons pas du jour au lendemain le carbone fossile par du carbone renouvelable, mais il s'agit de nous préparer à cette pénurie qui est inéluctable. Cette préparation, qui passe par de la recherche alliant en particulier des biologistes, chimistes et agronomes, nous aidera à résister au choc lorsque le baril de pétrole deviendra trop cher.

Il est également indispensable de développer des procédés aussi éco-compatibles que possible, ce qui est une caractéristique assez générale des procédés biologiques.

Comment nous préparons-nous à l'ère du carbone renouvelable ?

1 La valorisation des agro-ressources : où en sommes-nous ?

1.1. Une réalité industrielle

La valorisation biologique du carbone renouvelable à partir de la biomasse est déjà une réalité industrielle aujourd'hui.[1] De nombreux procédés ont été développés permettant de fabriquer à partir d'agro-ressources des composés d'intérêt industriel à des échelles qui sont tout à fait conséquentes.

Citons par exemple le bioéthanol pour les carburants, produit à 30 millions de tonnes par an, voire davantage. Les isoglucoses, qui sont des sucres produits essentiellement à partir d'amidon de maïs, s'élèvent quant à eux à 15 millions de tonnes de production par an. Ces chiffres sont représentatifs d'une véritable biochimie lourde, loin déjà de l'échelle du laboratoire. Pour d'autres intermédiaires, nous passons à des échelles plus modestes : le glutamate est produit à 1,5 millions de tonnes par an, l'acide citrique à 1 million de tonnes, tandis que l'acide lactique est à 0,25 million de tonnes, et pour les antibiotiques, on descend à 30 000 tonnes par an (*Tableau 1*).

1.2. Les défis du carbone renouvelable

Le premier enjeu concerne les produits bio-sourcés dits de **première génération**, qui sont obtenus à partir de la biomasse immédiatement disponible, c'est-à-dire l'amidon, ou le glucose obtenu par hydrolyse de l'amidon, le sucre de betterave ou de canne (saccharose), les huiles végétales (colza, tournesol, palme). Toute cette matière première industrielle de première génération est cependant en compétition avec des usages alimentaires, avec la priorité de nourrir la population planétaire en croissance continue, comme rappelé dans le *Chapitre de J.-L. Morel*.

La recherche se penche donc aujourd'hui sur la **deuxième génération**, ce qui consiste à utiliser la plante entière, et en particulier tous les co-produits de l'industrie agricole. Ainsi, à côté du blé, on récoltera du son et de la paille. L'exploitation du bois est également en vue, s'il est issu d'une exploitation rationnelle des forêts, constituant aussi dans ce cadre une source de carbone renouvelable.

Tableau 1

Production industrielle d'intermédiaires chimiques bio-sourcés par des procédés de biotechnologie industrielle (en millions de tonnes par an). Source : Pr. Wim Soetaert, 2006.

Bioéthanol	30
Isoglucose	15
Glutamate	1,5
Acide citrique	1
Acide lactique	0,25
Acrylamide	0,20
Antibiotiques	0,03

1. Voir aussi : Dinh-Audouin M.-T., Le végétal, un relais pour le pétrole ? (2011). *L'Act. Chim.*, **351** : 24-27.

À partir de l'ensemble de ces sources de carbone, on cherche à accéder à toute une série de composés d'intérêt industriel, dont certains sont déjà largement produits aujourd'hui. On peut citer entre autres les intermédiaires cités précédemment pour la chimie, des antibiotiques, des acides aminés, des enzymes, des matériaux plastiques, des édulcorants, ou encore des tensioactifs (peintures, colles, etc.).

2 Les biotechnologies blanches face au défi du carbone renouvelable

2.1. Classification des biotechnologies

Les enjeux du carbone renouvelable issu de la biomasse ont conduit à l'émergence de ce qu'on appelle aujourd'hui les biotechnologies industrielles ou *biotechnologies blanches*. Rappelons que les biotechnologies regroupent plusieurs domaines, que l'on a distingués par des couleurs : ainsi les biotechnologies médicales sont dites biotechnologies rouges, celles concernant le végétal (par exemple les recherches sur les OGM) sont des biotechnologies vertes ; en bleu correspond le milieu de la mer, et en jaune l'environnement (***Figure 1***).

2.2. Les biotechnologies blanches

Les biotechnologies blanches ont pour objet la fabrication de produits chimiques et de bioénergie à l'échelle industrielle par l'utilisation de la biomasse végétale comme matière première renouvelable (***Figure 2***).

À ces fins, les chercheurs ont recours à des procédés utilisant des enzymes ou des mi-

Figure 1

Les couleurs des biotechnologies.

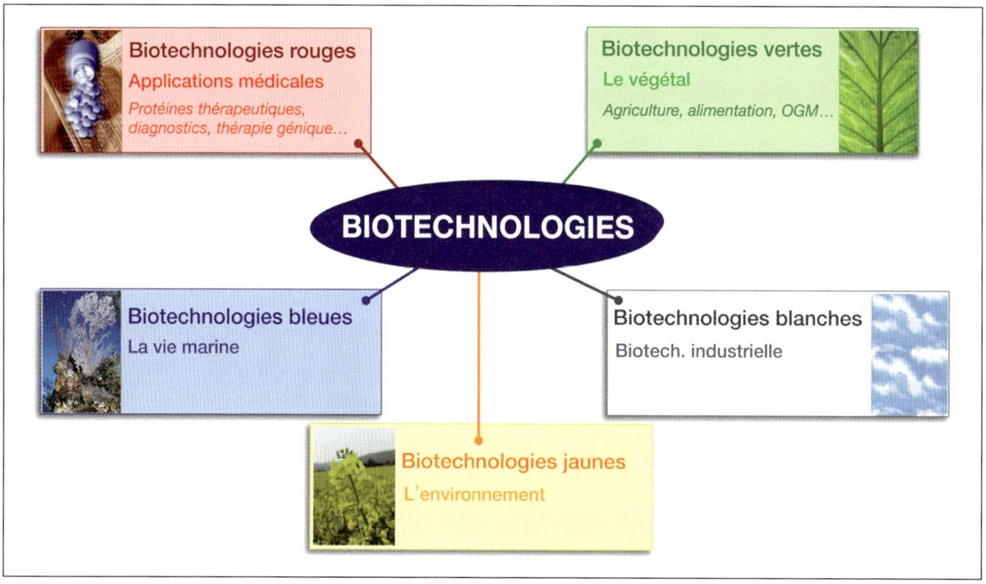

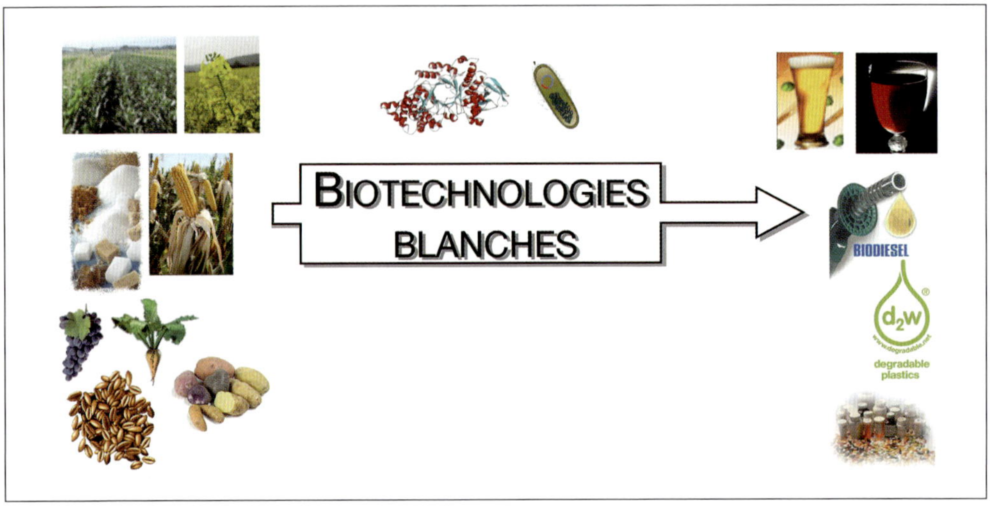

Figure 2

Les biotechnologies blanches ont pour objet la fabrication de produits chimiques, de matériaux et de bioénergie à l'échelle industrielle par l'utilisation de la biomasse comme matière première renouvelable. Leur principe de base est l'utilisation confinée de micro-organismes et/ ou d'enzymes.

cro-organismes « sauvages » ou génétiquement modifiés, c'est-à-dire recombinants[2] (voir le paragraphe 6.1). La condition primordiale est, dans ce dernier cas, qu'ils soient utilisés dans des réacteurs de manière confinée, sans conduire à un relargage dans l'environnement. Cela est déjà réalisé, par exemple, dans la fabrication industrielle d'acides aminés comme la thréonine.

Dans ce cadre, les **bioraffineries** sont amenées à se développer de plus en plus (voir la fin du chapitre) : leur concept repose sur une exploitation maximum des matières premières végétales ; au-delà de l'amidon ou du sucre, ce sont également les matières premières ligno-cellulosiques (lignine, cellulose et hémicellulose) qui sont concernées.

Les enjeux du carbone renouvelable ont conduit à l'émergence des biotechnologies blanches, qui ont pour objet la fabrication industrielle de produits chimiques, de matériaux et de bioénergie à partir de la biomasse végétale.

2.3. Un domaine de recherche en plein essor

Les biotechnologies blanches sont un domaine qui s'est considérablement développé, grâce aux nombreux progrès réalisés en **ingénierie métabolique** (développée dans la partie 3), où les techniques sont aujourd'hui très au point pour concevoir et construire de nouveaux micro-organismes. Les chercheurs sont en effet dotés de nouveaux outils, en particulier informatiques : on peut aujourd'hui modéliser les voies métaboliques de

2. La technologie dite de l'ADN recombinant est largement utilisée dans des recherches en biotechnologie, où des molécules d'ADN provenant de plusieurs sources sont clonées, par exemple pour être exprimées dans des cultures cellulaires qui vont synthétiser des protéines d'intérêt (par exemple thérapeutique).

manière très approfondie et les optimiser *in silico* de manière à voir sur ordinateur les effets des productions de composés d'intérêt, comme nous allons le décrire dans le paragraphe 6.1. Cette modélisation métabolique aboutit ainsi à une véritable ingénierie des micro-organismes pour les transformer en « usines cellulaires » (biologie de synthèse).

Grâce à ces nouveaux outils, la recherche connaît une évolution tellement importante que l'on est, notamment, en train de dépasser la loi de Moore pour l'informatique dans le domaine du séquençage de l'ADN et de sa synthèse (***Figure 3***). Très récemment a été annoncée par des fabricants la mise sur le marché de deux machines de séquençage d'ADN pour fin 2012 qui vont permettre de séquencer des génomes humains en un jour pour 1 000 dollars... Quelques années plus tôt, le biologiste américain Craig Venter avait séquencé le premier génome humain en plus de cinq ans, avec un coût de trois milliards de dollars. On réalise que l'évolution a été extraordinaire, puisqu'aujourd'hui on se demande même s'il ne vaut pas mieux re-séquencer des génomes, plutôt que de stocker systématiquement d'énormes quantités de données dans un ordinateur. Le prix du séquençage diminue tellement que cela devient facilement envisageable.

Dans le même temps, le prix de la synthèse purement chimique de gènes diminue également de manière très significative. Ainsi, même dans des laboratoires qui sont en pénurie de crédits de fonctionnement, on peut aujourd'hui se permettre de

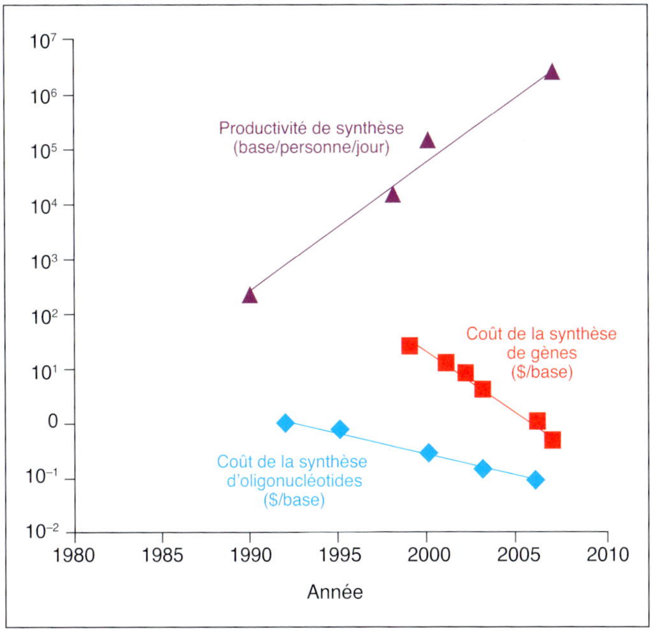

Figure 3

Productivité de la synthèse d'oligomères (fragments d'ADN) et coûts des oligomères et gènes.

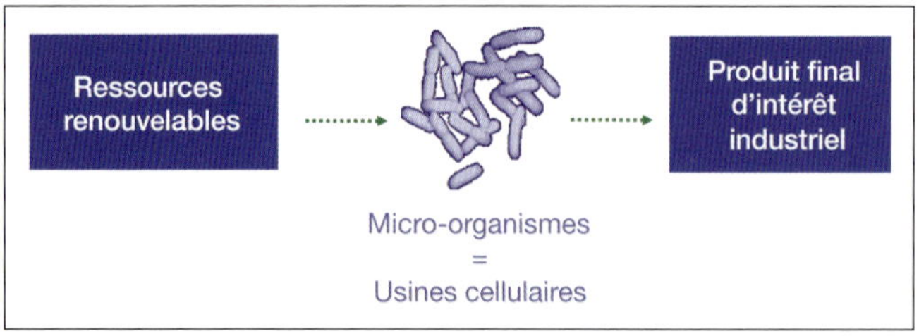

Figure 4

L'ingénierie métabolique, ou comment concevoir de nouveaux micro-organismes comme usines cellulaires ?

commander des gènes au lieu de les bricoler avec des enzymes de polymérisation !

Avec ces outils à disposition des chercheurs, où en est aujourd'hui la recherche en ingénierie métabolique ?

3 L'ingénierie métabolique

3.1. Les enjeux pour développer l'utilisation de carbone durable

L'ingénierie métabolique est un outil essentiel pour les biotechnologies blanches, car c'est elle qui permet, à partir de ressources renouvelables, de fabriquer des produits d'intérêt industriel, et en particulier des intermédiaires pour la chimie. Il s'agit donc de *transformer les micro-organismes en véritables usines cellulaires* capables de fabriquer tel ou tel composé qui nous intéresse (***Figure 4***).

Le souci majeur des industriels est de développer des procédés dans des conditions économiquement viables. Le problème se pose notamment dans le cas de certains biocarburants. Il s'agit d'assurer un rendement en carbone qui soit aussi élevé que possible, de maximiser la vitesse de production, ainsi que les concentrations des composés dans les milieux de production, de manière à diminuer les coûts de purification en aval. Notons, en particulier, que les réactions s'effectuent quasiment toujours dans des milieux aqueux, ce qui implique des coûts élevés lorsqu'il faut évaporer et traiter l'eau.

3.2. Une démarche cyclique et itérative

L'ingénierie métabolique est pratiquée dans une démarche cyclique et itérative, avec pour objectif une amélioration dirigée de la synthèse d'un produit par la modification de voies métaboliques existantes ou l'introduction de nouvelles voies métaboliques.

Pour cela, on va modéliser les flux métaboliques grâce à l'outil bioinformatique (abordé dans la partie 5), puis construire le micro-organisme dans lequel on aura ajouté de nouveaux **catalyseurs enzymatiques** (partie 6) pour catalyser les différentes étapes nouvelles de ce métabolisme, et dont on aura éventuellement enlevé des étapes gênantes qui diminueraient le rendement de carbone. Puis on va tester ces nouvelles souches dans un fermenteur et mesurer les flux métaboliques. Si les résultats sont satisfaisants, on passera à l'échelle réactionnelle supérieure, et, dans le cas contraire, on repartira de manière itérative dans une analyse informatique, et ainsi de suite. Ainsi, de manière progressive, on adaptera un micro-organisme à ce rôle d'usine cellulaire recherché (***Figure 5***).

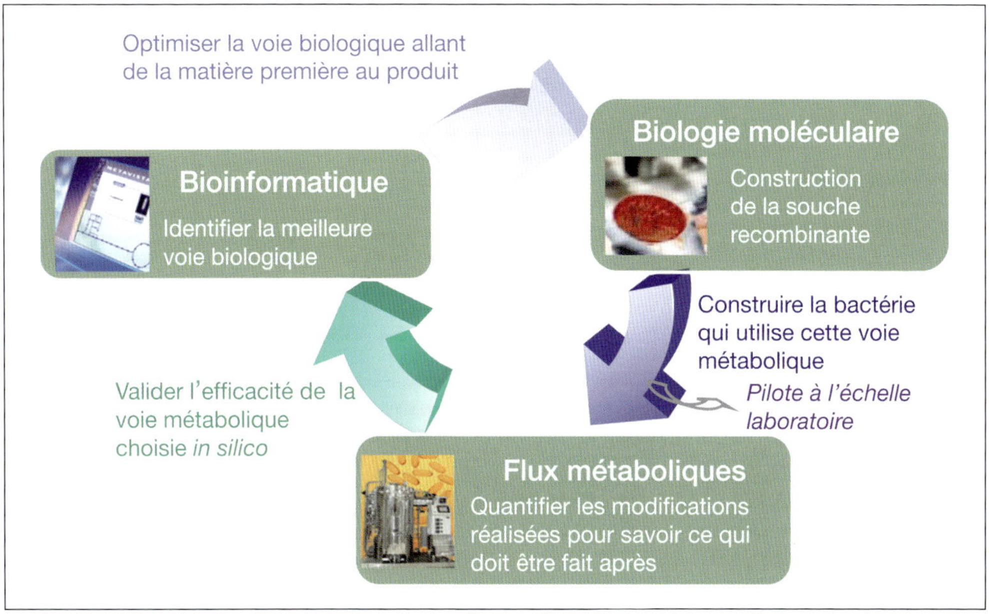

Figure 5

Outils et stratégie de l'ingénierie métabolique : du produit à la bactérie, une démarche cyclique et itérative alternant prédictions informatiques et expériences in vivo *dans des cultures cellulaires.*

3.3. Un exemple d'ingénierie métabolique dans les biotechnologies rouges : synthèse d'un antipaludéen, l'artémisinine

Citons un exemple d'ingénierie métabolique, celle développée par la société Amyris, fondée en 2004 par le professeur Jay D. Keasling et ses quatre chercheurs post-doctorants de l'Université de Berkeley. Cette société s'est intéressée à l'artémisinine, molécule naturelle aux propriétés antipaludéennes synthétisée par l'armoise (*Figure 6*) selon la voie de biosynthèse bien connue du mévalo-

Figure 6

L'artémisinine est un antipaludéen issu de l'armoise. Grâce à l'ingénierie métabolique et aux connaissances de la chimie de biosynthèse de cette molécule par la plante, il a été possible de développer un procédé pour synthétiser dans un bioréacteur jusqu'à plusieurs dizaines de g par litre de milieu de culture (alors que la concentration initiale avant optimisation était de 1 µg par litre).

nate (décrite dans le ***Chapitre de M. Rohmer***).

Comme dans le cas de nombreuses molécules thérapeutiques naturelles, telles que le taxol (voir le ***Chapitre de F. Guéritte***), sa concentration dans la plante est très faible, ce qui empêche d'envisager son extraction industrielle. L'équipe de Jay D. Keasling a donc utilisé la voie du mévalonate afin d'accéder à l'acide artémisinique, précurseur de l'artémisinine, grâce à un clônage dans une bactérie *Escherichia coli*, puis dans une levure *Saccharomyces cerevisiae*, qui s'est chargée de réaliser cette biosynthèse à grande échelle, au cours des années 2004-2006.[3] Pour cela, l'équipe a bénéficié d'un financement la Fondation Bill et Melinda Gates à hauteur de quelques centaines de millions de dollars pour la société Amyris. Cela a permis de mettre au point ce procédé, qui a alors été licencié à Sanofi où il est actuellement développé à l'échelle industrielle.

3.4. Un transfert réussi des biotechnologies rouges aux blanches

Suite à ce succès de synthèse de l'acide artémisinique, la société Amyris a recruté John Melo, ancien président de BP aux États-Unis, puis s'est installée au Brésil, pays bien connu pour sa production à bas prix de sucre (canne à sucre). Elle y a alors exploité le sucre, non pas pour produire de l'acide artémisinique, mais pour utiliser cette même voie du mévalonate en modifiant les dernières étapes afin d'accéder à une autre molécule intéressante : le farnésène. Ce triterpène (molécule à quinze carbones, voir le ***Chapitre de M. Rohmer, Encart « Dans la famille des isoprénoïdes »***) peut être hydrogéné (voir la partie bleue de la ***Figure 7***) pour former le farnésène, qui se trouve être un excellent substitut du diesel. Il est peut être utilisé pour faire ce qu'on appelle un « drop-in », c'est-à-dire qu'il peut remplacer directement le diesel en le versant dans le réservoir d'une automobile sans problème d'adaptation. Le projet est actuellement développé de manière conséquente, avec la visée de la construction de deux usines de 150 millions de litres de farnésène de capacité ! Cette industrialisation, initialement annoncée pour 2012 avec la production de 40 à 50 millions de tonnes de produit, a été récemment retardée, et la mise en place d'associations avec Total et Cosan pour la production industrielle a été annoncée. La même voie peut d'ailleurs être utilisée pour accéder également à de nombreux autres composés, dont on peut adapter les caractéristiques pour en faire non pas du diesel, mais un substitut du kérosène.

Ainsi il a été possible d'utiliser un même procédé issu d'une ingénierie métabolique pour développer un produit du

3. Ro D.-K., Paradise E.M., Ouellet M., Kisher K.J., Newman K.L., Ndungu J.M., Ho K.A., Eachus R.A., Ham T.S., Kirby J., Chang M.C. Y., Withers S.T., Shiba Y., Sarpong R., Keasling J.D. (2006). Production of the antimalarial drug precursor artemisinic acid in engineered yeast, *Nature*, **440** : 940-943.

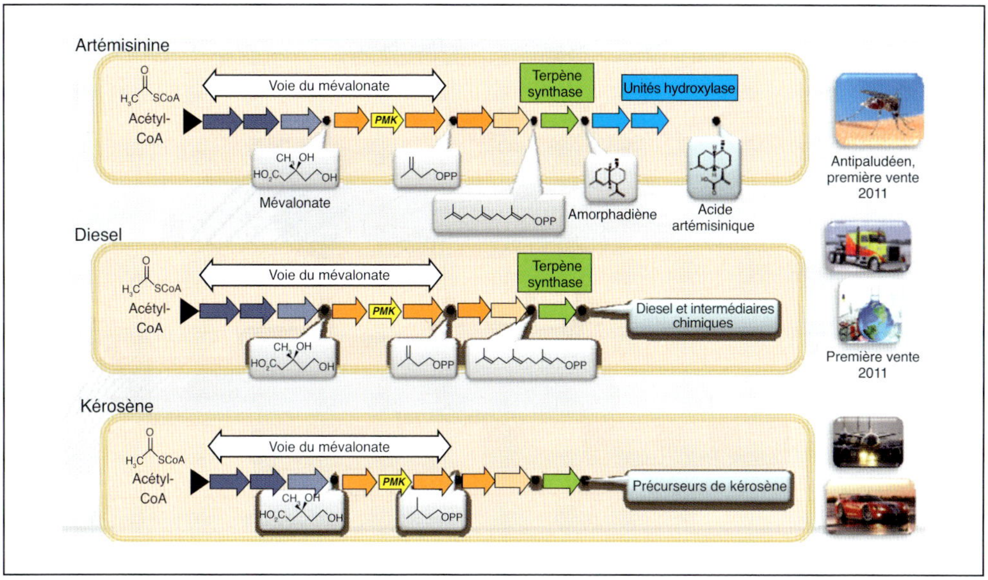

Figure 7

Une plateforme technologique développée par la société Amyris pour la production de multiples produits.

domaine des biotechnologies rouges (santé), tout autant que pour celui des biotechnologies blanches pour faire du biocarburant (***Figure 7***).

Pour développer cette plateforme technologique, le recours à toute une série de robots a été essentiel pour pouvoir construire des microorganismes (ici, des levures) en les optimisant dans un premier temps au niveau de microplaques à 96 puits, avant de passer au petit fermenteur, suivi d'un fermenteur de 5 m^3, puis pour terminer à grande échelle (***Figure 8***). Cette démarche cyclique (voir aussi la ***Figure 5***) sera détaillée dans le paragraphe 6.1.

3.5. L'ingénierie métabolique pour produire des intermédiaires et des polymères

Les progrès en ingénierie métabolique ont également donné lieu à de nombreux développements industriels en biotechnologies blanches pour accéder à des intermédiaires chimiques variés, tels que des polymères, à partir de sources végétales. Citons la synthèse de l'acide lactique par la société Cargill/NatureWorks, pour fabriquer de l'acide polylactique (PLA, « polylactic acid ») dans la production de fibres textiles. De son côté, DuPont a développé avec Genencor et Tate&Lyle la production de l'isobutanol et du 1,3-propanediol (PDO), ce dernier étant un monomère précurseur de fibres polyesters Sorona®. Les sociétés Cargill et Novozymes fabriquent quant à elles de l'hydroxypropionate pour le même type d'application. GoodYear et Genencor développent un procédé d'accès à l'isoprène, molécule à la base des isoprénoïdes, ces composés naturels bien connus aux propriétés biologiques souvent intéressantes (décrits dans le ***Chapitre de M. Rohmer***). Dans le même

Figure 8

La standardisation et l'automatisation a permis aux biotechnologies de faire un bond considérable dans le développement de procédés d'ingénierie métabolique.
A) pratiques traditionnelles (relativement lentes, chères et propices aux erreurs :
1) planification de main-d'œuvre,
2) constructions à la main ;
3) obtention de 40 souches par cycle (cycle de 4 semaines avec 4 équivalents temps plein).
B) Construction automatisée (rapide, peu cher et fiable) : 1) assisté par ordinateur ; 2) plateforme de conception robotique ; 3) obtention de 5 000 souches par cycle (cycle de 6 semaines avec 4 équivalents temps plein).

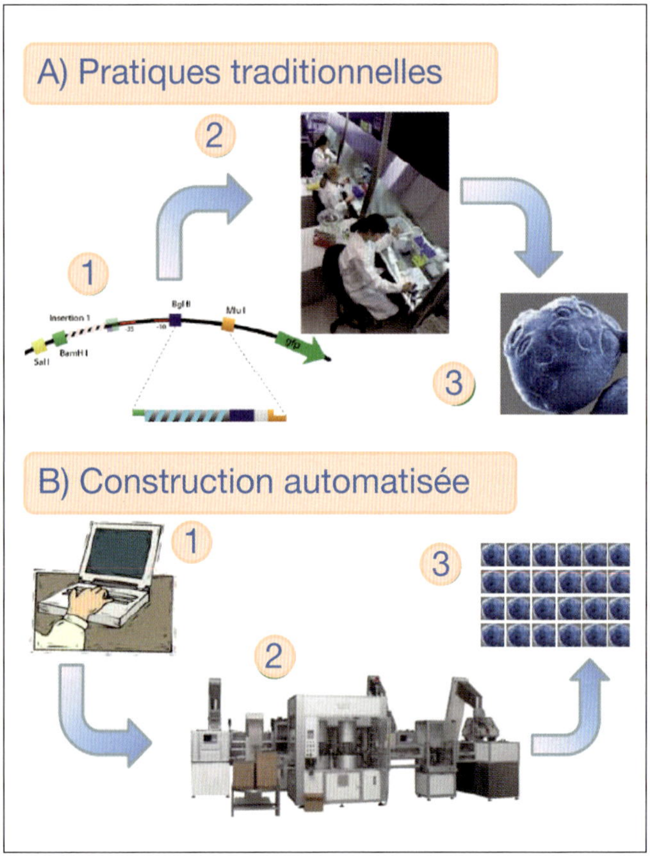

créneau, le groupe Michelin a signé des accords avec la société Amyris. Par ailleurs, Roquette (voir le ***Chapitre d'après la conférence de C. Rupp-Dahlem***) produit de l'acide succinique avec DSM, et de la méthionine avec Metabolic Explorer, une jeune start-up dynamique qui est en train de construire une usine en Malaisie pour faire du 1,3-propanediol. Genomatica s'intéresse de son côté au 1,4-butanediol pour faire du butadiène, etc. (***Tableau 2***).

Ainsi l'industrie des intermédiaires chimiques bio-sourcés est en plein essor, avec à la fois des usines en construction et des usines qui tournent actuellement pour fabriquer ces produits.

Les recherches en ingénierie métabolique conduisent au domaine de la biologie de synthèse, dont l'objet est la construction d'usines cellulaires microbiennes.

4 La biologie de synthèse

4.1. Où en est la recherche ?

Dans ce domaine, il faut évoquer les recherches du biologiste américain Craig Venter, qui a publié en juillet 2010 ses travaux sur la synthèse d'un

Tableau 2

L'ingénierie métabolique dans les entreprises de la chimie.

Entreprise	Produits développés par ingénierie métabolique
Cargill/ NatureWorks	acide lactique pour les polymères (acide polylactique) 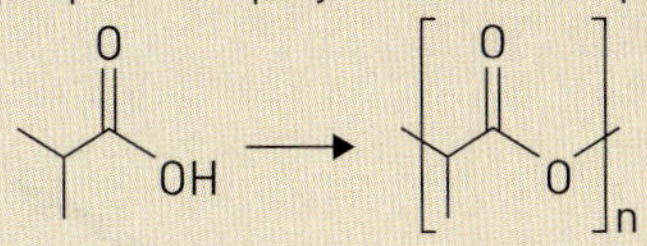
DuPont	1,3-propanediol  ; isobutanol 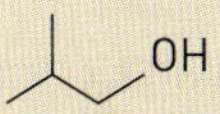
Cargill/ Novozymes	3-hydroxypropionate 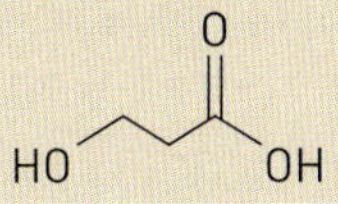
GoodYear – Genencor	isoprène 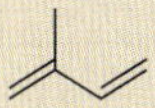
DSM/ Roquette	acide succinique 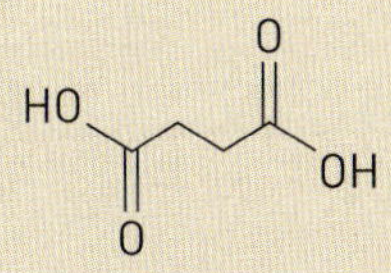
Metabolic Explorer	méthionine 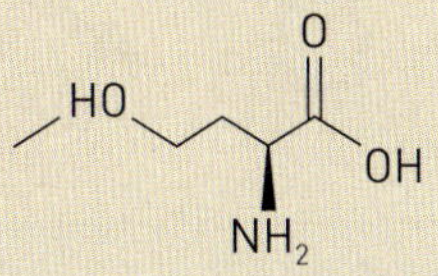 ; acide glycolique 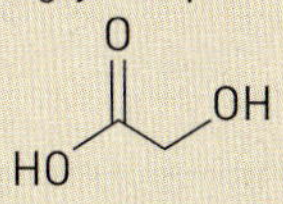 ; 1,3-propanediol  ; Butanol 
Genomatica	1,4-butanediol 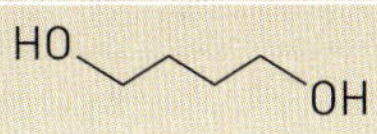

chromosome totalisant plus de 1 million de paires de bases mises bout à bout chimiquement – chromosome où il a d'ailleurs signé son propre nom grâce à une séquence de nucléotides ! –, et qu'il a introduit dans une bactérie (*Mycoplasma capricolum*) pour la transformer en une autre (*Mycoplasma mycoides*). Il a ainsi pu faire vivre pour la première fois un micro-organisme comportant un chromosome synthétique… de là à dire qu'il a créé du vivant, nous en sommes encore loin, voire très loin (***Figure 9***).

4.2. Le vivant pose encore un défi aux biologistes

L'un des rêves de Craig Venter serait de créer ce qu'on appelle le « bug minimal », c'est-à-dire le micro-organisme le plus simple possible, la cellule minimale qui contiendrait juste l'information génétique nécessaire pour se reproduire et dans laquelle on pourrait injecter à volonté telle ou telle voie métabolique qui permettrait d'accéder à tel ou tel composé chimique… Cela relève bien encore du « rêve », car le vivant pose encore des

Figure 9

Travaux de J. Craig Venter, où un chromosome a été entièrement synthétisé chimiquement pour être inséré dans une bactérie.

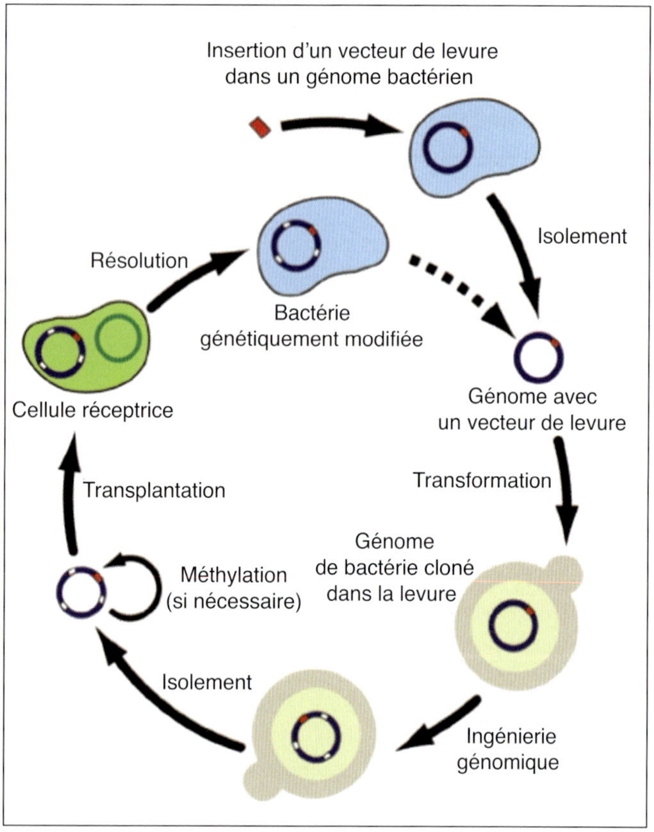

mystères à l'homme, et ne se comporte pas complètement comme on le souhaiterait. Le vivant possède certes une information génétique, mais il dispose aussi de tout un codage de la régulation du contrôle de cette information, que l'on ne connaît pas encore complètement. Il y a quelques années encore, personne ne parlait de micro-ARN ni d'épigénétique[4] ; aujourd'hui, on sait qu'il existe un contrôle très concret et précis de l'expression du patrimoine génétique, à la base d'ailleurs d'un certain nombre de pathologies. Les biologistes ont donc là un défi de taille à relever.

Les recherches sur la compréhension du vivant sont depuis la fin du XXe siècle menées selon l'approche globale des « -omiques »[5], qui se combinent avec les modélisations réalisées en ingénierie métabolique. En amont, la génomique consiste en l'analyse du patrimoine génomique

4. À propos des phénomènes de régulations épigénétiques, voir *La chimie et la santé, au service de l'homme*, coordonné par M.-T. Dinh-Audouin, R.A. Jacquesy, D. Olivier et P. Rigny, EDP Sciences, 2010.

5. À propos des « -omiques », voir *La chimie et la santé, au service de l'homme*, chapitre de D. Mansuy, coordonné par M.-T. Dinh-Audouin, R.A. Jacquesy, D. Olivier et P. Rigny, EDP Sciences, 2010.

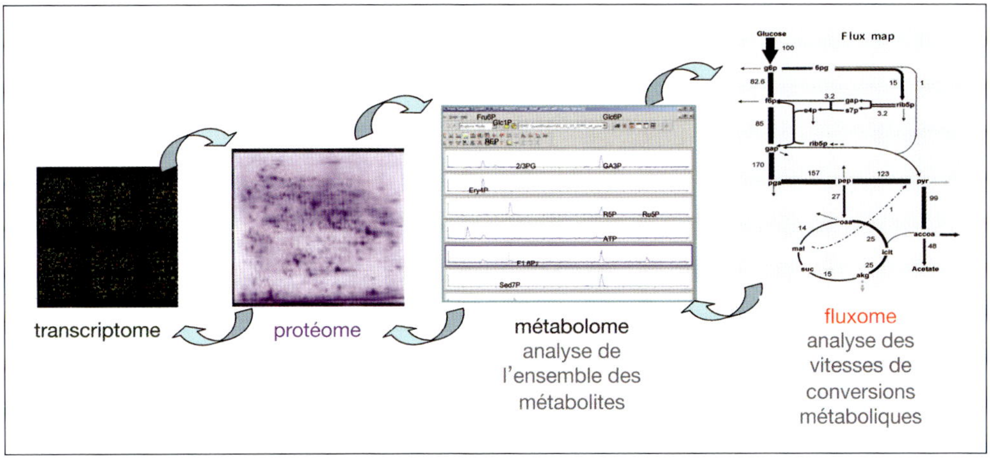

(l'ADN), puis la transcriptomique s'intéresse à l'expression de ces gènes (à travers l'ARN), la protéomique analyse les protéines dans une cellule, et la métabolomique couplée à la fluxomique étudient les métabolites et leurs flux dans l'organisme, et vont être l'outil-clé de la biologie de synthèse pour construire des usines cellulaires, comme nous allons le voir à présent (voir la ***Figure 10***).

5 La métabolomique et la fluxomique

5.1. Définitions

La **métabolomique** s'intéresse à l'étude des molécules chimiques qui se trouvent dans les cellules vivantes à un temps donné. L'étude peut aussi bien concerner une cellule de notre corps qu'une cellule de levure dans un fermenteur.

En analysant conjointement, et à des temps différents, l'expression des gènes, les protéines synthétisées à partir de ces gènes, et les molécules chimiques issues du métabolisme réalisé par ces protéines, on va pouvoir mettre en évidence des flux : c'est l'objet de la **fluxomique** (***Figure 10***). Cette étude intégrative, considérant l'organisme vivant dans sa globalité, doit permettre de répondre à la question : dans quelle voie métabolique vont les flux de carbone, dans telle ou telle condition de culture ?

5.2. Développement de bioprocédés : les usines cellulaires

Les connaissances des micro-organismes et de leur physiologie issues des études de la métabolomique vont permettre de concevoir des usines cellulaires, ces micro-organismes qui synthétisent des molécules d'intérêt pour la recherche et l'industrie. Pour cela, les biologistes disposent de fermenteurs dans lesquels ils mettent en œuvre ces micro-organismes dans des conditions confinées et contrôlées au niveau du pH,

Figure 10

La métabolomique, une approche intégrative dédiée à l'analyse du métabolisme à l'échelle du système biologique.

de la température, du milieu nutritif, etc., conditions qu'ils optimisent afin d'orienter la culture de ces micro-organismes en vue de la production souhaitée (***Figure 11***).

Dans le cadre du développement de micro-organismes comme usines cellulaires, les biologistes mettent également au point de nouvelles enzymes comme catalyseurs biologiques dans leurs procédés de production : c'est l'objet de l'ingénierie enzymatique.

Figure 11

Un fermenteur, pour mettre en œuvre de manière confinée et contrôlée des micro-organismes pour la synthèse de molécules par culture microbienne.

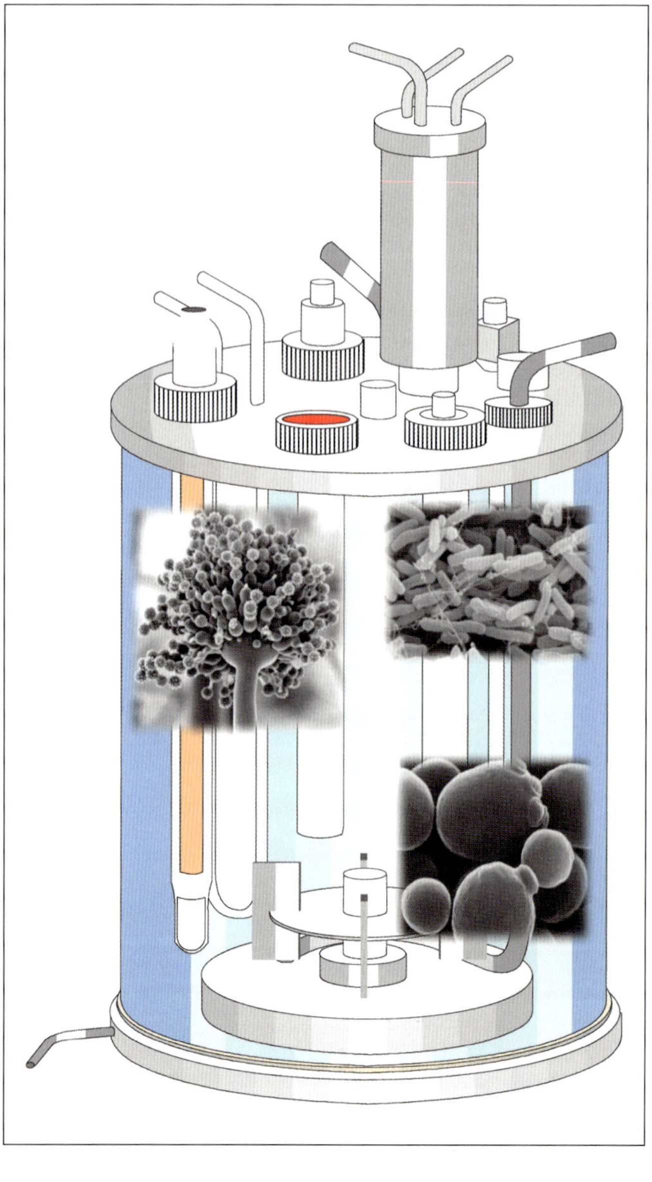

6 L'ingénierie enzymatique

Les enzymes sont des protéines jouant un rôle-clé de catalyseurs dans les réactions du métabolisme. Pour cela, les chercheurs disposent aujourd'hui de toute une série de technologies et de méthodologies novatrices qui permettent de développer de nouveaux catalyseurs biologiques, qui pourront être utilisés soit de manière isolée, soit en les intégrant dans les voies métaboliques mises au point. Deux méthodologies sont aujourd'hui couramment développées : la **métagénomique**, pour augmenter l'accès à la biodiversité et isoler les gènes codant pour des biocatalyseurs originaux, et l'**ingénierie moléculaire** par mutagénèse dirigée ou par approche combinatoire et criblage à haut débit (évoquée au paragraphe 6.1).

6.1. Les sources d'enzymes

Autrefois, seules les protéines issues directement de la nature étaient utilisées dans les procédés de catalyse enzymatique. C'est ainsi qu'ont été développées dans les années 1960 les célèbres « enzymes gloutons » produites par des bactéries et utilisées dans les détergents. Puis la bioinformatique a été introduite dans les années 1970-1980 suite au développement des techniques de diffraction de rayons X, qui ont permis d'accéder à la structure tridimensionnelle des enzymes. Les chercheurs ont alors commencé à faire de la mutagenèse dirigée, c'est-à-dire à modifier les enzymes en changeant un acide aminé bien précis dans leur structure, par la modification d'une séquence bien précise de l'ADN qui code pour cet acide aminé ; puis l'on observe les conséquences de ce changement. Au bout de plusieurs essais, on finit par savoir améliorer les enzymes en les rendant par exemple plus spécifiques, plus thermostables, etc.

Cette révolution qualitative a bénéficié d'un saut quantitatif dans les années 1990 grâce au développement de **techniques combinatoires** automatisées. Il s'agit dans un premier temps de constituer une banque de gènes à partir d'un gène de départ naturel, que l'on copie une multitude de fois en introduisant à chaque fois des erreurs de copie, par mutagenèse aléatoire. On constitue ainsi une librairie de variants qui peut contenir jusqu'à dix mille, voire un million de gènes ou plus ! Ces gènes sont clonés dans des vecteurs et exprimés dans des cellules hôtes. Des robots se chargent ainsi de tester tous ces gènes dans des cultures cellulaires où ils vont conduire à la synthèse de nouvelles enzymes ; des cycles successifs de tests, dits de criblage à haut débit, sont réalisés en parallèle à des tests par modélisation moléculaire informatique (criblage virtuel), au bout desquels les enzymes vont être triées afin de sélectionner les plus efficaces, spécifiques et performantes (***Figure 12***).

Aujourd'hui, les techniques de la bioinformatique sont très sophistiquées et offrent des moyens de calcul infiniment plus puissants qu'au siècle dernier, permettant aux chercheurs de développer une approche combinatoire et rationnelle, capable aujourd'hui de trouver une aiguille dans une botte de foin ! Un exemple sera décrit plus loin.

Ces sources naturelles des enzymes ont été renouvelées dans les années 1990 : on est

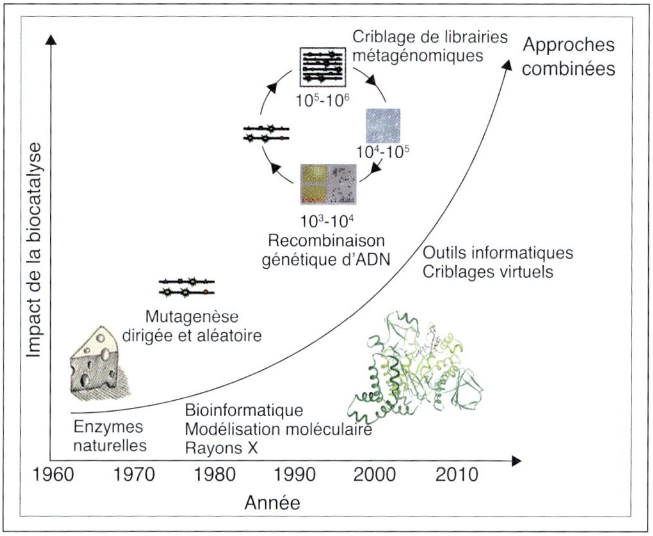

Figure 12

Des enzymes « naturelles » à l'approche combinée rationelle/aléatoire, en passant par la mutagenèse dirigée : à la recherche de l'enzyme « parfaite ».
Cette approche part d'un gène identifié à l'origine d'une enzyme dans la nature, caractérisée au plan structural grâce aux analyses par diffraction de rayons X. Ce gène est copié de multiples fois avec des erreurs (mutagenèse dirigée et aléatoire), et les copies (librairies de variants) sont testées par criblage, à la fois in vivo *(cultures cellulaires) et virtuellement (outils informatiques). La combinaison de ces deux approches, combinatoire et rationnelle, conduit à la sélection d'une enzyme répondant au maximum de critères choisis, voire à créer des enzymes originales.*

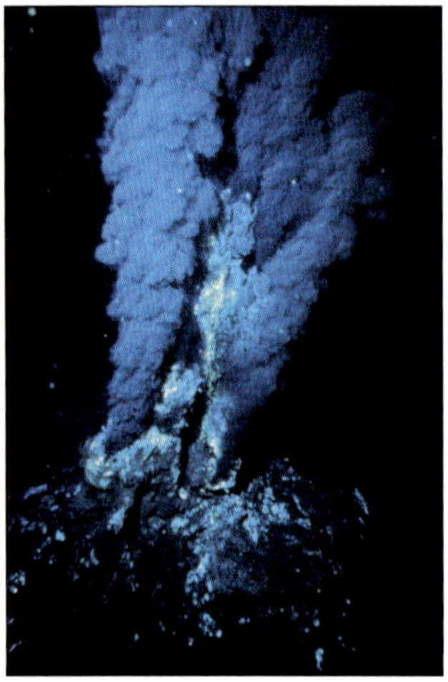

Figure 13

Les sources hydrotermales profondes foisonnent de bactéries extrémophiles, sources d'enzymes intéressantes pour le développement de biocatalyseurs, notamment d'ADN polymérases pour l'amplification génique (PCR).

allé chercher ces enzymes dans des micro-organismes extrémophiles, ces souches microbiennes qui poussent dans des conditions extrêmes, telles que dans les geysers ou dans des fumeurs qui se trouvent à 3000 mètres sous la surface de l'eau[6]. Le liquide qui en sort est à 350 °C et génère la présence de toute une colonie d'archae ; on trouve également des bactéries extrémophiles dans des lacs très salés, des lacs alcalins ou très acides (***Figure 13***).

Aujourd'hui, l'approche s'est tournée vers les nouvelles techniques de la métagénomique, qui permettent d'accéder à une plus grande diversité de micro-organismes sans avoir à aller les chercher dans les profondeurs sous-marines, et avec des activités enzymatiques inédites, ou qui n'ont du moins pas encore été identifiées dans la nature.

6.2. La métagénomique

6.2.1. Principes

Si nous nous penchons déjà sur notre propre organisme, nous réalisons que nous sommes des fermenteurs très performants, puisque notre corps contient, essentiellement au niveau du microbiote intestinal, dix fois plus de cellules bactériennes que de cellules humaines, et nous avons ainsi mille fois plus de gènes bactériens que de gènes humains ! On en vient donc à se demander si l'humain n'est finalement pas juste là pour abriter des micro-organismes et faire en sorte qu'ils puissent vivre paisiblement ? Ils sont aujourd'hui en effet suspectés de contrôler notre santé, notre obésité et toute une série d'états inflammatoires qui conduiraient par exemple au diabète, aux problèmes cardiovasculaires, etc. L'explication serait-elle donc que lorsque ces micro-organismes « ne nous aiment plus », ils se débarrasseraient de nous ?

Le côlon est en particulier très riche en micro-organismes (environ mille espèces différentes), et l'on pourrait aller y extraire ce qui nous intéresse dans nos recherches, par exemple en vue de dégrader des biomasses ligno-cellulosiques, qui sont constituées de fibres végétales difficiles à scinder. Cela éviterait d'essayer de cultiver ces micro-organismes, ce que l'on ne sait pas faire dans la plupart des cas. On peut donc extraire l'ADN de ces micro-organismes, le couper en grands morceaux, que l'on met dans des vecteurs (cosmides, fosmides) qui vont permettre de les intégrer dans une bactérie ou une levure (par exemple *Escherichia coli*). On réalise de cette manière des banques de cellules que l'on va pouvoir tester par criblage, par exemple en les faisant pousser sur de la cellulose. Or on sait qu'*Escherichia coli* est une bactérie totalement incapable de pousser sur la cellulose ; si l'on observe donc sa croissance, cela indique qu'on lui a apporté l'information génétique qui le permet. Ces études de fonctions en

6. Voir aussi *La chimie et la mer, ensemble au service de l'homme*, coordonné par M.-T. Dinh-Audouin, EDP Sciences, 2010.

lien avec l'information génétique s'appellent : la **métagénomique fonctionnelle** (*Figure 14*).

6.2.2. Exemple de développement en métagénomique

Au cours d'une étude, 156 000 clones ont été cultivés, et leurs activités ont été testées sur des polysaccharides[7] végétaux. Les tests ont permis d'identifier 311 « touches », c'est-à-dire 311 cas de dégradations de polysaccharides, ce qui a permis d'identifier les enzymes associées comme étant intéressantes en vue d'exploiter la biomasse ; ces clones ont été isolés, puis il a suffi de remonter dans la séquence des gènes correspondants pour connaître la « formule de ces enzymes » (*Figure 15*).

Cette méthode présente l'intérêt majeur de permettre de cloner de grands morceaux d'ADN, représentant environ 40 000 paires de bases, ce qui représente plusieurs gènes à la fois. Cela peut être très utile quand on veut dégrader des molécules aussi complexes que les hémicelluloses, pour lesquelles on a besoin non pas d'une seule enzyme pour attaquer ces polysaccharides complexes, mais de toute une famille d'enzymes complémentaires qui vont les attaquer de manière synergique. C'est ainsi que l'on tire le bénéfice de familles entières de gènes (opérons) au lieu d'un

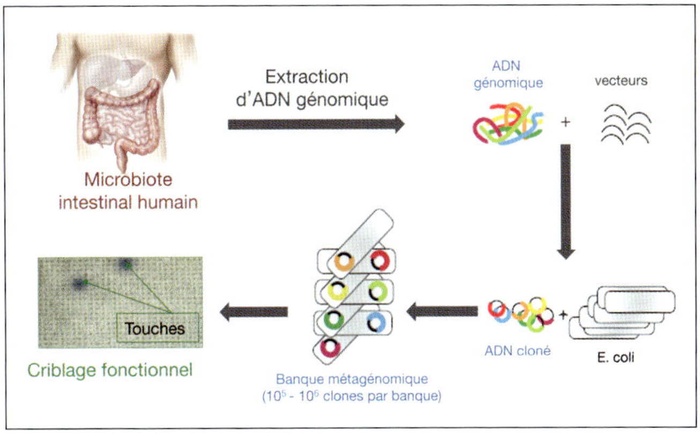

Figure 14

Méthode de la métagénomique fonctionnelle pour accéder à de nouvelles enzymes.
De grands fragments d'ADN sont extraits de bactéries de l'intestin humain, pour être clonés via *des vecteurs dans un micro-organisme tel que E. coli. On constitue ainsi une banque de micro-organismes nouveaux dont on peut exploiter la biodiversité en vue de découvrir de nouvelles enzymes (Projet ANR PNRA Alimintest).*

Figure 15

Méthodologie de criblage fonctionnel sur des clones exprimant des familles de gènes, en vue de dégrader des polysaccharides complexes (amidon, pullulane, etc.). Suite aux tests des 156 000 clones sur 31 substrats, 331 enzymes ont été identifiées, capables de dégrader ces polysaccharides (311 touches). On sélectionne ensuite les enzymes les plus performantes et les plus stables (aux variations de pH, de température...), ce qui conduit à une sélection de 48 clones, pour lesquels il reste à déterminer les séquences d'ADN à l'origine des activités enzymatiques intéressantes (par pyroséquençage).

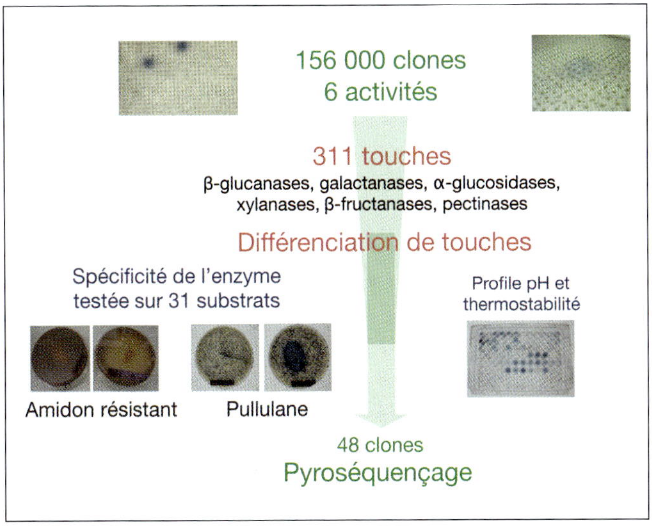

7. Un polysaccharide est une macromolécule polymère constituée de l'enchaînement d'unités d'« oses » ou sucres, telles que le glucose, le fructose, le rhamnose, etc.

simple gène isolé. Pour cela, le recours à des robots est encore une fois nécessaire.

6.3. De nouvelles enzymes par évolution dirigée et approche combinée rationnelle/aléatoire. Exemple dans le développement de vaccins

Un exemple de création d'une activité enzymatique peut être décrit dans le cas d'une recherche de vaccin contre la shigellose, une dysenterie bactérienne qui tue un million d'enfants par an, en particulier dans les pays en développement. La bactérie impliquée est *Shigella sp.*, dont il existe dix-sept espèces différentes qui provoquent cette maladie.

Ces bactéries possèdent toutes une surface occupée par un lipopolysaccharide (LPS), molécule constituée d'un mélange de lipides et de glucides. Ce sont des déterminants antigéniques, que l'on appelle des sérotypes qui vont induire la production d'antigènes, protéines caractéristiques de ces bactéries. Ces lipopolysaccharides sont des enchaînements répétés de cinq sucres différents dont le rhamnose, la *N*-acétylglucosamine et le glucose (***Figure 16***).

À l'Institut Pasteur, l'équipe de chimistes dirigée par L. Mulard a eu l'idée de synthétiser chimiquement ces séquences d'oligosaccharides, qui pourront ensuite être greffées sur une protéine porteuse (***Figure 16A***), pour développer ainsi des vaccins multivalents contre la shigellose. L'équipe a donc cherché à synthétiser les structures les plus courantes et les plus pathogènes, représentées sur la ***Figure 16B***, ce qui a représenté un travail important et complexe, bien caractéristique des synthèses chimiques d'oligosaccharides, où le problème de sélectivité (régiosélectivité) des réactions se pose particulièrement : un sucre com-

Figure 16

Recherche d'un vaccin antibactérien multivalent contre la shigellose (quatre espèces : S. dysenteriae, S. flexneri, S. boydii *et* S. sonnei *; 50 sérotypes).*
A) Mime de la bactérie Shigella sp. par greffage de polysaccharides sur une protéine porteuse ;
B) modèle d'étude pour la synthèse d'oligosaccharides comme déterminants antigéniques de la bactérie Shigella sp.
Phalipon et coll., 2006, Mulard et coll., 2008.

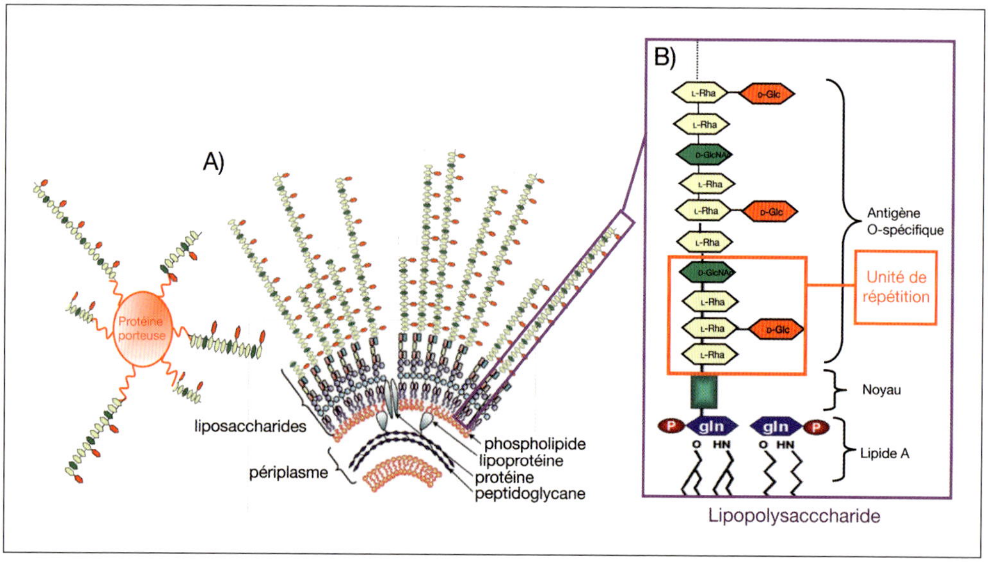

porte plusieurs groupements hydroxyles (-OH) qu'il faut pouvoir différencier ; d'autre part, le glucose possède deux formes dites anomères en équilibre, dont une seule des deux nous intéresse, et il est souvent difficile de les isoler l'une de l'autre.

Pour résoudre ce problème, l'équipe s'est tournée vers la voie biologique, et l'INSA de Toulouse, qui a recherché des enzymes qui soient capables de réaliser efficacement cette synthèse d'oligosaccharides, en particulier une étape de la synthèse qui pose des difficultés en chimie. N'en ayant pas trouvé, elle est partie d'une enzyme connue, l'amylosucrase, synthétisée par la bactérie *Neisseria polysaccharea*, et dont la structure est parfaitement connue grâce aux analyses par diffraction de rayons X, qui permettent en particulier de savoir de manière précise comment son site catalytique se lie avec des polysaccharides : les modélisations informatiques montrent qu'il se lie notamment avec deux sucres, le glucose et le fructose (dont l'association forme le sucrose) (***Figure 17***). Avec cette connaissance, on a cherché à remodeler ce site catalytique de sorte qu'au lieu de se lier avec un fructose et un glucose, il se lie de manière régiosélective avec un rhamnose et/ou une *N*-acétylglucosamine, deux des sucres de l'unité de répétition identifiée sur la ***Figure 16***, dans la structure du mime des déterminants antigéniques.

Ce remodelage a été possible, encore une fois, grâce au couplage de tests *in vivo* avec l'outil de modélisation bioinformatique, permettant une ingénierie enzymatique semi-rationnelle : on construit d'abord rationnellement un modèle *in silico*, puis l'on teste *in vivo* selon une approche combinatoire (décrite dans le paragraphe 6.1). Il s'agit d'un véritable travail de mécanicien, où l'on identifie sur le site catalytique de l'enzyme les acides aminés à changer, puis on les remplace en tâtonnant avec plusieurs acides aminés, et l'on observe qu'à certains changements, apparaît une nouvelle activité de l'enzyme. Il se pourrait même que cette activité n'existe pas dans la nature, ou du moins n'y ait pas encore été identifiée.

Cet exemple montre bien comment on peut non seulement créer une nouvelle spécificité enzymatique, mais également l'améliorer, jusqu'à atteindre des efficacités quatre cents fois plus importantes, comme c'est le cas dans cet exemple.

À la grande surprise des chercheurs, alors qu'ils s'attendaient à visualiser une structure d'enzyme significativement différente de celle de départ – puisque son efficacité

Figure 17

Modelage de la sous-unité +1 de l'enzyme amylosucrase de Neisseria polysaccharea*. La modélisation moléculaire informatique permet de cartographier le site de liaisons important pour la plasticité fonctionnelle de l'enzyme, en vue d'identifier les positions les plus prometteuses pour une modification en faveur d'une reconnaissance, sans interférence avec la liaison avec le saccharose.*

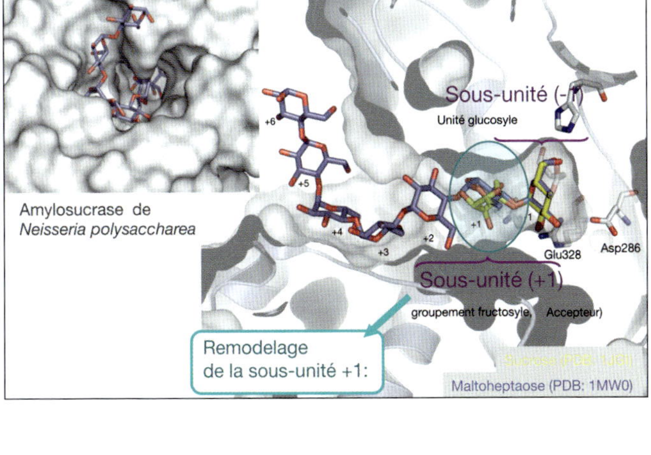

est quatre cents fois supérieure –, celle-ci s'est en fait révélée sensiblement identique après cristallisation et analyse par diffraction de rayons X... ce qui relativise la compréhension que nous avons jusqu'à présent du phénomène, et montre qu'il reste encore beaucoup à comprendre sur le fonctionnement des enzymes !

Si bien qu'aujourd'hui, la recherche se penche sur le phénomène de **dynamique moléculaire**, en essayant d'abord de le comprendre par modélisation sur ordinateur, puis expérimentalement. Le défi est de pouvoir suivre en temps réel comment un substrat entre dans un site catalytique, interagit avec, et en ressort transformé en produit. On réalise combien la « magie » de la catalyse enzymatique réside dans le fait que tout se joue dans une certaine dynamique, ce qui s'avère essentiel à comprendre et maîtriser une telle réaction.

6.4. L'ingénierie enzymatique moléculaire pour catalyser des réactions inédites

Un autre exemple montre toute la puissance de l'outil de l'ingénierie enzymatique avec une bonne compréhension du phénomène catalytique au niveau moléculaire. L'équipe de D. Baker à l'Université de Washington (Seattle) est parvenue à créer des enzymes pour catalyser des réactions qui n'ont jusqu'à présent pas encore été identifiées dans la nature[8], telle que la réaction d'élimination de Kemp (*Figure 18*), et les réactions de rétro-aldolisation ou de Diels-Alder.

Pour cela, les chercheurs sont partis de l'état de transition de la réaction, c'est-à-dire l'état non isolable par lequel un composé A doit théoriquement passer, moyennant une énergie d'activation, pour être transformé en composé B. Les conditions de la réaction ont une influence cruciale sur cet état de transition où se trouve le mélange en cours de transformation, en interaction avec son environnement ; ces conditions vont déterminer si la réaction va se réaliser ou non.

L'équipe s'est donc penchée sur les conditions permettant de favoriser cette réaction. Spécialiste de prédiction de structures tridimensionnelles de protéines, D. Baker a mis au point des logiciels (cf. Rosetta) permettant de balayer toutes les structures se trouvant dans des banques de données. Utilisant l'approche semi-rationnelle précédemment décrite (itération modélisation *in silico*, expérimentation *in vivo*), il a ainsi sélectionné des structures de protéines capables de favoriser au mieux la formation de l'état de transition par des

Figure 18

Schéma de la réaction d'élimination de Kemp. La réaction a lieu en passant théoriquement par un état de transition unique qui peut être modélisé par informatique. Au cours de la transformation, une base (B) déprotone le réactif pour conduire à un état de transition caractérisé par une distribution de charges partielles qui se répartissent entre la base et un acide XH, et qui doit évoluer vers le produit représenté à droite.

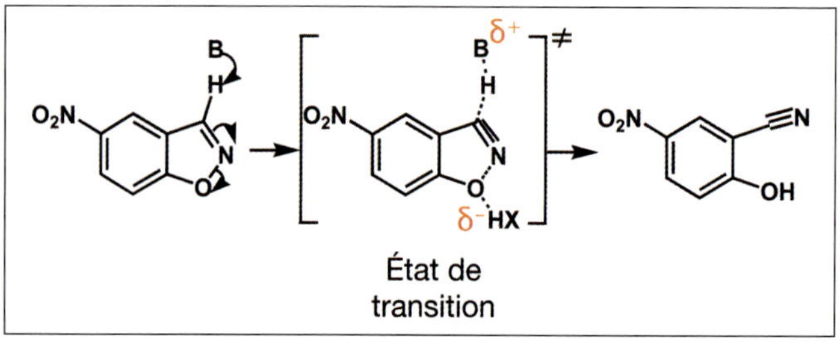

8. Röthlisberger D., Khersonsky O., Wollacott A.M., Jiang L., DeChancie J., Betker J., Gallaher J.L., Althoff E.A., Zanghellini A., Dym O., Albeck S., Houk K.N., Tawfik D.S., Baker D. (2008). Kemp elimination catalysts by computational enzyme design, *Nature*, **453** : 190-195.

interactions avec les acides aminés de leurs sites catalytiques. Disposant ainsi de « la formule qu'il faut construire », il est remonté à la séquence d'ADN codant pour cet enchaînement d'acides aminés, puis cette séquence a été introduite dans une bactérie qui l'a exprimé et a permis d'obtenir une enzyme qui joue un rôle de biocatalyseur de la réaction de Kemp.

La même approche a été également réalisée avec succès pour d'autres réactions chimiques telle que la réaction de rétro-aldolisation ou encore une réaction de Diels-Alder. Les activités catalytiques des enzymes ne sont pour l'instant pas conséquentes, mais ces premiers résultats sont un début prometteur pour une démarche originale.

Les nouvelles enzymes conçues grâce à l'ingénierie enzymatique vont être les outils des biotechnologies blanches pour réaliser notamment la biosynthèse de molécules d'intérêt industriel. C'est dans cet objectif que se développent les bioraffineries dans le monde entier.

7 Mise en œuvre des enzymes dans les biotechnologies blanches

7.1. Avantages de la catalyse enzymatique

L'utilisation des enzymes dans des réactions biocatalytiques comporte des avantages industriels notables par rapport à certaines réactions chimiques. Ces procédés sont en effet généralement compatibles avec l'environnement pour les raisons suivantes :

- compatibilité de températures et pH ;
- production de sels limitée ;
- pas d'utilisation de solvants ;
- utilisation de membranes ;
- consommations d'eau et d'énergie réduites.

7.2. Mise en œuvre dans les bioraffineries

Pour mettre en œuvre une enzyme opérationnelle dans des réacteurs de biosynthèse, il faut d'abord éventuellement la purifier, avant de l'immobiliser sur un support (*Figure 19*). La mise au point de

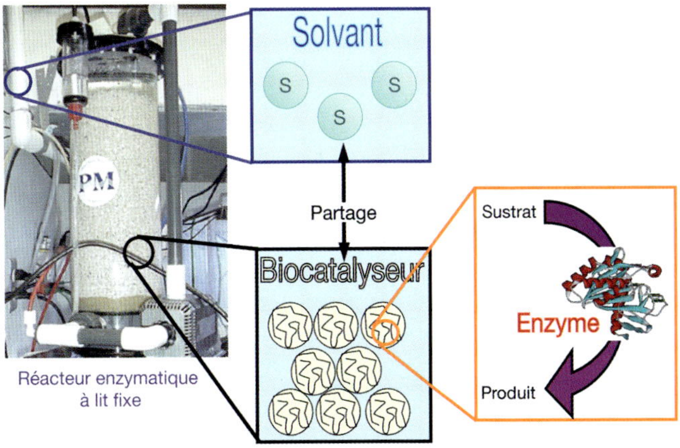

Figure 19

Immobilisation d'enzymes (biocatalyseur) dans un réacteur à lit fixe. Il faut optimiser l'enzyme aux niveaux moléculaire (nanomètre), microscopique (support) et macroscopique (milieu réactionnel),

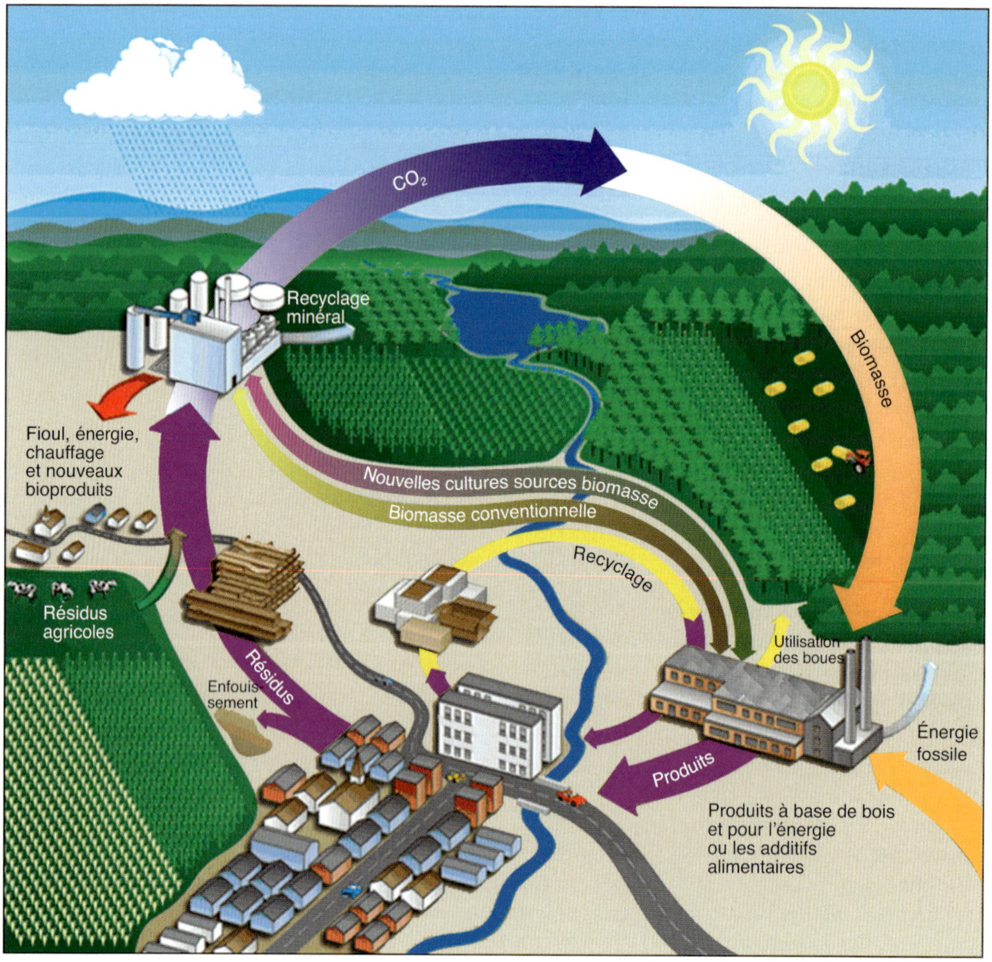

Figure 20

Schéma du principe de fonctionnement d'une bioraffinerie : une démarche systémique, intégrant les cycles de vie de la matière (carbone...). Les bioraffineries ont pour objet l'exploitation du carbone renouvelable issu de la biomasse, en prenant en compte les domaines de l'agriculture et de l'industrie. Elles réalisent un « craquage » végétal en vue d'exploiter la plante entière, pour des applications alimentaires et non-alimentaires (intermédiaires chimiques, biocarburant).

ces procédés est notamment le souci quotidien des bioraffineries (***Figure 20*** et développement en détail dans le ***Chapitre d'après la conférence de C. Rupp-Dahlem***), ainsi que celle des procédés de fermentation.

7.3. Quel horizon pour le carbone renouvelable ?

Aujourd'hui, nous produisons dans le monde moins de 10 % de matières premières biosourcées pour la chimie. Des investissements conséquents sont dédiés à ces développements dans de nombreux pays, et l'Europe s'est fixée pour objectif de passer les 15 % en 2020 (***Encart : « Des investissements conséquents pour le carbone renouvelable »***).

Encore beaucoup de progrès sont attendus pour exploiter les ressources de première et deuxième génération, et des recherches ont déjà en vue l'exploitation de troisièmes

DES INVESTISSEMENTS CONSÉQUENTS POUR LE CARBONE RENOUVELABLE

La compétition internationale

- USA Department of Energy (DOE) : 3 laboratoires de bio-énergie
- Japon, Université de Kobe : 70 millions d'euros
- Belgique, Université de Gand : 21 millions d'euros
- Pays-Bas, Kluyver Center, Bio-Base
- Allemagne : CLIB 2021

Les investissements en France

- BioHub (90 millions d'euros, 6 ans)/AlgoHub (28,4 millions d'euros, 5 ans), Roquette
- Osiris (77 millions d'euros, 8 ans), Soufflet
- OSEO-ISI : Futurol (11 partenaires, 74 millions d'euros dont 30 millions d'euros OSEO, 8 ans)
- Plateforme BioDémo (Bio amber DNP/ARD : acide succinique)
- Pôle de compétitivité IAR (Picardie-Champagne-Ardennes) : 200 millions d'euros

générations, constituées par les micro-algues, par exemple pour la production d'hydrogène comme biocarburant. Il est essentiel, en effet, d'éviter toute compétition avec l'usage de ces mêmes matières premières en alimentation humaine, dans la perspective d'un monde comptant plus de 9 milliards d'humains au milieu du XXIe siècle.

À Toulouse, un nouveau centre de démonstration préindustrielle intitulé « Toulouse White Biotechnnology[9] » vient d'être mis en place avec une trentaine de partenaires. Tous les projets qui sont développés sont accompagnés d'une réflexion bioéthique et de développement durable avec les collectivités territoriales et les pôles de compétitivité. De nombreux investisseurs espèrent pouvoir financer des start-ups à partir de ces recherches.

Valoriser les agro-ressources, une opportunité pour le développement durable

Les nombreux exemples d'ingénierie enzymatique qui ont été décrits montrent bien les progrès considérables en moins de vingt ans dans la compréhension et la conception de biocatalyseurs fonctionnels, grâce à l'utilisation des nouveaux outils à disposition des

9. http://www.inra.fr/presse/lancement_du_projet_toulouse_white_biotechnology

chercheurs : analyse par diffraction de rayons X, séquenceurs d'ADN, modélisation moléculaire par informatique, robots pour le criblage fonctionnel à haut débit, etc.

Ces nouvelles enzymes et ces nouveaux micro-organismes vont permettre aux biotechnologies blanches de se développer à travers le principe des bioraffineries et permettront de renforcer nos compétences à exploiter les molécules complexes issues de la biomasse (protéines, polysaccharides (amidon, cellulose, etc.), lipides, etc.), et de développer nos potentiels d'exploitation du carbone renouvelable.

Ils montrent également, à travers les projets de recherche, l'importance d'allier des compétences multiples, dans des domaines variés : ingénierie métabolique, biologie de synthèse, bioinformatique, analyse chimique, synthèses chimique et biochimique, génie des procédés, etc. Ces travaux pluridisciplinaires contribueront à stimuler de plus en plus la créativité nécessaire pour relever les défis de demain.

Valoriser ainsi les agro-ressources constitue une opportunité à saisir pour le développement durable, en répondant à la définition donnée en 1987 par la Commission mondiale sur l'environnement et le développement dans le rapport Brundland : « *Le développement soutenable [sustainable development] est un développement qui répond aux besoins des générations du présent sans compromettre la capacité des générations futures à répondre aux leurs* ».

Chimie du végétal, fer de lance de la chimie durable

Christophe Rupp-Dahlem est président de l'Association chimie du végétal (ACV) depuis 2008, membre du conseil d'administration du pôle de compétitivité Industrie et Agro-Ressources (IAR[1]) et directeur des Programmes d'Innovation Chimie du Végétal. Il travaille au sein de la société Roquette Frères[2] sur ce vaste domaine en plein développement, qui est présenté dans ce chapitre.

Le domaine de la chimie du végétal nous invite en premier lieu à un voyage à travers les siècles, car on en trouve des formes depuis le lointain passé. Ce qui nous permettra, dans une seconde partie, de faire ressortir les spécificités des demandes actuelles, qui se placent dans l'optique du développement durable imposé par la raréfaction des ressources.

1. www.iar-pole.com
2. www.roquette.fr

1 Les ressources, à travers les siècles[3]

1.1. Retour à l'Antiquité : nos ancêtres utilisaient des ingrédients naturels riches

Les fresques rupestres de notre ancêtre homo sapiens étaient faites de pigments d'origines végétales ; les

3. Voir aussi *La Chimie et l'habitat*, Chapitre de D. Gronier, coordonné par M.-T. Dinh-Audouin, D. Olivier et P. Rigny, EDP Sciences, 2011.

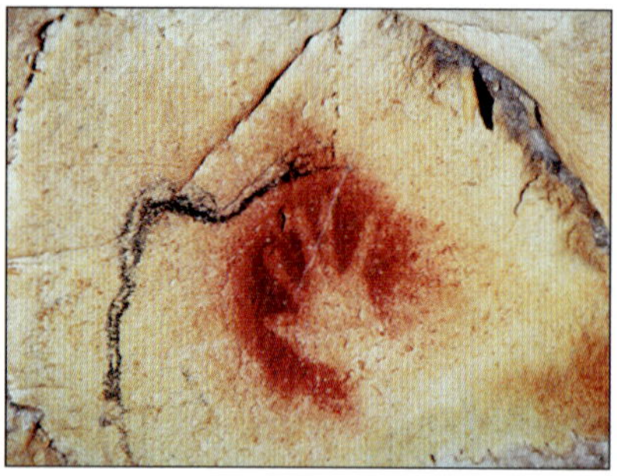

Figure 1

De la main préhistorique de la grotte Chauvet à la tombe de Néfertari dans l'Égypte Antique, jusqu'au château de Versailles, les pigments étaient entièrement d'origine végétale, animale ou minérale.

Tableau 1

Ingrédients de peintures utilisés dans l'Antiquité. Les œuvres d'art étaient faites à partir de matières premières naturelles !

Pigments	– Noir de charbon (bois ou os), oxydes de manganèse (Préhistoire) – Rouges oxydes de fer, pourpre des coquillages, cinabre sulfure de mercure (Rome) – Bleus de lapis-lazulis, silicate double de calcium et de cuivre (Égypte), de la plante Guède/Pastel (Europe) – Verts de malachite, carbonate de cuivre (Égypte)
Charges	Argile, talc ou feldspaths
Liants	À base de graisse, de cire d'abeille, d'huile de lin, de noix, etc.
Solvants	Essentiellement eau et essence de térébenthine

Égyptiens, puis les Romains après eux, ont continué dans cette voie, mettant même des indications de formulations par écrit. Le Moyen Âge marque un développement important dans cette voie, avec à côté de la continuation des usages artistiques, des utilisations pour les bâtiments de l'époque, véritables défis de construction comme le sont les cathédrales gothiques.

L'apogée de l'utilisation du végétal aux siècles antérieurs est sans conteste le château de Versailles. Cette réalisation reste aujourd'hui extrêmement impressionnante, surtout si l'on réalise qu'elle n'a évidemment eu aucun recours au pétrole, sans lequel on sait faire peu de chose à l'heure actuelle (***Figure 1***).

Le ***Tableau 1*** indique les principaux pigments utilisés dans le passé. Il s'agissait souvent d'associations entre un minéral (noir de charbon, os, etc.) et un extrait de végétal (huile de ricin, de noix, etc.) qui assure la partie liante, la solubilisation, la « filmogénèse[4] ».

4. Un liant de peinture est dit filmogène lorsqu'il permet de donner des films par simple évaporation des solvants dans lesquels il est dissout.

1.2. Début du XXe siècle : la première ère industrielle de la chimie du végétal : une bioraffinerie à base de bois en 1900

Au début du XXe siècle, c'est déjà l'ère industrielle, portant avec elle la chimie du végétal : en Allemagne, est construite en 1902 et exploitée jusqu'en 1950 une bioraffinerie à base de bois (de bouleau) qui produit de l'acide acétique, du méthanol et de l'acétone. Il s'agissait de l'entreprise Degussa (devenue Evonik). Il est intéressant de signaler qu'à la même époque (1906), des procédés enzymatiques étaient développés à l'échelle industrielle ; les enzymes, extraites de pancréas de porc, étaient fournies par l'entreprise Röhm.

Puis les premiers biocarburants et biomatériaux sont apparus dans les années 1920-1930, grâce aux travaux pionniers de Carver et Ford (**Encart : « Des pionniers de la chimie du végétal : Carver et Ford »**).

1.3. L'ère des ressources fossiles

Cette chimie du végétal du début du XXe siècle a été supplantée par l'utilisation des ressources fossiles : la carbochimie, majoritaire jusque vers les années 1970, puis la

DES PIONNIERS DE LA CHIMIE DU VÉGÉTAL : CARVER ET FORD

L'exceptionnel parcours d'un passionné du « végétal »

Carver, prénommé Georges Washington (**Figure 2**), était fils d'esclaves du Missouri. Il réussit à suivre un cursus normal dans un lycée du Kansas, avant de devenir le premier étudiant noir de l'*Iowa State Agricultural College*. Dirigeant le département d'agriculture de l'Institut de Tuskegee à partir de 1896, il a convaincu des fermiers du sud d'abandonner la culture du coton pour celle de l'arachide, et ses succès en ont fait l'un des scientifiques américains les plus respectés de l'époque. Il a marqué de nombreuses inventions le domaine qu'on appellerait aujourd'hui celui des biotechnologies alimentaires.

Un « prix Carver » récompense chaque année les auteurs de développements importants pour la chimie du végétal. Carver lui-même a été honoré en 2010 au congrès BAYO à Toronto.

Une collaboration féconde avec Henry Ford

Comme Carver, Henry Ford était passionné par le potentiel de nouvelles cultures, comme l'arachide ou le soja pour la production de matière plastique, de peinture ou de carburant. Il était convaincu que le monde aurait un jour besoin d'un substitut au pétrole, et soutenait à cette fin la production d'éthanol. En 1942, il exposera une voiture à carroserie légère faite à partir de soja.

Ford et Carver entretenaient une correspondance depuis 1934 et conçurent une grande admiration l'un pour l'autre, qui les conduisit à collaborer. Carver installa en 1942 un laboratoire pour étudier la fabrication de substitut de caoutchouc à partir de patates douces, de fleurs ou de mauvaises herbes.

Carver mourut en 1943 et Ford en 1947 mais la collaboration entre l'entreprise Ford et l'institut de Tuskegee continuait encore en l'an 2000.

Figure 2

George Washington Carver (1864-1943), dans son laboratoire.

Figure 3

Lien entre CO_2 et température des océans.

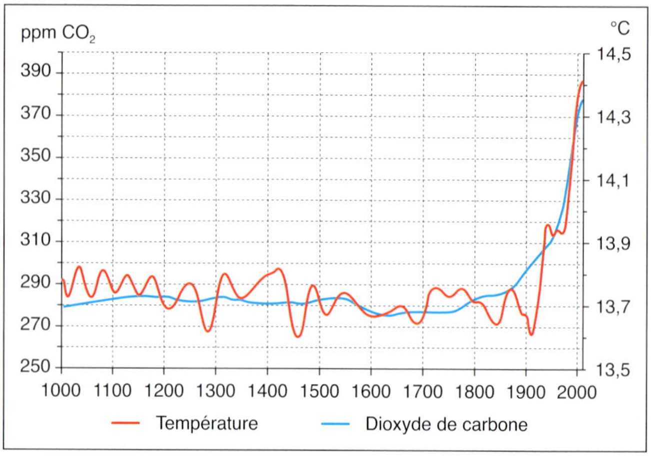

pétrochimie. La disponibilité de matières premières à bas coût et la banalisation des procédés détrônaient le végétal. Les objets de la vie quotidienne sont aujourd'hui issus de la pétrochimie, mais ses avantages mêmes, permettant une grande diffusion, ont conduit à des excès bien identifiés, dont particulièrement le réchauffement climatique. La ***Figure 3*** montre de façon très frappante la corrélation entre la concentration du gaz carbonique dans l'atmosphère et la température des océans. Ceci est rattaché à l'activité humaine qui aura bientôt entraîné le doublement de sa concentration d'origine (280 ppm).

1.4. À l'apogée de l'ère des ressources fossiles

À côté du réchauffement climatique, un deuxième phénomène menace nos activités humaines, c'est l'épuisement des ressources fossiles. La notion de « pic » ou « peak » (de « peak oil » dans le cas du pétrole) est mise en avant : il s'agit du moment où l'accroissement des réserves consécutif à l'exploration ne compense plus leur diminution due à l'exploitation, aujourd'hui de 80 à 85 millions de barils par jour – le début d'un déclin (***Figure 4***).

Ainsi aujourd'hui, pour six barils consommés, on a un seul baril découvert. Tous hydrocarbures confondus, le pic devrait survenir aux alentours des années 2030-2040, chiffre étant évidemment sensible aux hypothèses faites sur l'exploitation des sables et schistes bitumineux (voir à ce sujet le ***Chapitre de J. Amouroux***). La limitation de la ressource pétrolière est ainsi devenue proche et indique un horizon rapproché pour son remplacement, au moins partiel, par le végétal, la biomasse.

Cette évolution de la ressource pétrolière est l'une parmi beaucoup des conséquences de l'explosion démographique de la planète, qui va atteindre neuf à dix milliards d'habitants au milieu du siècle (***Tableau 2***). Ainsi, l'efficacité de la pêche se heurte déjà à la diminution de la ressource halieutique, et la consommation en eau douce va augmenter apportant

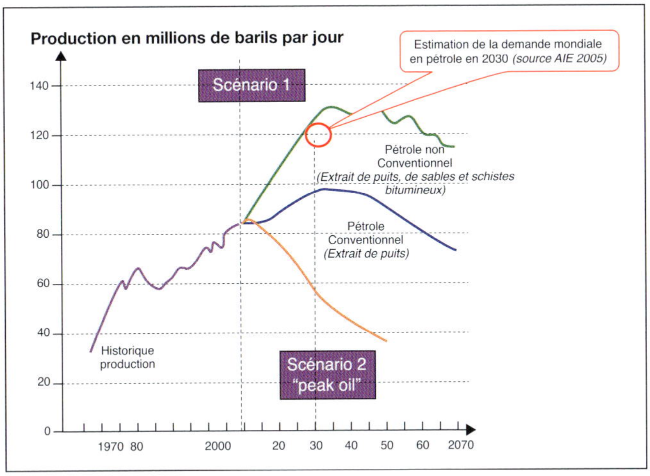

Figure 4

Les perspectives mondiales de production de pétrole, mettant en évidence la raréfaction des ressources fossiles.

Tableau 2

Croissance démographique et conséquences sur l'environnement. Le CO_2 n'est pas le seul défi à relever !

	1950	1972	1997	2050
Population (en milliard de personnes)	2,5	3,8	5,8	10,7
Pêche et stock de poisson (en million de tonnes par an)	19	58	91	35
Consommation en eau (en kilomètre cube par an)	1300	2600	4200	7500
Émission de CO_2 (en million de tonnes par an)	1,6	4,9	7	14
Mégacités (villes de plus de 8 millions d'habitants)	2	9	25	200

une nouvelle cause d'émission de gaz à effet de serre. Sur un autre plan, on assiste à l'explosion du nombre de mégacités (plus de 8 millions d'habitants) : de 25 en 1997, il devrait passer à 200 en 2050.

Le résumé laisse peu d'ambiguïté : les besoins de l'humanité vont en croissant (par exemple + 70 % en besoin alimentaire en 40 ans), les ressources vont en diminuant, donc leur prix va augmenter, l'accroissement de la température due à l'émission du CO_2 va devenir menaçante. Les historiens pourront dire que ce que nous vivons, c'est la fin de l'âge du pétrole, que la ***Figure 5*** place bien en effet en perspective historique. Tout change, il faut inventer autre chose. Ce que nous allons voir ici sera le recours – et le retour – au végétal...

Figure 5

Évolution du cours du baril de pétrole de 1970 à nos jours (en US $).

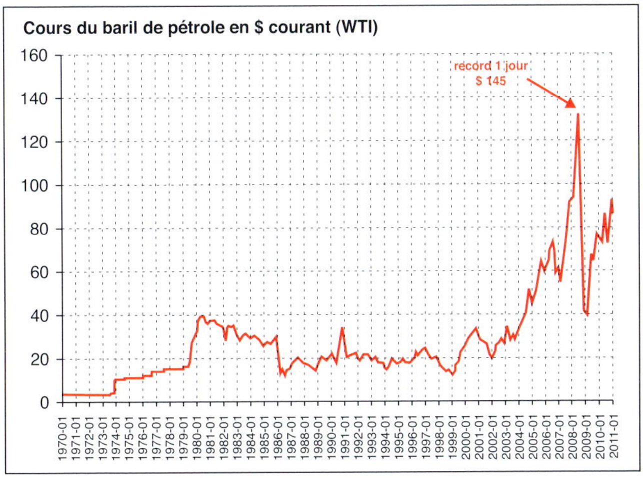

2 Une opportunité à saisir pour la chimie française

La *Figure 6A* présente la carte géographique bien connue des grandes régions mondiales. Les ***Figures 6B, 6C, 6D*** et ***6E*** en sont des déformées adaptées chacune à un échange commercial particulier : le nombre des conteneurs en transit, les exportations de pétrole, de produits chimiques, de céréales. On voit ainsi la France disparaître de la carte des exportations pétrolières, l'Afrique de celle des exportations de céréales, etc., et la Chine dominer celle des transits de containers.

Pour nous situer à l'échelle mondiale, on peut extraire de ces cartes les remarques suivantes. Si l'activité manufacturière (les conteneurs) est monopolisée par la Chine, et si l'exportation de pétrole ne concerne pas la France, les deux autres cartes nous font en revanche apparaître des atouts : une position mondiale forte en matière de chimie et une position très forte en matière d'exportation de céréales, et plus généralement de matières agricoles. La conclusion est limpide :

> Avec une industrie chimique puissante et une abondance de matières premières agricoles, la France réunit les conditions pour réussir une transition vers l'utilisation du végétal en remplacement de la ressource pétrolière en voie de restriction.

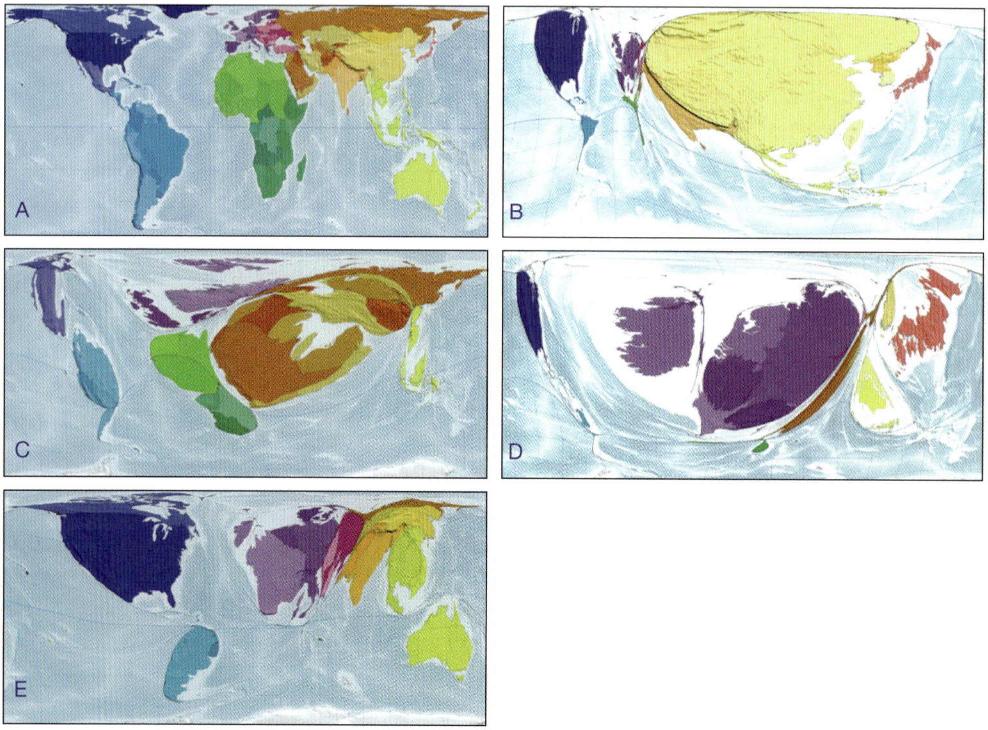

Figure 6

Vue géographique du monde en fonction des échanges commerciaux.
A) Vue géographique ; B) vue en fonction de l'activité des ports ; C) vue en fonction de l'exportation de pétrole. En France, nous importons notre pétrole : D) vue en fonction de l'exportation de produits chimiques (la France est le 2e chimiste en Europe derrière l'Allemagne ; E) vue en fonction de l'exportation de céréales. La France est le 2e exportateur de produits agricoles au monde.

Pour être plus quantitatifs, on peut comparer l'importance de l'industrie chimique française à ses concurrentes (*Figure 7*). La France, qui occupe la 5e place, est toujours très honorable, malgré la récente stupéfiante croissance de la Chine. S'il est vrai que globalement la France s'est davantage désindustrialisée que ses voisins, elle a conservé une industrie chimique très vigoureuse qui occupe aujourd'hui près de 200 000 personnes[5]. Cependant, il faut noter que la dynamique des pays industriels traditionnels (Amérique du Nord, Europe, Japon) est très largement dépassée par celle des pays émergents – Amérique latine et surtout Asie. Ce terme d'émergent apparaît même dépassé si l'on considère que la Chine est devenue le premier producteur mondial de produits chimiques en 2005.

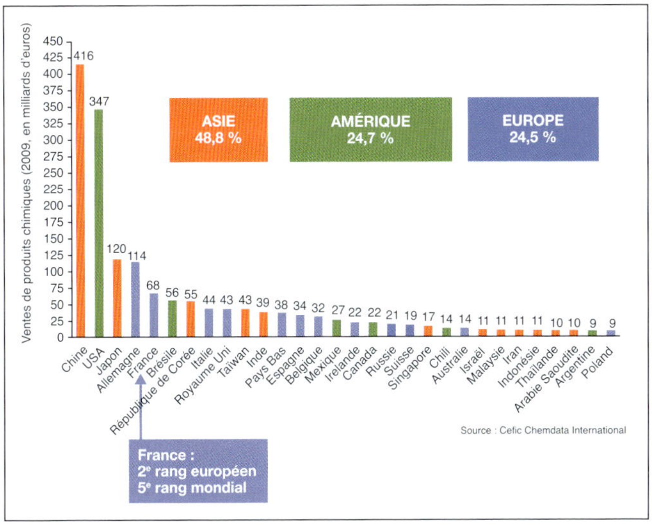

Figure 7

Chiffres-clés de l'industrie chimique.

3 Un levier pour la croissance verte du futur

3.1. Cap vers la chimie du végétal

Aujourd'hui, la chimie utilise environ 10 % du pétrole extrait, le reste allant à l'énergie ; mais ces 10 % représentent environ 95 % de ses besoins. Par ailleurs, les chimistes utilisent la matière première végétale pour 5 à 8 % de leur production. L'objectif est de monter cette proportion à 20 ou 30 % en vingt ans, c'est-à-dire à l'horizon 2030.

Ceci amène à présenter le concept de **bioraffinerie** (voir aussi le ***Chapitre de P. Monsan***). De même que dans une raffinerie, le pétrole brut est transformé en quelques grands intermédiaires dont chacun sert de départ à une filière qui conduit à un ensemble de produits pouvant entrer ultérieurement dans des processus de formulations, de même la bioraffinerie réalise ces étapes à partir de la matière végétale. Le champ pétrolier est remplacé par un champ agricole – aujourd'hui maïs, colza, blé, puis demain le bois de la forêt. On couple ensuite des procédés biotechnologiques et des procédés chimiques pour arriver jusqu'aux formulations finales. Dans les concepts actuels (*Figure 8*), un véritable métabolisme industriel est mis en place, c'est-

5. La valeur ajoutée de l'industrie par rapport à la valeur ajoutée globale de la France est de 12 %, à comparer à 30 % en Allemagne, 20 % en Italie et 14 % au Royaume-Uni. En revanche, l'industrie chimique reste bien placée.

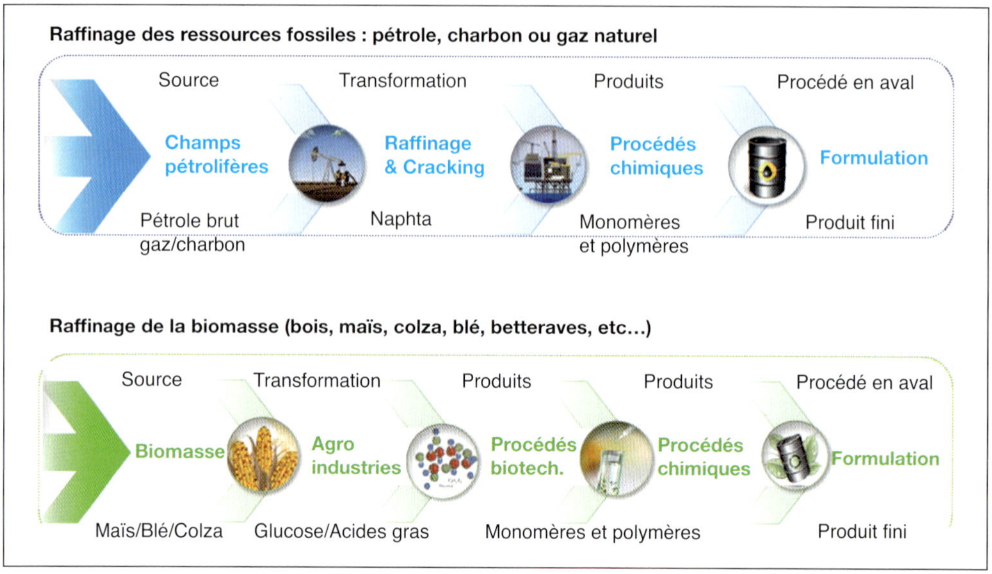

Figure 8

Parallèle entre le concept des bioraffineries et celui des raffineries de pétrole.

à-dire une gestion des flux ne produisant aucun déchet mais uniquement des produits intéressants, que ce soit pour l'alimentation humaine ou animale, pour la chimie, ou encore pour la production d'énergie.

La chimie du végétal concerne potentiellement une très grande diversité de plantes (***Encart : « Qu'est-ce que la chimie du végétal ? »***). Mais le choix doit tenir compte en premier lieu de la priorité à laisser aux matières agricoles alimentaires, ainsi qu'il est périodiquement soulevé au cours des débats sur l'utilisation de biocarburants.

Pour apprécier la situation, il y a lieu de considérer en quelques ordres de grandeur la quantité totale disponible et la quantité disponible pour la chimie (***Figure 9***). La production mondiale totale de biomasse est estimée à 120 milliards de tonnes par an, dont seuls 5 % sont exploités, principalement pour les besoins alimentaires (62 %) et pour le bois (33 %).

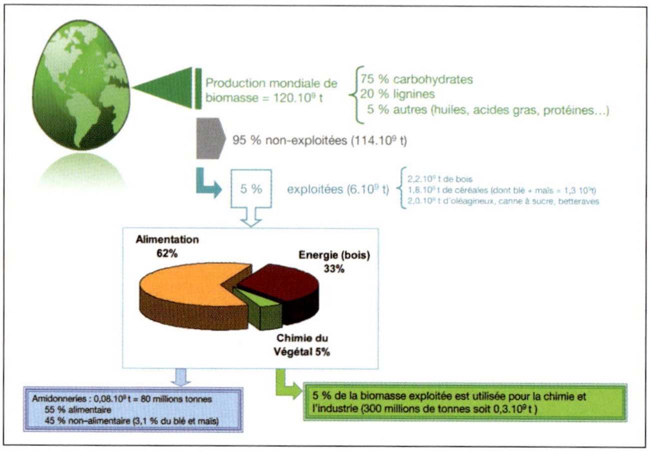

Figure 9

La biomasse, en chiffre : une ressource renouvelable à exploiter.

QU'EST-CE QUE LA CHIMIE DU VÉGÉTAL ?

La chimie du végétal utilise les biotechnologies blanches (la fermentation, la biocatalyse, voir le ***Chapitre de P. Monsan***), dans lesquelles elle utilise une large palette de matières premières renouvelables (***Figure 10***) :

- les plantes à fibres ;
- les céréales ;
- les oléoprotéagineux ;
- le bois et dérivés ;
- les algues et micro-algues ;
- les plantes à colorants ;
- les co-produits issus de l'agriculture et agro-industrie ;
- etc.

Figure 10

La biomasse, une large palette de matières premières renouvelables.

À ne pas confondre avec la chimie verte...

La chimie du végétal n'est pas ce qu'on appelle la « chimie verte », mais en constitue un pilier important. La chimie dite « chimie verte » s'attache à économiser les ressources en matières premières et en énergie, et à minimiser les rejets dans l'environnement (voir le ***Chapitre de M. Fontecave***).

Ce ne sont donc finalement qu'environ 300 millions de tonnes qui sont concernées aujourd'hui par la chimie du végétal. Doubler cette quantité en une décennie n'apparaît donc pas comme un objectif déraisonnable : en Europe, la chimie du végétal n'utilise que 1 à 2 % des surfaces arables ; par ailleurs, des accroissements sont possibles pour les rendements agricoles si cela devait s'avérer nécessaire.

La chimie du végétal est déjà une branche industrielle, puisque la chimie utilise les matières premières végétales pour 5 à 8 % de sa production, comme rappelé plus haut. Ceci correspond à un chiffre d'affaires d'environ 28 milliards d'euros et environ 190 000 emplois pour toute l'Europe. Pour la France, on estime ce dernier chiffre à 40 000 emplois, qu'il est intéressant de rapprocher du chiffre de 18 000 emplois correspondant à l'activité sur les biocarburants : on parle pourtant davantage de l'industrie des biocarburants que de la chimie du végétal ! Au Grenelle de l'Environnement (2007), des accords ont été pris pour l'accroissement de l'activité « Chimie du Végétal » de 15 % à l'horizon 2017, un engagement qui est tout à fait dans la ligne des objectifs adoptés à l'échelle européenne.

3.2. De nouvelles organisations

Le développement de l'utilisation de la chimie du végétal dans l'industrie chimique impose des collaborations et des organisations nouvelles. Des compétences traditionnellement séparées doivent être sollicitées ensemble, et ceci donne une situation industrielle très éclatée (***Tableau 3***) :

- les bioraffineurs achètent la biomasse et la transforment en « produits de première transformation » : amidons, glucose, huiles, glycérine, etc. ;
- les technologues sont la plupart du temps des petites industries, voire des start-up, qui apportent une expertise technologique soit en biotechnologie, soit en chimie, soit en conception, soit en procédé ;
- les chimistes catégorie « bio-sourcés » produisent aussi bien des commodités que des spécialités à partir d'inter-

Tableau 3

Vue d'ensemble de l'industrie de la chimie du végétal.

Bioraffineurs	Technologues	Chimistes		
		Biosourcé et chimie	Biotech. et chimie	Pétrochimie
Experts dans la transformation de ressources végétales	Experts en Biotech et fournisseurs de solutions	Développement des produits bio-sourcés et polymères	Double-compétence biotech. et chimie	Principalement concentrés sur la chimie base fossile
Cargill, ADM, Tate&Lyle, Roquette, Sofiprotéol, Tereos Syral, Siclaé	Novozymes, Metabolic Explorer, Biométhodes, Deinove, Global Bioenergies, Metabolix, Purac, Genomatica	Commodités : Braskem, Dow, Solvay ; Spécialités : Arkema, Seppic	DSM, Dupont, Evonik, Mitsubishi Chemical, BASF	Exxon Mobil, Eastman, Total

médiaires d'origine végétale aussi bien que pétrolière. On peut citer la filière brésilienne, qui partant du sucre de canne (le moins cher du monde) produit de l'éthanol puis de l'éthylène par déshydratation, puis du polyéthylène ou du PVC par polymérisation ;

– les chimistes catégorie « biotechnologies » sont des acteurs essentiels puisqu'ils apportent dans ce domaine leur expérience industrielle basée sur leurs connaissances en biologie ; ils connaissent par exemple l'évolution des levures et de leurs efficacités de conversions. Les quelques entreprises industrielles qui possèdent à la fois les compétences de chimie et celles des biotechnologies occupent évidemment une position privilégiée dans le domaine ;

– les derniers acteurs cités sont les chimistes traditionnels de la pétrochimie. Ils s'intéressent au domaine principalement par le moyen de participations dans des projets conduits par d'autres.

4 Roquette, un acteur industriel majeur dans la chimie du végétal

4.1. Présentation du groupe

Le groupe Roquette est présenté en chiffres dans l'***Encart : « Le groupe chimique Roquette, leader dans la chimie du végétal »***.

Présentons un panorama de lignes d'activités actuelles de cette société. Mieux que des exposés analytiques, il illustre les possibilités et les champs d'excellence de la chimie du végétal.

4.2. Les activités de Roquette

4.2.1. L'isosorbitol (isosorbide) et dérivés

Le maïs ou le blé sont constitués à 70 % d'amidon, polymère naturel qui peut être coupé par des enzymes (amylases) pour produire du glucose (au sujet de l'amidon, voir le ***Chapitre de J. Amouroux***). Hydrogéné, celui-ci donne du sorbitol, qui est produit au niveau de 1 000 tonnes par jour en continu et qui permet la synthèse de l'isosorbitol.

L'isosorbitol est un produit connu de longue date, dans les années 1980 déjà pour ses propriétés pharmaceutiques, et vendu au niveau de quelques dizaines de tonnes par an. Le programme « BioHub » a été créé en 2005 pour chercher de nouvelles applications que ses capacités de polymérisation rendaient prometteuses. C'est en effet un diol, donc réactif avec des acides, mono- ou di- acides, et c'est de plus un cycle très rigide favorable à des propriétés mécaniques exigeantes. Aujourd'hui, l'Europe à elle seule regroupe déjà des unités de production de plusieurs milliers de tonnes par an.

Les principales utilisations à l'origine de ce succès proviennent de la substitution dans le polyéthylène téréphtalate d'un monomère (par exemple de l'éthylène glycol) par un isosorbitol, afin d'augmenter la température de transition vitreuse[6] du polymère

6. La température vitreuse d'une matière est l'intervalle de température à travers lequel la matière passe d'un état caoutchouteux à un état vitreux (rigide).

LE GROUPE CHIMIQUE ROQUETTE, LEADER DANS LA CHIMIE DU VÉGÉTAL

- La *Figure 11* montre l'usine de Lestrem, la principale du groupe, située dans le Nord de la France (il en existe dix-huit autres dans le monde). C'est la plus grande bioraffinerie en Europe : 3000 personnes produisent plus de 500 produits orientés nutrition-santé et chimie du végétal.
- Le chiffre d'affaires est de 3 milliards d'euros en 2011.
- Environ 6 millions de tonnes les matières premières par an (7000 tonnes de céréales arrivent tous les jours à Lestrem de la Loire pour le maïs et de partout pour le blé). À côté des céréales, la pomme de terre, le pois.

Activités

- 65 % pour l'alimentation humaine ;
- 35 % pour la chimie du végétal (pour le papier, les intermédiaires les cosmétiques).

Effort de recherche : 300 personnes et plus de 3 % du chiffre d'affaires. Les programmes sont ouverts aux sociétés extérieures.

Figure 11

Bioraffinerie de Lestrem (Roquette).

jusqu'à près de 100 °C. Cette propriété nouvelle ouvre le champ à de nouvelles applications (*Figure 12*).

Un effet analogue est obtenu sur les polycarbonates. La société Mitsubishi a développé, à partir du polycarbonate substitué issu de nos recherches, le nouveau polymère dénommé Durabio, qui a la particularité, appréciable depuis les soup-

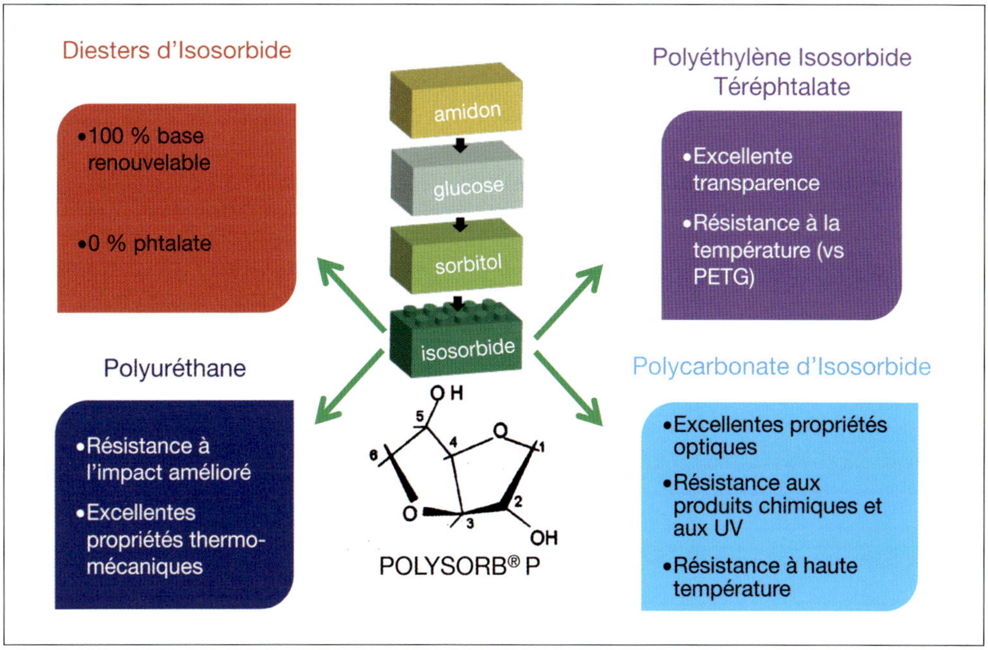

Figure 12

Produits fabriqués par Roquette et leurs applications.

çons adressés à cette molécule, de ne pas contenir de bisphénol A. La résistancce aux produits chimiques, les propriétés de transparence et la résistance mécanique sont autant de facteurs – les avantages du plexiglas, du PMMA[7] mais sans bisphénol A – qui expliquent le succès de ce polymère bio-sourcé. Le matériau verre, par exemple dans les voitures, devrait pouvoir être remplacé par ce polymère.

Par réaction avec un acide gras bio-sourcé, l'isosorbide, on obtient un diester (le produit commercialisé sous le nom de Polysorb® ID 37) capable d'être substitué très simplement au bisphénol A, plastifiant utilisé pour les polyphtalates (***Figure 13***). Ceci permet d'éviter la présence de ce plastifiant dénoncé dans les produits correspondants : tubes, revêtements de sols, etc. Malgré un certain surcoût, cela intéresse des applications particulières :

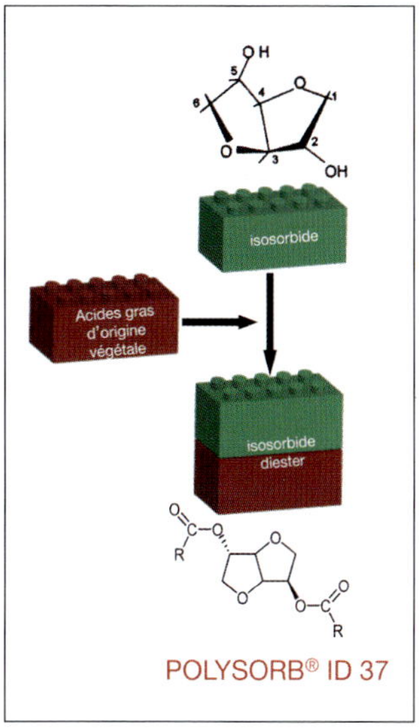

Figure 13

POLYSORB® ID 37 est un mélange de diesters obtenu à partir de l'estérification de l'isosorbide avec les acides gras (100 % bio-sourcé, acide gras d'origine végétale, isosorbide obtenu par déshydratation du sorbitol, 0 % phtalates).

7. PMMA = polyméthacrylate de méthyle. Voir l'ouvrage *La Chimie et l'art, le génie au service de l'homme*, chapitre de M.A. Thébault, coordonné par M.-T. Dinh-Audouin, R.A. Jacquesy, D. Olivier et P. Rigny, EDP Sciences, 2010.

écoles, milieux hospitaliers, crèches etc. Le marché des phtalates est actuellement de 6 millions de tonnes par an, ce qui donne la mesure des perspectives ouvertes à l'isosorbitol ou ses dérivés.

4.2.2. L'acide succinique

L'acide succinique bio-sourcé a été développé en commun par Roquette et DSM dans le cadre du programme BioHub, effort qui a résulté en la création de la filiale Reverdia. C'est un diacide capable de réagir avec des diols pour substituer d'autres acides ou diacides et permettre la synthèse de polymères biodégradables.

Il est intéressant de noter que la biosynthèse de l'acide succinique, qui se fait par fermentation avec une levure résistante en milieu acide (***Figure 14***), est de ce fait particulièrement efficace : on ne passe pas par l'étape de production d'un sel, succinate de sodium ou d'ammonium, mais l'on produit directement l'acide succinique. La ***Figure 15*** recense les applications envisagées ou en cours pour l'acide succinique. Par exemple, son introduction dans les semelles de chaussures en polyuréthane

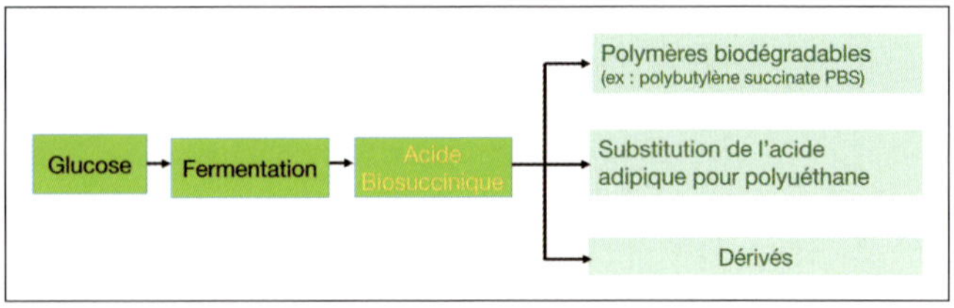

Figure 14

Biosynthèse et utilisation de l'acide succinique.

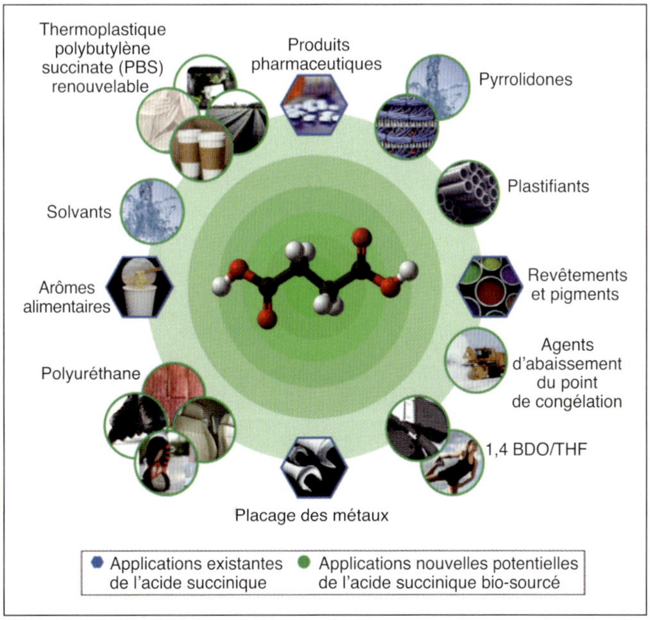

Figure 15

Applications envisagées ou en cours pour l'acide succinique.

est déjà commercialisée. Le marché de l'acide succinique, à 30 000 tonnes par an, est encore très faible, car son prix élevé en chimie à base de pétrole n'encourageait pas la recherche de ses applications.

4.2.3. Nouveaux plastiques végétaux

Le marketing met en avant la mise au point de bouteilles en plastique d'origine végétale, comme Coca-cola et Volvic. Il s'agit dans les deux cas de l'utilisation d'éthylène glycol provenant d'éthanol. Roquette vise une solution locale à partir d'amidon et a développé une gamme appelée *Gaïalene*® (**Figure 16**), constituée d'alliages d'amidon et de polymères classiques ayant à 50 % au moins une origine bio-sourcée. Une usine de 25 000 tonnes par an a été construite et réalise maintenant la production de tels polymères sous la forme de films et qui se prête à l'extrusion-soufflage ou à l'injection-moulage, procédés

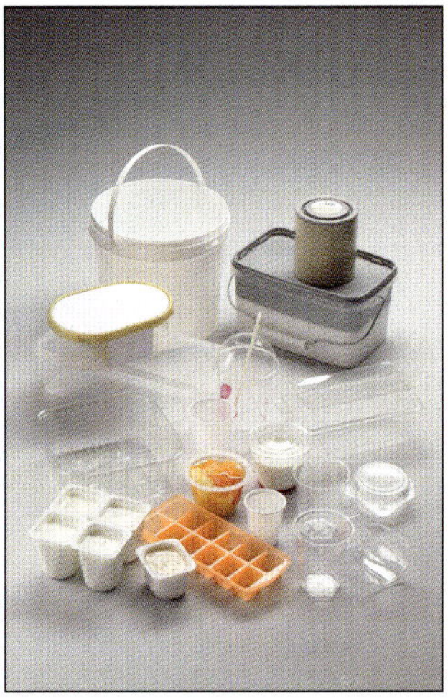

Figure 16

Les plastiques végétaux Gaïalene®, faits de résines végétales thermoplastiques.

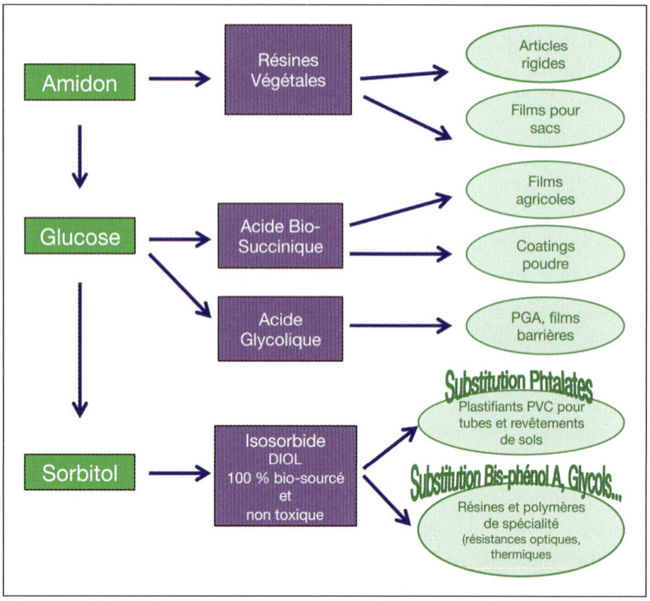

Figure 17

Les solutions végétales de Roquette pour la chimie.

d'accès vers une grande diversité d'objets.

Le résumé des lignes de production de Roquette en chimie du végétal est donné sur la ***Figure 17***.

5 L'Association Chimie du Végétal (ACV), une initiative emblématique

L'Association Chimie du Végétal[8] illustre bien comment le milieu se prépare à l'essor de ce champ de la chimie prometteur pour le moyen terme, comme nous l'avons vu tout au long de ce chapitre. Elle joue aussi un rôle exemplaire en matière d'organisation de l'innovation, qui peut s'appliquer à beaucoup d'autres domaines.

Aujourd'hui, les fédérations et syndicats sont sectoriels ; il existe un syndicat des amidons, un des huiles, un des savons et détergents, etc. : une véritable structure en silos. L'association se veut être une structure transverse, reliant tous les acteurs de la filière, de la biomasse jusqu'au produit fini pour développer des solutions bio-sourcées. Elle compte aujourd'hui une quarantaine d'adhérents représentant toutes les filières (céréalières, végétale avec Sofiprotéol, cellulosique, etc.), ainsi que les chimistes, des pôles de compétitivité comme Axelera ou IAR, et des utilisateurs chimistes.

L'association se fixe le but de créer un environnement favorable à l'émergence de nouveaux projets et se tient en contact avec les organismes publics ou privés compétents : des Instituts d'excellence d'énergie décarbonée (IEED), l'Institut Français des matériaux agro-sourcés (IFMAS), l'Agence de l'environnement et de la maîtrise de l'énergie (ADEME), etc. Des propositions sont à l'élaboration dans ces collaborations multiples

8. www.chimieduvegetal.com

UN INDICATEUR DU TAUX DE BIO-SOURCÉ

L'ambition est de pouvoir facilement déterminer si un matériau est fabriqué à partir de matières bio-sourcées et dans quelle proportion.

La différence de teneur en isotope 14 du carbone d'origine végétale ou du carbone fossile fournit un test sur des cas simples, par exemple le polyéthylène ou l'éthylène.

Pour un végétal où l'oxygène est aussi abondant que le carbone, le test renseigne sur l'origine du carbone, mais ne dit pas si le produit vient de la chimie du végétal.

L'ACV a mis au point un test complet qui est en cours de certification et sera communiqué en juste temps.

et seront relayées au niveau national et européen.

Parmi les mesures mises en place par l'ACV, on compte un indicateur du taux de bio-sourcé (***Encart : « Un indicateur du taux de bio-sourcé »***).

« *À ce stade, et en tant que président de cette association, je souhaite faire passer avec une certaine gravité un message à toute la communauté afin qu'il ait le plus de chances possible d'inspirer nos politiques à tous les niveaux. La politique française de soutien des activités en chimie du végétal risque fort d'échouer car elle néglige un échelon-clé, celui des premières unités industrielles ! On compte nombre de nouvelles opérations inventées et développées en France, mais industriellement construites à l'étranger où elles pouvaient trouver l'aide financière dont on ne peut se passer à ce stade. Alors que les chances de la France dans ce domaine d'avenir sont fortes et reconnues, nous risquons d'échouer sur une question de pertinence d'affectation du soutien public.* » (C. Rupp-Dalhem, 25 janvier 2012).

Chimie du végétal : pilier de la bioéconomie du futur ?

Le concept de bioéconomie, bien en vogue à Bruxelles depuis quelques années, met en avant l'importance que prendront progressivement les techniques et les industries liées aux sciences de la vie et les atouts que possède l'Europe pour occuper une bonne place dans ce domaine. La ***Figure 18*** rappelle les principales composantes de la bioéconomie. On note bien sûr, pour renforcer le propos développé dans

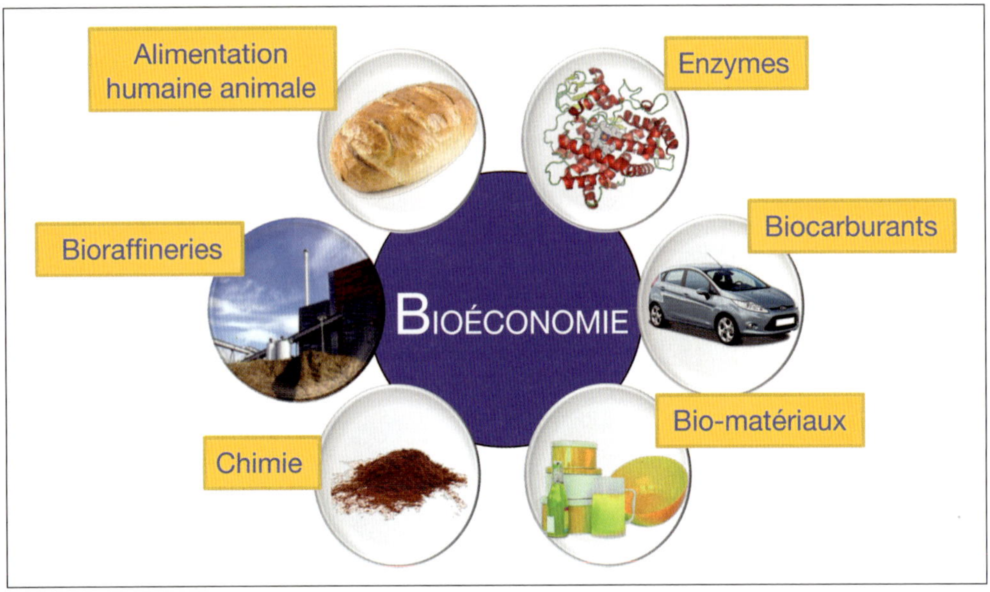

Figure 18

La Chimie du végétal : fer de lance de la « chimie durable ».

ce chapitre, que la chimie du végétal occupe la position centrale dans ce schéma. Une incitation supplémentaire pour se convaincre de la dimension de l'enjeu.

Crédits photographiques

CHAPITRE 1

Fig. 5 : CNRS Photothèque - Fresillon Cyril. UMR 6612 - Centre de résonance magnétique biologique et médicale (CRMBM) – Marseille.

CHAPITRE 2

Fig. 2 : Yann Arthus Bertrand.

Fig. 4 : source : NASA SeaWiFS.

Fig. 5 : image courtesy MODIS Rapid Response Team at NASA GSFC. Resolution Imaging Spectroradiometer (MODIS) image of the fires (red dots) was acquired January 22, 2003, around 11:30 a.m. local time.

Fig. 6 : Licence CC-SA-2.0, N. T. Stobbs (geograph.org.uk).

Fig. 7 : Licence CC-AS-3.0, Fidel Gonzalez.

Fig. 8 : Figure adaptée de C. George.

Fig. 9 : LISA/CNRS, photo : J.-F. Doussin.

Fig. 10 : ICARE/CNRS, photo : É. Villenave.

Fig. 11 : www.safire.fr

Fig. 12 : CNRS Photothèque/ LPC2E – B. Gaubicher, Laboratoire de physique et chimie de l'environnement et de l'espace (LPC2E), Orléans.

Fig. 13 : PREV'Air, www.prevair.org.

Fig. 14 : source : Rayez *et coll.*

Fig. 19 : photos : É. Villenave.

CHAPITRE 3

Fig. 1E : J.P. Gallerand – http://44.svt.free.fr

Fig. 3 : source : UNEP, FAO, JRC 2010.

Fig. 4 : d'après Canadell *et coll.* (2007), PNAS.

Fig. 5 : projet CarboEurope.

Fig. 6 : Schulze *et coll.* (2009). *Nature Geoscience*.

Fig. 7 : Martin *et coll.* (2011). *Biogeosciences*.

Fig. 8 : d'après Dequiedt *et coll.* (2011). *Global Ecol. Biogeog.*

Fig. 9 : Rasse1 D.P. Rumpel1 C. Dignac M.-F. (2005). Is soil carbon mostly root carbon? Mechanisms for a specific stabilization, *Plant and Soil*, Springer.

Fig. 10 : Lehman *et coll.* (2008). *Nature Geosciences*.

Fig. 12 : d'après Schmidt *et coll.* (2011), *Nature*.

Fig. 13, 14 : d'après Fontaine *et coll.* (2007). *Nature.*

Fig. 15 : L. Philippot (INRA).

Fig. 16 : d'après Subbarao *et coll.* (2009). *PNAS*, **106** : 17302-17307.

Fig. 17 et 18 : Philippot et Hallin. (2011). *Trends in Plant Science.*

CHAPITRE 4

Fig. 2 et 3 : Istrea.

Fig. 5B : Licence CC-BY-SA-3.0-2.5-2.0-1.0, Polimerek.

Fig. 12 : Ozonia - Degrémont Technologies.

Fig. 14 : Poyatos J. M., Muñio M.M., Almecija M.C., Torres J.C., Hontoria E., Osorio F. (2010). Advanced Oxidation Processes for Wastewater Treatment: State of the Art. *Water Air Soil Pollution*, **205** : 187-204.

CHAPITRE 5

Fig. 1 : ICSN - Aoupinié (Nouvelle-Calédonie. Photo V. Dumontet).

Figs. 3B et 3D : photos V. Dumontet.

Fig. 4 : arbre : Clusiaceae de Guyane (photo G. Marti) ; feuilles et écorces broyées, extraction, extraits de plantes et purification : photos M. Litaudon.

Fig. 5 : modélisation D. Guénard.

Fig. 6 : reine des prés : Licence CC-BY-SA-3.0, J.F. Gaffard Jeffdelonge.

Fig. 9 : écorcage : photo F. Guéritte ; séchage, broyage, poudre : photos M. Litaudon.

Fig.11 : d'après Potier P., Guénard D., Guéritte F., Produits naturels anticancéraux. La Navelbine® et le Taxotère®. (2003). *L'Act. Chim.*, **263-264** : 89-92.

Fig. 12 : d'après Croteau et coll. (1998). Arch. Biochem. Biophys.

Fig. 13 : modélisation : D. Guénard ; photo en bas à droite : Ganesh T. *et coll.* (2004). *PNAS*, **101** : 10006. Copyright 2004 National Academy of Sciences, USA.

Fig. 14 : F. Roussi, d'après Fesik *et coll.* (1997). *Science*, **275** : 983.

Fig. 16 : d'après Fomekong, Roussi *et coll.* (2010). *J. Org. Chem.*

Fig. 17 : A) photo V. Dumontet et Allard, Litaudon, Leyssen *et coll.* (2012), *Org. Lett.* ; B) d'après Allard, thèse de Doctorat 2011.

CHAPITRE 6

Fig. 1A : TGV Shikansen : Licence CC-BY-SA-2.0, Kimon Berlin.

Fig. 1B : martin pêcheur : Licence CC-BY-SA-2.0, Charles Lam.

Fig. 1C : bionic de Mercedes : Licence CC-BY-SA-2.0, Ryan Somma.

Fig. 1D : papillon morpho bleu : Licence CC-BY-SA-3.0, Gregory Phillips.

Fig. 1E : Licence CC-BY-SA-3.0, Alberto Salguero.

Fig. 2 : d'après : C. Sanchez et L. Nicole, « Chimie des matériaux hybrides », dans *Chimie des matériaux hybrides*, Paris, Collège de France/Fayard (« Leçons inaugurales », no 218), 2012 [en ligne], mis en ligne le 18 avril 2012, http://lecons-cdf.revues.org/493 ; DOI : 10.4000/lecons-cdf.493.

Fig. 3 : image du Laboratoire de Chimie de la matière condensée de Paris.

Fig. 4A : Suez Environnement.

Fig. 4B : Licence CC-BY-SA-3.0, William Thielicke.

Fig 5 : d'après : Sanchez C., Arribart H., Giraud-Guille M. M. (2005). *Biomimetism and bio-inspiration as Tools for the design of innovative materials and systems*, dans Nature Materials, Vol. 4, avril 2005 ; Bico J., Marzolin C., Quéré D. (1999), Pearls drops, *Europhys. Lett.*, **47** : 220-226.

Fig. 7 : d'après : Giraud-Guille M. M, p. 47, dans *Biomimétisme et Matériaux*, C. Sanchez coordinateur, OFTA, Arago 25, ED Tec et Doc, Paris 2001.

Figs. 8 et 9 : d'après L. Nicole et C. Sanchez.

Fig. 10 : Photo : Yann Arthus-Bertrand.

Figs. 11 et 12 : L. Nicole et C. Sanchez d'après : Yanagisawa T.,

Shimizu T., Kuroda K., Kato C. (1990). The preparation of alkyltrimethylammonium-kanemite complexes and their conversion to microporous materials, *Bull. Chem. Soc. Jap.*, **63** : 988-992 ; Kresge C.T., Leonowicz M.E., Roth W.J., Vartuli J.C., Beck J.S. (1992). Ordered mesoporous molecular sieves synthesized by a liquid-crystal template mechanism, *Nature*, **359** : 710-712.

Fig. 13 : source : Banet P., Legagneux L., Hesemann P., Moreau J., Nicole L., Quach A., Sanchez C., Tran-Thi T.-H., *Sens. Actuators*, B, DOI: 10.1016/j.snb.2007.07.103.

Fig. 14 : Licence CC-BY-2.0, Hui Lan from Beijing, China.

Fig. 16B : Licence CC-BY-3.0, Didier Descouens.

Fig. 16D : CNRS Photothèque - COT Didier, UMR5635 - Institut Européen des membranes (I.E.M.) - Montpellier.

Fig. 17 : A) Boissière C., Grosso D., Chaumonnot A., Nicole L., Sanchez C. (2011). Aerosol Route to Functional Nanostructured Inorganic and Hybrid Porous Materials, *Adv. Mater.*, **23** : 599-623 ; B) De Los Cobos O., Lejeune M., Colas M., Rossignol F., Akil H., Lalloue F., Carrion C., Boissière C., Ribot F., Sanchez C., Cattoen X., Wong Chi Man M., Durand J.-O. Fonctional silica-based sensors by combination of ink-jet printing, EISA and click chemistry, Biosensors 2012, 15-18 Mai 2012, Cancún, Mexico ; C) Maneerathana *et coll.* (2012). *Adv. Func. Mater.* ; D) reprinted with permission from Sanchez C., Boissière C., Grosso D., Laberty C., Nicole L. (2008). Design, synthesis, and properties of inorganic and hybrid thin films having periodically organized nanoporosity, *Chem. Mater.*, **20** : 682-737. Copyright (2012) American Chemical Society.

Fig. 18 : Sanchez C., Julián B., Belleville P., Popall M. (2005). Applications of Hybrid Organic-Inorganic Nanocomposites Materials, *J. Mater. Chem.*, **15** : 3559-3592. Reproduced with permission of The Royal Society of Chemistry.

Figs. 19, 20, 21 et 22 : Sanchez C., Belleville P., Popall M., Nicole L. (2011). Applications of Advanced Hybrid Organic-Inorganic Nanomaterials: from Laboratory to Market, *Chemical Society Reviews*, **40** : 696-753. Reproduced with permission of The Royal Society of Chemistry.

CHAPITRE 7

Fig. 7 : Cherezov V., Rosenbaum D.M., Hanson, M.A., Rasmussen S.G.F., Thian F.S., Kobilka T.S., Choi H.-J., Kuhn P., Weis W.I., Kobilka B.K., Stevens R.C. (2007). High-Resolution Crystal Structure of an Engineered Human β2-Adrenergic G Protein–Coupled Receptor, *Science*, **318** : 1258-1265.

Fig. 8 : reprinted (adapted) with permission from Mulliez A., Fontecave M. *et coll.*, *Biochemistry*, 2009. Chimnaronk S., Forouhar F., Sakai J., Yao M., Tron C.M., Atta M., Fontecave M., Hunt J.F., Tanaka I. (2009). Snapshots of Dynamics in Synthesizing N6-Isopentenyladenosine at the tRNA Anticodon, *Biochemistry*, **48** : 5057-5065. Copyright (2012) American Chemical Society.

Fig. 9 : d'après : Ozeir M., Mühlenhoff U., Lill R., Fontecave M., Pierrel F. (2011). Coenzyme Q Biosynthesis: Coq6 Is Required for the C5-Hydroxylation Reaction and Substrate Analogs Rescue Coq6 Deficiency, *Chemistry and Biology*, **18** : 1134-1142.

Fig. 10 : Fontecave M., Mulliez E., Logan D. (2002). Deoxyribonucleotide synthesis in anaerobic microorganisms: The class III ribonucleotide reductase, *Progress in Nucleic Acid Research and Molecular Biology*, **72** : 95-127.

Fig. 11 : Nicolet T., Rubach J.K, Posewitz M.C., Amara P., Mathevon C., Atta M., Fontecave M., Fontecilla-Camps J.C. (2008). J. Biol. Chem., 283 : 18861-18872.

Fig. 15 : McGlynn S.E., Mulder D.W., Shepard E.M., Broderick J.B., Peters J.W. (2009). Hydrogenase cluster biosynthesis: organometallic chemistry nature's way, *Dalton Trans.*, **22** : 4274-4285.

Fig. 17 : Le Goff A., Artero V., Jousselme B., Dinh Tran P., Nicolas Guillet, Métayé R., Fihri A., S. Palacin, Fontecave M. (2009). From Hydrogenases to Noble Metal-Free Catalytic Nanomaterials for H_2 Production and Uptake, *Science*, **326** : 1384-1387.

CHAPITRE 8

Fig. 2 : source : FAO, 1998.

Fig. 3 : source : Agence Européenne de l'Environnement.

Fig. 5 : laboratoire Sols et Environnement de l'Université de Lorraine et de l'INRA : A) photo : J.-L. Morel ; B) photo : C. Schwartz.

Figs. 6, 8B, 8C, 14, 17A, 17D et 26 : photos : J.-L. Morel.

Fig. 14 : d'après Zayed et Terry, 1992.

Fig. 17B : IRD, Jérôme Munzinger.

Fig. 17C : photo : C. Schwartz.

Fig. 18 : d'après Chardot *et coll.*, 2005.

Fig. 19 : source : Schwartz C., Morel J.-L., Saumier S., Whiting S.N., Baker A.J.M. (1999). Root development of the Zn-hyperaccumulator plant *Thlaspi caerulescens* as affected by metal origin, content and localization in soil, *Plant and Soil*, **208** : 103-115.

Fig. 20 : source : Blossfeld S., Perriguey J., Sterckeman T., Morel J.-L., Lösch R., (2010). Rhizosphere pH dynamics in trace-metal-contaminated soils, monitored with planar pH optodes, *Plant & Soil*, **330** : 173-184.

Fig. 21 : photos : G. Echevarria.

Fig. 22 : source : Montargès-Pelletier E., Eschevarria G., Michot L., Bauer A., Morel J.-L. (2008). Identification of nickel chelators in three hyperaccumulating plants: an X-ray spectroscopic study, *Phytochemistry*, **69** : 1695-709.

Fig. 28 : photo : G. Echevarria.

Fig. 29 : d'après Bani *et coll.*, 2007.

Fig. 30 : A) Barbaroux, 2010 ; B) Mercier, Smonnot, Barbaroux *et coll.*, Brevet 2011.

CHAPITRE 9

Fig. 1 : d'après C. Lévêque, Écosystèmes aquatiques, Hachette, 1996. Adapté par É. Blin.

Fig. 2 : www.ademe.fr

Fig. 3 : US EPA Great Lakes National Program Office.

Fig. 8 : Landes *et coll.* 2010.

CHAPITRE 10

Fig. 1 : C§EN chemical §Engineering News 24, july 26, 2010.

Fig. 5 : source : ACS, 6 oct. 2009.

Fig. 6 : source : EMRS Fall Meeting, Varsovie, 13-15 sept 2010, European Parlement STOA 22/3/2011, EMRS/UPMC.

Fig. 7 : source : European Parlement STOA 22 /3/2011, J.Amouroux EMRS/UPMC.

Fig. 9 : source : Chemical Engineering, dec. 2003, p. 7. Power span Conf. Portsmouth, NH, USA.

Fig. 10 : source : EMRS Fall Meeting, Varsovie 13-15 sept. 2010, J. Amouroux, Symposium A.

Fig. 11 : source : Max Planck Institute, Magdebourg/BMBF/ Siemens seminar: CO_2 utilization potential 22/09/2009 /EMRS, sept. 2010, Varsovie).

Fig. 12 : Martin E. Carrera Manager Biotechnology BP,EMRS Paris 5/02/2008.

Fig. 14 : source : Gerald Ondrey, Chemical Engineering, Janvier 2009, p.13.

Fig. 18 : Brevet : D. Hildebrandt, D. Glasser, B. Hausberger, International Patent application WO/2007/122498, schéma d'après : *Science*, 2009, **323** : 1680.

Fig. 20 : conférence du Professeur Xianhong Wang EMRS/STOA, 22 mars 2011.

Fig. 21 : Laboratory of polymer ecomaterial, CAS /STOA 22/03/2011, Changchun Inst. Applied Chemsitry, CAS.

CHAPITRE 11

Fig. 1 : d'après un document de Rio Tinto.

Fig. 2 : cité d'après Patrice Christmann (BRGM) et dessiné d'après van der Wath, Bateman Beijing Axis, "China and Africa: A Global Natural Resources Alliance?"

Fig. 3 : Christian Hocquard (BRGM).

Fig. 4 : d'après le document de prospective de l'U.S. Departement of energy (DOE), Critical Materials Strategy, déc. 2010.

Fig. 5 : d'après Patrice Christmann (BRGM), construit à partir des données de Weber *et coll.* (2012). World Mining data.

Fig. 6 : d'après un document d'A. Rollat (Rhodia).

Fig. 7 : d'après Patrice Christmann (BRGM), issu d'une conférence de H. Sverdrup.

Fig. 8 : d'après Patrice Christmann (BRGM).

Fig. 9 : Licence : CC-BY-SA-3.0, Doc Carbur.

Fig. 11 : fumeurs : photo Yves-Fouquet, Ifremer ; nodules polymétalliques : Ifremer.

Fig. 12 : d'après Michel Cathelineau, G2R, CNRS Université de Lorraine.

Fig. 13 : schéma d'après Gleb Potrosky (GET, CNRS, Université Paul Sabatier, Toulouse).

Fig. 14 : images de Marie-Christine Boiron (G2R, CNRS, Université de Lorraine).

Figs. 15, 16 et 18 : images de B. Goffé.

Fig. 17 : image de C. Monnin (Géosciences Environnement Toulouse).

Fig. 19 : photo Yves-Fouquet, Ifremer.

Fig. 20 : image d'Olivier Vidal (CNRS-Université Joseph Fourier, Grenoble).

CHAPITRE 12

Fig. 5 : d'après P. Soucaille, LISBP, INSA Toulouse.

Fig. 9 : d'après Science, août 2009.

Fig. 10 : d'après J.-C. Portais, LISBP, INSA Toulouse.

Fig. 11 : d'après C. Jouve, LISBP, INSA Toulouse.

Fig. 12 : d'après M. Remaud-Siméon, LISBP, INSA Toulouse.

Figs. 14 et 15 : d'après G. Véronèse, LISBP, INRA.

Fig. 15 : référence : Tasse L., Bercovici J., Pizzut-Serin S., Robe P., Tap J., Klopp C., Cantarel B.L., Coutinho P.M., Henrissat B., Leclerc M., Doré J., Monsan P., Remaud-Siméon M., Potocki-Véronèse G. (2010). Functional metagenomics to mine the human gut microbiome for dietary fiber catabolic enzymes, *Genome Res.*, **20** : 1605-1612.

Figs. 16 et 17 : d'après I. André, LISBP, CNRS.

Fig. 17 : reprinted with permission from Champion E., André I., Moulis C., Boutet J., Descroix K., Morel S., Monsan P., Mulard L., Remaud-Siméon M. (2009). Design of α-transglucosidases of controlled specificities for programmed chemo-enzymatic synthesis of antigenic oligosaccharides, *J. Am. Chem. Soc.*, **131** : 7379-7389. Copyright 2012 American Chemical Society.

Fig. 19 : d'après A. Marty, LISBP, INSA Toulouse.

CHAPITRE 13

Fig. 1A : cliché ministère de la Culture et de la Communication, Direction régionale des affaires culturelles de Rhône-Alpes, Service régional de l'archéologie.

Fig. 7 : d'après le Cefic Chemdata International.

Figs. 11 et 16 : ROQUETTE Frères S.A. - Tous droits réservés, Pour tous pays.

Impression & brochage sepec - France

Numéro d'impression : 04545120901 - Dépôt légal : septembre 2012

IMPRIM'VERT®